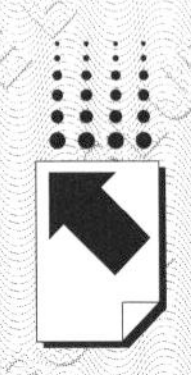

权威·前沿·原创

皮书系列为

“十二五”“十三五”“十四五”时期国家重点出版物出版专项规划项目

智库成果出版与传播平台

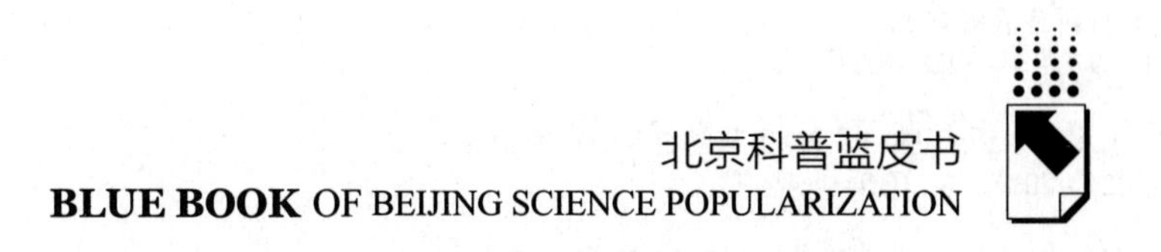

北京科普发展报告（2021~2022）

ANNUAL REPORT ON BEIJING SCIENCE POPULARIZATION DEVELOPMENT (2021-2022)

北京科技创新促进中心 / 研 创
顾 问 / 王 红 褚潇炜 周晓柏 徐 琤
主 编 / 滕红琴 高 畅 孙月琴 李 群
副主编 / 郝 琴 王睿奇 王 伟 王林生 刘 涛

社会科学文献出版社
SOCIAL SCIENCES ACADEMIC PRESS (CHINA)

图书在版编目（CIP）数据

北京科普发展报告 . 2021 ~ 2022 / 滕红琴等主编
. -- 北京：社会科学文献出版社，2022. 12
（北京科普蓝皮书）
ISBN 978 - 7 - 5228 - 0071 - 4

Ⅰ. ①北… Ⅱ. ①滕… Ⅲ. ①科学普及 - 研究报告 -
北京 - 2021 - 2022 Ⅳ. ①N4

中国版本图书馆 CIP 数据核字（2022）第 072477 号

北京科普蓝皮书
北京科普发展报告（2021~2022）

顾　　问 / 王　红　褚潇炜　周晓柏　徐　琤
主　　编 / 滕红琴　高　畅　孙月琴　李　群
副 主 编 / 郝　琴　王睿奇　王　伟　王林生　刘　涛

出 版 人 / 王利民
组稿编辑 / 周　丽
责任编辑 / 连凌云
责任印制 / 王京美

出　　版 / 社会科学文献出版社 · 城市和绿色发展分社（010）59367143
　　　　　地址：北京市北三环中路甲 29 号院华龙大厦　邮编：100029
　　　　　网址：www. ssap. com. cn
发　　行 / 社会科学文献出版社（010）59367028
印　　装 / 天津千鹤文化传播有限公司

规　　格 / 开 本：787mm × 1092mm　1/16
　　　　　印 张：17　字 数：252 千字
版　　次 / 2022 年 12 月第 1 版　2022 年 12 月第 1 次印刷
书　　号 / ISBN 978 - 7 - 5228 - 0071 - 4
定　　价 / 168. 00 元

读者服务电话：4008918866

北京科普蓝皮书编委会

主编简介

滕红琴 文学学士，编辑，北京科技创新促进中心农业农村科技部部长。主要研究方向为科技政策与创新战略、科技传播与科学普及、科技志愿服务等。主持或参与北京市科技计划项目20余项，作为主要著作人出版图书10余部，参与北京市“十四五”科普发展规划编写等。

高　畅 法学博士，应用经济学博士后，研究员，北京科技创新促进中心科技融媒体部副部长。主要研究方向为科技政策与创新战略、科技传播与普及等。主持或参与各类科研项目50余项，在EI/ISTP、中文核心期刊及其他学术期刊发表论文33篇，作为主要著作人出版图书21部，获得各类奖项5项。

孙月琴 管理学硕士，副研究员，北京科技创新促进中心文化科技与科普工作部（工业设计部）部长。主要研究方向为科技情报管理、国产科学仪器验证、科技资源共享服务、科幻产业研究以及科普研究。作为主要负责人，发布或出版图书报告10余册。

李　群 应用经济学博士后，中国社会科学院数量经济与技术经济研究所研究室主任、研究员（二级）、博士研究生导师、博士后合作导师。主要研究方向为经济预测与评价、人力资源与经济发展、科普评价。主持国家级课题6项、省部级课题31项。

摘　要

习近平总书记指出，“科技创新、科学普及是实现创新发展的两翼，要把科学普及放在与科技创新同等重要的位置”，《北京市“十四五”时期国际科技创新中心建设规划》提出“到2025年，北京国际科技创新中心基本形成”，作为创新发展“两翼”之一的科普需同向发力。

北京作为全国科普资源最为丰富的地区，有责任服务国家战略，为建设创新型国家和科普事业发展，在国际科技创新中心建设过程中进一步发挥示范引领作用。为此，北京科技创新促进中心发布第五部北京科普蓝皮书：《北京科普发展报告（2021～2022）》。本书紧紧围绕北京建设国际科技创新中心这一核心目标，聚焦北京科普治理体系和治理能力现代化、科技支撑打赢新冠肺炎疫情防控阻击战、高质量发展等重点内容，多角度、多层次、多渠道展开研究，助力北京科普能力提升。

本书分为总报告、科普成效篇、体制机制篇、智慧传播篇和典型案例篇5部分。总报告基于北京和全国科普统计数据，测算得出2019年全国总体科普发展指数为51.52，北京科普发展指数为5.27，居全国之首；北京科普发展指数前4强为朝阳区、海淀区、西城区、东城区；城市功能拓展区在2019年的贡献度得到了大幅度的提升，从2018年的43%上升至2019年的60%；最后，提出“十四五”促进北京科普事业构建新格局的对策建议。科普成效篇，对北京建设国际科技创新中心视野下科普工作对科学家精神的传播路径、北京地区科普场馆建设、北京地区高端科技资源科普化配置等科普成绩进行总结。体制机制篇，解读“十四五”时期北京科普发展规划的重点与意义，对北京市科普基地管理制度与发展现状、北京青少年科普工作的创新路径进行了理论探讨和研究分析。智慧传播篇，集中总结了疫情防控背景下的新媒体科普传播和新媒体手段促进科普知识传播的路径，梳理分析了北京大运河国家文化公园创建中数字科普的展示与传播、北京网络科普内容传播的现状与秩序治理。典型案例篇，对北京应急科普工作路径、政务新媒体在科技传播中的效用及发展对策、北京地区科幻产业发展进行专题研究。

本书以丰富的数据、生动的案例、深入的分析为北京更好地开展科普工作提供数据支撑、理论支撑和经验启示，力求为北京及全国科普工作者提供有益参考。

关键词： 科普事业　科技创新中心　北京

目录

Ⅰ 总报告

Ⅱ 科普成效篇

Ⅲ 体制机制篇

Ⅳ 智慧传播篇

Ⅴ 典型案例篇

皮书数据库阅读使用指南

总报告

General Report

B.1

北京科普事业发展状况分析、预测及综合评价

李群 滕红琴 高畅 郝琴 孙文静 刘涛*

摘 要： 围绕北京建设国际科技创新中心这个重大任务，对北京科普能力新进展进行总结梳理。基于北京科普统计数据，计算北京科普发展指数，2019年北京各区科普发展指数之和为35.6，前4强为朝阳区、海淀区、西城区、东城区，分别为16.45、6.45、3.41和3.00。城市功能拓展区在2019年的贡献度得到了大幅度的提升，从2018年的

* 李群，应用经济学博士后，中国社会科学院数量经济与技术经济研究所研究室主任、研究员（二级）、博士研究生导师、博士后合作导师，主要研究方向为经济预测与评价、人力资源与经济发展、科普评价；滕红琴，文学学士，编辑，北京科技创新促进中心农业农村科技部部长，主要研究方向为科技政策与创新战略、科技传播与科学普及、科技志愿服务等；高畅，法学博士，应用经济学博士后，北京科技创新促进中心科技融媒体部副部长、研究员，主要研究方向为科技政策与创新战略、科技传播与普及等；郝琴，北京科技创新促进中心文化科技与科普工作部（工业设计部）副研究员，主要研究方向为科技政策与科普研究、科普监测；孙文静，北京科学技术研究院创新发展战略研究所助理研究员，主要研究方向为科技政策、科技创新；刘涛，博士，河北科技大学信息管理系讲师，主要研究方向为经济预测与评价、科技产业政策。

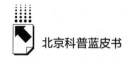

43%上升至2019年的60%。城市核心区贡献度从2018年的46%下降至2019年的31%。最后对“十四五”期间科普发展需要应对的挑战与机遇进行阐述，并给出下一阶段科普高质量发展的建议。

关键词： 科普成效　科普综合评价　指数测算

一　引言

公民科学素质是指公民倡导科学精神，树立科学思想，掌握基本科学方法，掌握必要的科学技术知识，分析判断事物、解决实际问题的能力。提高科学素质对公民树立科学的世界观和方法论，增强国家自主创新能力和文化软实力，建设社会主义现代化强国具有重要意义。

北京坚持强化科普联席会议制度，对全市科普工作进行规划、指导、组织和协调。各成员单位充分利用自身优势资源，通过规划指导、政策支持、平台建设和资金支持，有效促进社会各界参与科普工作。联席会议紧密结合各部门、各区的工作职能，聚集了一批行业科技人才，打造了一批知名科普品牌，组织开展面向群众、面向社会的科普活动，营造了良好的知识社会氛围，倡导科学，鼓励创新，协调首都科普工作不断创新和发展。北京市从事科普产品研发、科普展览和技术推广的科普机构数量不断增加，科普基础设施水平不断提高，服务规模不断扩大，服务质量不断提高。

二　北京科普能力建设新进展

2019年度北京地区科普统计数据显示，科普经费筹集额继续位居全国前列，科普人员增减平稳，科普场馆建设稳步增长，科普传播形式多样，以科技活动周为代表的群众性科普活动产生了广泛的社会影响。首都科普事业继续保持平稳、健康的良好发展态势。

（一）北京地区科普人员数量平稳

表1显示，自2015年至2019年北京地区科普人员基本维持在5.6万人左右，其中，科普专职人员维持在8000人左右，科普兼职人员维持在4.8万人左右。中央在京单位科普人员维持在1.66万人左右，市属单位科普人员维持在1.16万人左右，区属单位科普人员维持在2.82万人左右。

表1　2015～2019年北京科普人员历年人数

单位：人

	2015年		2016年		2017年		2018年		2019年	
	专职	兼职	专职	兼职	专职	兼职	专职	兼职	专职	兼职
中央在京	2352	7475	3175	11435	2911	11281	3103	18622	2614	20242
市属	1554	11324	1381	9395	1208	7656	1428	10195	1249	12417
区属	3418	22140	4735	24839	3958	24021	3959	24012	4655	25251
小计	7324	40939	9291	45669	8077	42958	8490	52829	8518	57910
合计	48263		54960		51035		61319		66428	

资料来源：《北京科普统计（2020年版）》。

2019年，北京地区拥有科普人员66428人，约占全国科普人员总数187.06万人的3.55%，北京地区每万人口拥有科普人员30.85人。其中，科普专职人员8518人，占12.82%，北京地区每万人拥有科普专职人员3.96人；科普兼职人员57910人，占87.18%，北京地区每万人拥有科普兼职人员26.89人。

8518名科普专职人员中，具有中级以上职称或大学本科及以上学历人员6438人，占科普专职人员的75.58%；在科普专职人员中有女性科普人员4677人，占科普专职人员总数的54.91%。另外，在科普专职人员中有农村科普人员843人、科普管理人员1802人、科普创作人员1844人和科普讲解人员1743人，分别占科普专职人员的9.90%、21.16%、21.65%和20.46%。

从科普专职人员占同级科普人员比例来看，2019 年区属单位占比最高，市属单位科普人员中科普专职人员比例最低；从科普人员的职称及学历看，区属科普人员中具有中级以上职称或大学本科及以上学历的人员比例较低，略高于 60%。其中，中央在京单位的科普人员具有中级以上职称或大学本科及以上学历的占 85.32%，市属单位的科普人员具有中级以上职称或大学本科及以上学历的占 70.69%，区属单位的科普人员具有中级以上职称或大学本科及以上学历的占 60.20%；2019 年区属单位的女性科普人员比例最高，达到 57.89%；区属单位农村科普人员比例占同级科普人员比例最高，达到 16.61%。

2019 年，北京地区共有 36660 名女性科普人员，占科普人员总数 66428 人的 55.19%。其中，女性科普专职人员 4677 人，占科普专职人员数 8518 人的 54.91%；女性科普兼职人员 31983 人，占科普兼职人员数 57910 人的 55.23%。

2019 年，北京地区拥有农村专职科普人员 843 人，占科普专职人员总数的 9.90%，比 2018 年的 3.97% 增加了 5.93 个百分点；科普创作人员 1844 人，占科普专职人员总数的 21.65%，比 2018 年的 18.08% 增加了 3.57 个百分点；科普管理人员 1802 人，占科普专职人员总数的 21.16%，比 2018 年的 23.61% 减少了 2.45 个百分点；科普讲解工作人员 1743 人，占科普专职人员总数的 20.46%，比 2018 年的 22.07% 减少了 1.61 个百分点。

57910 名科普兼职人员中，具有中级以上职称或大学本科及以上学历人员 40728 人，占科普兼职人员的 70.33%；科普兼职人员年度实际投入工作量为 55645 个月，平均每个科普兼职人员年从事科普工作 0.96 个月；在科普兼职人员中有女性科普兼职人员 31983 人，占科普兼职人员总数的 55.23%；另外，在科普兼职人员中有农村科普人员 5654 人、科普讲解员 10251 人，分别占科普兼职人员的 9.76%、17.70%。

2019 年，北京地区 16 个区平均拥有专、兼职科普人员 4152 人，比 2018 年的 3832 人增加了 320 人。科普人员规模超过平均水平的区有 5 个，分别是东城区、西城区、朝阳区、海淀区和丰台区。这 5 个区的科普人员总数占北京地区科普人员总数的72.26%。2019年，北京地区16个区的平均科普专职人员数为532人，比2018年的531人增加了1人。共有5个区超过了北京地区平均水平，分别为东城区、西城区、朝阳区、海淀区和丰台区，这5个区的科普专职人员总数占北京地区科普专职人员总数的70.79%。

北京地区拥有注册科普志愿者29575人，占全国注册科普志愿者总数281.71万人的1.05%。2019年北京地区各区平均拥有科普管理人员112.63人。相对于其他区，朝阳区、海淀区、东城区和西城区的科普管理人员规模较大。从科普人员中管理人员的比例来看，除个别区外，多数区的科普管理人员与科普人员之比在1∶20到1∶50之间。

北京市各区专职科普人员中具有中级以上职称或大学本科及以上学历的人员比例为71.1%，高于兼职人员（62.3%）8.8个百分点。专职、兼职科普人员中具有中级以上职称或大学本科及以上学历人员比例大致相同，但不均衡。在绝大多数区，科普专职人员中中级以上职称或大学本科及以上学历人员比例要高于科普兼职人员的这一比例，其中，西城区和朝阳区科普兼职人员比例超过科普专职人员，怀柔区科普兼职人员和科普专职人员基本持平。由此可以看出，东城区、朝阳区和海淀区3个区由于受中央在京单位的影响，专兼职科普人员中中级以上职称或大学本科及以上学历人员比例发生较大的变化。科普专职人员中中级以上职称或大学本科及以上学历人员比例超过70%的有10个区，其中门头沟区超过88%，密云区最低，为44.71%。科普兼职人员中中级以上职称或大学本科及以上学历人员比例超过50%的有9个区，朝阳区、东城区、西城区、通州区、海淀区超过70%，房山区最低，为17.44%。

（二）科普场馆继续稳步增长

表2显示，2015年以来北京地区科普场馆稳步增加，2019年共拥有科普场馆124个[①]，在这些场馆中有科技馆27个、科学技术博物馆83个和青

① 本次科普统计仅统计了500平方米及以上的科普场馆。

少年科技馆（站）14 个。

截至 2019 年底，北京地区共有建筑面积在 500 平方米以上的科技馆 27 个，比 2018 年减少了 1 个；有建筑面积在 500 平方米以上的科学技术博物馆 83 个，比 2018 年增加了 2 个；有青少年科技馆（站）14 个，比 2018 年增加了 2 个。

2019 年，北京地区科技馆、科学技术博物馆建筑面积 123.94 万平方米、展厅面积 51.83 万平方米，分别比 2018 年减少了 6.82 万平方米、4.1 万平方米；每万人拥有科普场馆建筑面积 575.49 平方米、每万人拥有科普场馆展厅面积 240.69 平方米，青少年科技馆（站）建筑面积 6.11 万平方米、展厅面积 0.84 万平方米。

2019 年度科普统计继续要求每个"科普场馆"单独填报一份报表，这样获得的科普场馆数据可以更加全面、真实地反映我国目前的科普场馆状况。

截至 2019 年底，北京地区共有建筑面积在 500 平方米以上的各类科技馆、科学技术博物馆 110 个，比 2018 年的 109 个增加了 1 个。建筑面积合计 1239382.2 平方米，比 2018 年的 1307567 平方米减少了 68184.8 平方米，减少了 5.21%；展厅面积合计 518348.82 平方米，比 2018 年的 559336 平方米减少了 40987.18 平方米，减少了 7.33%；参观人数共计 24234738 人次，比 2018 年的 26629987 人次减少了 2395249 人次，减少了 8.99%。

表 2　2015～2019 年北京地区各类科普场馆数量

单位：个

	2015 年	2016 年	2017 年	2018 年	2019 年
科技馆	31	30	29	28	27
科学技术博物馆	71	74	82	81	83
青少年科技馆(站)	14	17	12	12	14
合计	116	121	123	121	124

资料来源：《北京科普统计（2020 年版）》。

截至 2019 年底，北京地区共有建筑面积在 500 平方米以上的科普场馆 124 个，建筑面积 130.05 万平方米，每万人拥有科普场馆建筑面积 603.58 平方米；展厅面积 52.67 万平方米，每万人拥有科普场馆展厅面积 244.59 平方米。其中，科技馆 27 个，科学技术博物馆 83 个，青少年科技馆（站）14 个。三类科普场馆年参观人数为 2446.91 万人次，其中科技馆年参观人数为 693.07 万人次，科学技术博物馆年参观人数为 1730.41 万人次，青少年科技馆（站）年参观人数为 23.44 万人次。

2019 年，北京地区共有科普画廊 2430 个，城市社区科普（技）活动专用室 1129 个，农村科普（技）活动场地 1613 个，科普宣传专用车辆 40 辆。在北京地区的 27 个科技馆中，朝阳区、海淀区、顺义区、西城区、丰台区、房山区 6 个区共有 21 个，占北京地区科技馆总数的 77.78%；而东城区、大兴区、石景山区、门头沟区、密云区、延庆区 6 个区共有 6 个科技馆，昌平区、怀柔区、平谷区和通州区 4 个区没有科技馆。

目前北京地区各区科学技术博物馆的分布呈现不均衡状态。2019 年，北京地区共有 83 个科学技术博物馆，其中西城区、海淀区、朝阳区、东城区、延庆区、密云区、丰台区 7 个区共有 76 个，占北京地区科学技术博物馆总数的 91.57%；而房山区、昌平区、怀柔区、石景山区、通州区 5 个区共有 7 个科学技术博物馆，大兴区、门头沟区、平谷区、顺义区 4 个区没有科学技术博物馆。

（三）科普经费投入继续位居全国前列

据统计，2019 年北京地区全社会科普经费筹集额为 27.70 亿元，比 2018 年增加约 1.52 亿元，仍居全国各省区市前列。其中，政府拨款 19.83 亿元，占全部科普经费筹集额的 71.58%，比 2018 年增加约 0.89 亿元（见表 3）；政府拨款的科普专项经费 12.62 亿元，比 2018 年增加约 0.92 亿元。人均科普专项经费 58.59 元，较 2018 年增加约 4.28 元。

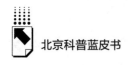

表3 2015～2019年北京地区科普经费筹集额

单位：亿元

	2015年	2016年	2017年	2018年	2019年
政府拨款	16.3	18.04	19.44	18.94	19.83
社会捐赠	0.13	0.41	0.09	0.13	0.14
自筹资金	3.39	5.48	6.64	4.37	4.88
其他收入	1.44	1.2	0.79	2.74	2.86

资料来源：《北京科普统计（2020年版）》。

2019年科普筹集经费中，社会捐赠0.14亿元，比2018年的0.13亿元增加0.01亿元，占科普经费筹集总额的0.51%，比2018年增加0.01个百分点；自筹资金达4.88亿元，比2018年的4.37亿元增加了0.51亿元，约占总投入的17.6%，比2018年的16.68%增加0.92个百分点，仍是仅次于政府拨款的筹资来源；其他收入有2.86亿元，比2018年的2.74亿元增加了0.12亿元，约占总投入的10.31%，比2018年的10.48%减少了0.17个百分点。北京地区2019年市、区两级单位科普经费筹集额为13.41亿元，占全国科普经费筹集额185.52亿元的7.23%。

2019年，北京地区科普经费使用额约25.33亿元，比2018年增加约0.51亿元，占全国科普经费使用额186.53亿元的13.58%。北京地区科普经费使用额中，行政支出4.97亿元，科普活动支出15.04亿元，科普场馆基建支出1.80亿元，其他支出3.52亿元。从科普经费的使用情况可以看出，2019年北京地区科普经费使用额中的大部分用于举办各种科普活动，占支出总额的59.38%。

（四）大众传媒科普宣传力度稳步加大

2019年，北京地区出版科普图书4445种，比2018年增加45种，占全国出版科普图书种数12468种的35.65%。2019年出版总册数8045.24万册，占全国出版科普图书总量13527.2万册的59.47%。出版科普期刊198种，年出版总册数828.32万册；出版科普（技）音像制品153种，光盘发行总量47.55万张；电台、电视台播出科普（技）节目时间22225.37小时；共发放科普读物和资料3116.20万份（见表4、表5）。

表4　2016～2019年北京地区科普图书、科普期刊种数和册数

单位：种，万册

	2016年				2017年				2018年				2019年			
	科普图书		科普期刊		科普图书		科普期刊		科普图书		科普期刊		科普图书		科普期刊	
	种数	册数	种数	册数	种数	册数	种数	册数	种数	册数	种数	册数	种数	册数	种数	册数
中央在京	2585	2130	85	3358	3355	4094	66	575	3778	4497	108	655	3740	7623	79	436
北京市	987	740	45	345	886	537	51	238	622	639	103	381	705	422	119	392
合计	3572	2870	130	3703	4241	4631	117	813	4400	5136	211	1036	4445	8045	198	828

资料来源：《北京科普统计（2020年版）》。

表5　2016～2019年北京地区科普传媒情况

	2016年				2017年			
	科技类报纸年发行总份数(份)	电视台播出科普(技)节目时间(小时)	电台播出科普(技)节目时间(小时)	科普网站个数(个)	科技类报纸年发行总份数(份)	电视台播出科普(技)节目时间(小时)	电台播出科普(技)节目时间(小时)	科普网站个数(个)
中央在京	72966000	7219	7684	217	16095864	2294	4881	109
市属	1777603	2393	354	53	10042600	2415	5486	51
区属	3478162	3717	1459	89	1083611	4432	2061	110
合计	78221765	13329	9497	359	27222075	9141	12428	270

	2018年				2019年			
	科技类报纸年发行总份数(份)	电视台播出科普(技)节目时间(小时)	电台播出科普(技)节目时间(小时)	科普网站个数(个)	科技类报纸年发行总份数(份)	电视台播出科普(技)节目时间(小时)	电台播出科普(技)节目时间(小时)	科普网站个数(个)
中央在京	14964116	5075	718	136	34177653	10100.97	5979.63	132
市属	15000	2101	2397	41	15000	1468.8	1449	49
区属	2105191	2660	2013	109	1857110	2278.32	948.65	100
合计	17084307	9836	5128	286	36049763	13848.09	8377.28	281

资料来源：《北京科普统计（2020年版）》。

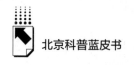

（五）科普活动开展继续位居全国前列

2019 年，北京地区共举办科普（技）讲座 6.16 万次，吸引听众 9869.91 万人次；举办科普（技）专题展览 4449 次，观展 14585.74 万人次；举办科普（技）竞赛 2022 次，有 3438.89 万人次参与竞赛；组织青少年科技兴趣小组 3791 个，参加人数 25.43 万人次；举办实用技术培训 0.95 万次，有 84.45 万人次接受培训。

2019 年科技周期间，举办科普专题活动 3764 次，吸引 9246.12 万人次参与。大学、科研机构向社会开放 1102 个，有 46.81 万人次参观；举办 1000 人以上的重大科普活动 723 次。

（六）创新创业与科技广泛结合

2019 年，北京地区开展创新创业培训 6577 次，共有 39.25 万人次参加了培训；举办科技类项目投资路演和宣传推介活动 8896 次，22.69 万人次参加了路演和宣传推介活动；举办科技类创新创业赛事 383 次，共有 8.99 万人次参加了赛事。

三　北京科普发展预测、综合评价及科普发展指数测算

使用科学合理的方法对科普工作进行综合评价是科普工作的重要研究内容，科普工作评价要综合反映北京科普现状、把握未来科普方向。本节根据 2008～2019 年科普统计年鉴数据测算了“北京科普发展指数”，用以分析地区科普投入各项指标的总体状况。

（一）科普发展指数研究现状

《国家科普能力发展报告》从国家整体科普能力出发，从多个角度进行子系统分解，探索了国家科普能力评价指标体系；上海首创“科学传播发展指数”，对“十二五”期间中国科普先进城市进行测算和排名，并对上海

各区的科普发展情况进行测算；中国科普研究所发布的《中国科普基础设施发展报告》针对科普场馆的数量、规模等建立了科普基础设施评价指标体系；张慧君等运用主成分分析方法，对2011年的省际科普能力进行排名，并分析了区域差异。这些皮书或年度报告推动了针对中国科普建设现状深入分析的工作，并在科普研究领域发挥了巨大的推动作用，很大程度上推动了中国科普工作的开展。

到目前为止，还没有集中体现先进地区开展推广普及科学知识、科学精神、科学方法等的科普评价指标体系。构建北京科普发展指数，对有效提升北京地区科普水平及发展潜力，找准北京地区科普工作中的薄弱环节，更好服务于科普、提升公民科学素质、推动地区社会经济发展有十分重要的意义。

（二）北京科普发展指数指标体系

构建科普发展指数的前提是必须对“科学普及”这一概念进行清晰的界定，明确“科学普及”概念的内涵。国内多位专家对“科学普及”做出了解释，例如张慧人（2001）提出“科学普及是利用普及载体，通过灵活多样的方式，向公众传播科技知识、科学思想、科学方法和科学精神的活动”；朱效民（2003）认为“科学普及作为一项促进公众理解科学、提高国民科学素质的社会教育活动，是保障科学与社会协调进步、持续发展的基础性社会工程，因而带有社会公益事业的性质”；王刚等（2017）提出“科学普及简称科普，又称大众科学或者普及科学，是指利用各种传媒以浅显的，让公众易于理解、接受和参与的方式向普通大众介绍自然科学和社会科学知识，推广科学技术的应用、倡导科学方法、传播科学思想、弘扬科学精神的活动”。通过归纳科普领域权威学者提出的若干种权威概念，可以认为“科学普及”是活动而非状态，是需要通过政府来实现的公益性活动。

“科学普及”的具体任务，可以通过近年来政府颁布实施的《全民科学素质行动计划纲要实施方案（2016～2020年）》《科普基础设施发展规划（2008～2010～2015年）》《北京市“十三五”时期科学技术普及发展规划》等文件对科普工作的规划进行归纳。科学普及应从提升科普基础设施，提升资金、人员、场馆等有效供给，提高科普资金支出比重，扩大科普各类资源覆盖范围，提升北京地区大科普发展水平和国际化水平等方面开展工作。

1. 指标体系

根据学者对科学普及概念的界定，以及国家和北京市对科学普及提出的多项发展纲要和方案，本研究提出科普发展的概念："政府通过人才培养、财政投入、组织引导、调整优化等方式，不断提升科学普及公益事业的能力的过程。"对科普发展水平的衡量，应当主要考虑的方面有：针对当前国内科普发展不平衡、不充分的突出问题，扩大科普工作覆盖范围，提升科普人员、资金、基础设施建设的资源水平，提升科普各类作品和科普活动组织的水平。

根据科普发展的概念和主要任务，设计了科普重视程度、科普人员、科普经费、科普设施、科普传媒、科普活动六个一级指标来衡量一个地区科普事业的发展程度（见表6）。

表6　科普发展指标体系

一级指标	二级指标
A_1科普重视程度	B_1科普人员占地区人口数比重
	B_2科普经费投入占财政科学技术支出比重
	B_3科普场馆基建占全社会固定资产比重
A_2科普人员	B_4科普专职人员数量
	B_5科普兼职人员数量
	B_6科学家和工程师参与科普人数
	B_7科普创作人员数量
A_3科普经费	B_8科普专项经费
	B_9年度科普经费筹集额
	B_{10}年度科普经费使用额
A_4科普设施	B_{11}科普场馆数量
	B_{12}科普公共场所数量
	B_{13}科普场馆展厅面积
A_5科普传媒	B_{14}科普图书发行数量
	B_{15}科普期刊发行数量
	B_{16}科普(技)音像制品发行数量
	B_{17}科普(技)节目播出时间
	B_{18}科普网站数量

续表

一级指标	二级指标
A_6科普活动	B_{19}举办科普国际交流活动次数
	B_{20}科技活动周举办科普专题活动
	B_{21}三类科普竞赛举办次数
	B_{22}举办实用技术培训
	B_{23}重大科普活动次数

2. 数据来源及处理

计算科普发展指数，使用国家机关发布的最新统计年鉴中体现科普工作产生的社会经济效应的统计数据。主要来自《中国科普统计年鉴》《北京科普统计年鉴》《北京地区统计年鉴》（2008～2019年）中相关统计数据。

首先对23个指标确定权重，指标体系使用主观客观相结合的方法进行权重设定。本报告邀请多名数量经济学、科普、产业发展等方面学者，在完成对北京科普高质量发展情况背景介绍后，发放专家打分表，以大视野、大科普、国际化的高度，以建设国家科技传播中心为核心，以提升公民科学素质、加强科普能力建设为目标，以打造首都科普资源平台和提升“首都科普”品牌为重点，分别对一级指标、二级指标分层进行排序式赋权。回收后进行信度分析并测算第一轮打分结果，经过背靠背两轮打分，打分表通过一致性检验。在客观赋权后，综合评价组结合当前北京科普高质量发展的突出问题和热点议题，经过多轮修正，权重分配见表7。

表7　北京科普发展指标权重

一级指标	二级指标	权重
A_1科普重视程度（0.153）	B_1科普人员占地区人口数比重	0.051
	B_2科普经费投入占财政科学技术支出比重	0.064
	B_3科普场馆基建占全社会固定资产比重	0.038
A_2科普人员（0.174）	B_4科普专职人员数量	0.052
	B_5科普兼职人员数量	0.023
	B_6科学家和工程师参与科普人数	0.056
	B_7科普创作人员数量	0.043

续表

一级指标	二级指标	权重
A_3科普经费（0.203）	B_8科普专项经费	0.066
	B_9年度科普经费筹集额	0.058
	B_{10}年度科普经费使用额	0.079
A_4科普设施（0.139）	B_{11}科普场馆数量	0.049
	B_{12}科普公共场所数量	0.041
	B_{13}科普场馆展厅面积	0.049
A_5科普传媒（0.116）	B_{14}科普图书发行数量	0.018
	B_{15}科普期刊发行数量	0.018
	B_{16}科普（技）音像制品发行数量	0.019
	B_{17}科普（技）节目播出时间	0.036
	B_{18}科普网站数量	0.025
A_6科普活动（0.215）	B_{19}举办科普国际交流活动次数	0.086
	B_{20}科技活动周举办科普专题活动	0.064
	B_{21}三类科普竞赛举办次数	0.021
	B_{22}举办实用技术培训	0.023
	B_{23}重大科普活动次数	0.021

（三）指数测算方法

为综合体现科普发展的规模与质量，提高北京科普发展指数的政策参考依据，指数测算方法必须具备以下特点。

1. 综合性

北京科普发展综合评价能够反映各个地区在一个时期内科普多维度的进步情况。

2. 连续性

北京科普发展指数能够根据新增数据不断延续，在获取新增数据后，无需对过往数据进行调整。

3. 稳定性

综合考虑指标体系中绝对值指标、逆向指标、比率性指标的关系，避免出现东部省份指标过大、面积较小地区在科普事业的发展中体现不足的情况。并确保在出现异常数据、缺失数据的情况下，指标测算结果保持稳定。

发展指数测算的三个步骤：

1. 原始数据处理

对原始数据中逆向指标正向化，并填充缺失数据；经过整理后数据形式如下式二级指标数据矩阵 B，纵向为空间轴，横向为时间轴：

$$B = \begin{bmatrix} b_{2008,\text{北京}} & b_{2009,\text{北京}} & & b_{2018,\text{北京}} \\ b_{2008,\text{天津}} & b_{2009,\text{天津}} & & b_{2018,\text{天津}} \\ \cdots & \cdots & \cdots & \cdots \\ b_{2008,\text{新疆}} & b_{2009,\text{新疆}} & & b_{2018,\text{新疆}} \end{bmatrix}$$

$$A_1 = [B_1 \quad B_2 \quad B_3]$$

$$\cdots$$

$$A_6 = [B_{19} \quad \cdots \quad B_{23}]$$

$$I = [A_1 \quad \cdots \quad A_6]$$

2. 分指标发展指数测算

根据统计年鉴的资料可得性和北京科普发展形势，认为 2008 年是合理的基期年，对整理后数据 $B_1 \sim B_{23}$ 除以基期年均值，如下式：

$$V_{reference} = (b_{2008,\text{北京}} \quad b_{2008,\text{天津}} \quad \cdots \quad b_{2008,\text{新疆}})$$

$$r = \frac{\sum V}{31}$$

$$B^* = \frac{B}{r}$$

经上式处理后，获得各地区 2011 ~ 2019 年二级指标发展指数，以 2019 年北京的 B_1 科普人员发展指数计算为例：

$$2019\text{年科普人员发展指数}_{\text{科普人数}}^{\text{北京}} = \frac{2019\text{科普专职人员数量}^{\text{北京}}}{2019\text{年全国各省区市科普人数}}$$

3. 指数综合

根据前述所得指标权重向量 W，进行 n 次幂指数变换并进行归一化处理，获得调整后权重向量 $W(n)^*$，公式如下：

$$W = (\omega_1 \quad \omega_2 \quad \cdots \quad \omega_{21})$$

其中：$\sum_{i=1}^{23} \omega = 1$，$W$ 的 n 次幂调整为：

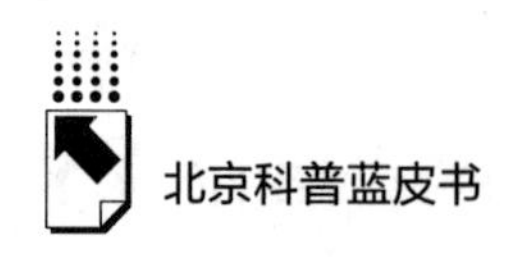

$$W(n)^* = \frac{(\omega_1^n \quad \omega_2^n \quad \cdots \quad \omega_{23}^n)}{\sum_{i=1}^{23} \omega_i^n}$$

通过对权重向量进行幂指数转化，随着 n 的提高，优势权重变量在指数中突出，通过试验对比，$W(2)^*$ 的北京科普发展指数测算结果稳定合理，符合预期，故使用 $W(2)^*$ 作为指标综合权重。对一级指标相对应的二级指标发展指数矩阵进行加权求和，以点积形式表现如下：

$$A_1^* = [B_1^* \quad B_2^* \quad B_3^*] \cdot \begin{bmatrix} \omega_1^n \\ \omega_2^n \\ \omega_3^n \end{bmatrix}$$

$$\cdots$$

$$A_6^* = [B_{19}^* \quad \cdots \quad B_{23}^*] \cdot \begin{bmatrix} \omega_{19}^n \\ \cdots \\ \omega_{23}^n \end{bmatrix}$$

总体发展指数：

$$I^* = \sum A^*$$

（四）北京科普发展指数

设立 2008 年为标杆年，分别计算全国范围和北京市 16 个区的科普发展指数，并按照统一方法进行指数综合，获得两个结果：根据全国省际科普数据计算得出的中国省际科普发展指数；使用北京各区数据计算获得的北京分区科普发展数据，2019 年北京各区科普发展指数之和为 35.6（见图 1）。

进一步观察北京各区科普发展指数，在分区科普发展指数中，前 4 强为朝阳区、海淀区、西城区、东城区，分别为 16.45、6.45、3.41 和 3.00。除传统四强区外，丰台区、延庆区均超过 1.0，其中丰台区科普发展指数为 1.376，延庆区科普发展指数为 1.011（见图 2）。

在城市各个区域对北京科普发展指数的贡献比例上，城市发展新区对科普贡献的比例从 2018 年的 7% 下降至 2019 年的 5%；城市功能拓展区在

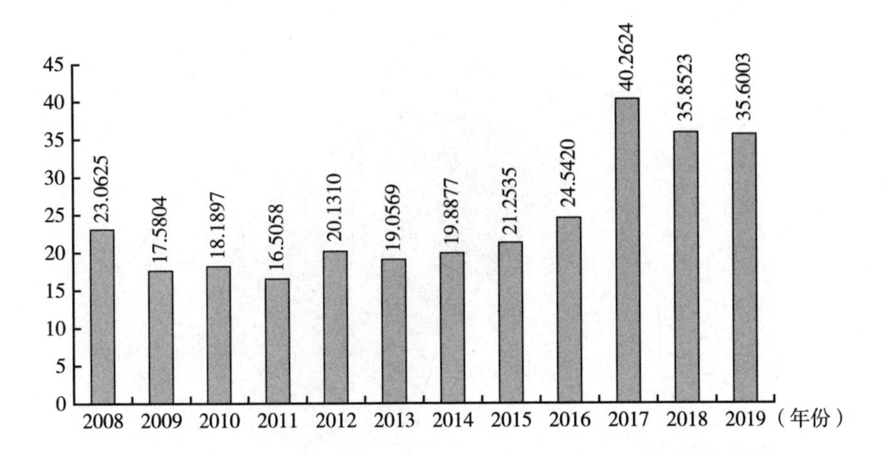

图 1　2008 ~ 2019 年北京 16 区总体科普发展指数

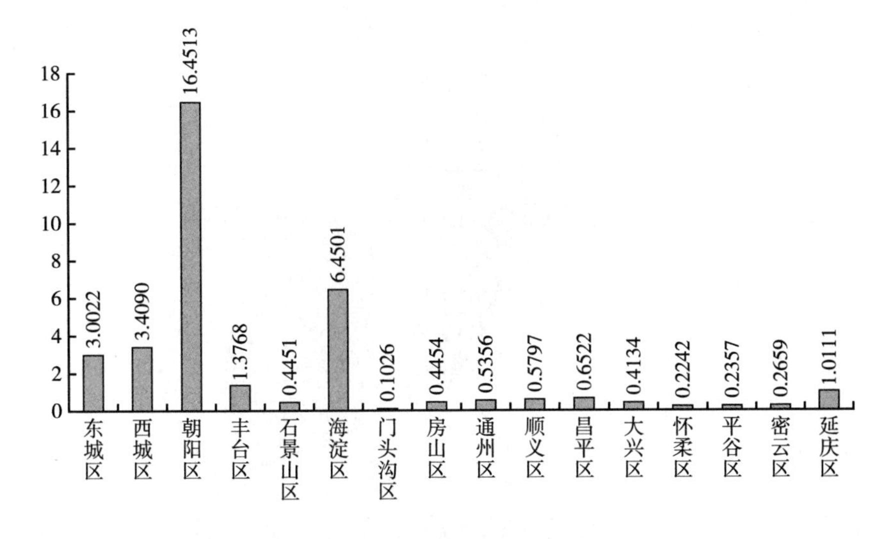

图 2　北京各区科普发展指数

2019 年的贡献度得到了大幅度的提升，从 2018 年的 43% 上升至 2019 年的 60%；城市核心功能区贡献度从 2018 年的 46% 下降至 2019 年的 31%（见图 3）。

北京科普人才发展指数增速较快的区域为朝阳区和海淀区，其中朝阳区从 2018 年的 1. 32 上升至 2019 年的 1. 43，海淀区从 2018 年的 0. 91 上升至 2019 年的 1. 07（见图 4）。

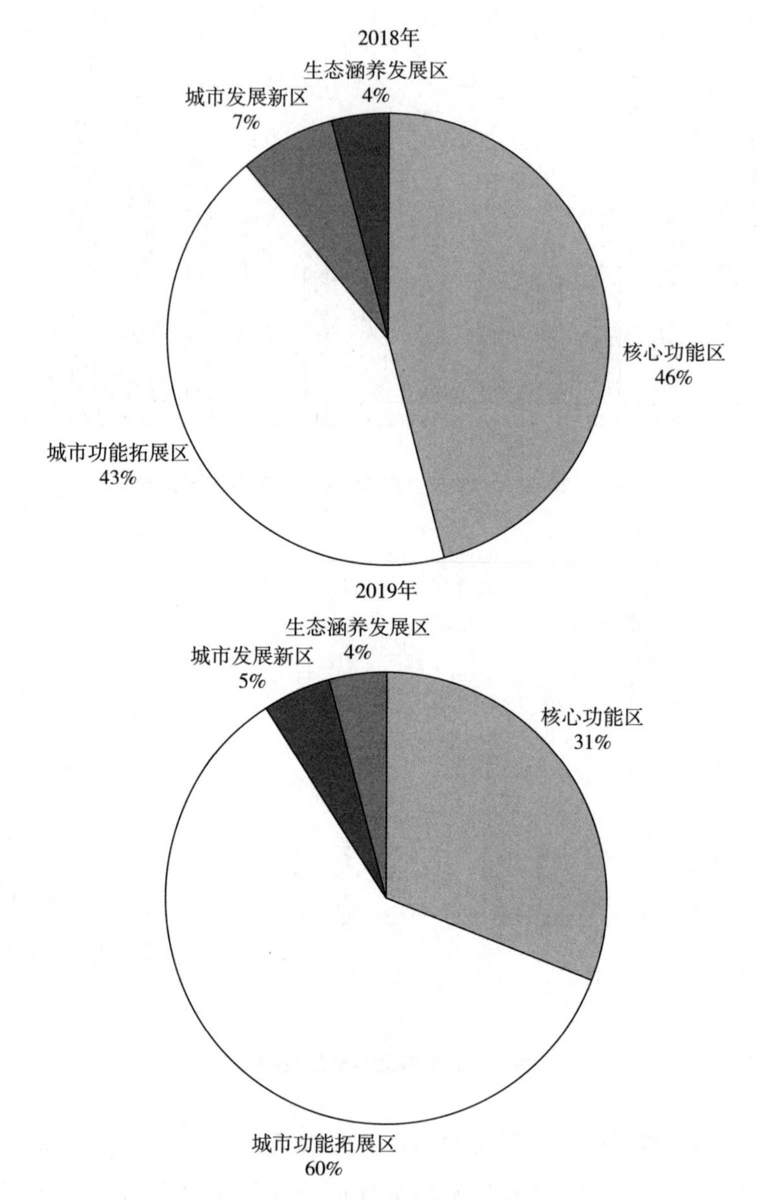

图 3　北京城市功能区科普发展贡献度（2018～2019 年）

观察北京科普传媒发展指数发现，2019 年，东城区、丰台区、海淀区科普传媒发展指数有所回落，分别从 2018 年的 4.29、1.75 和 1.19 下降至 0.50、0.27 和 0.77。朝阳区在 2019 年集中播出电台电视台科普节目，科普

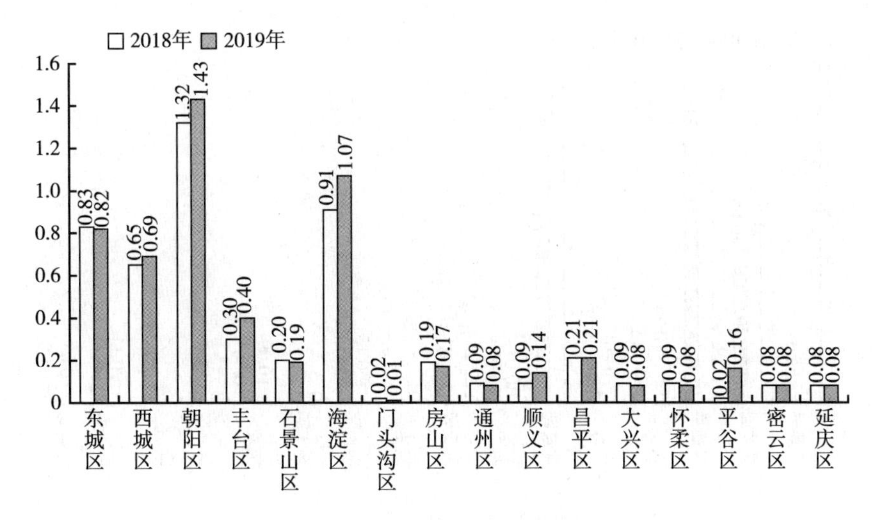

图4　北京科普人才发展指数

传媒发展指数迅速提高，从2018年的4.16上升至2019年的10.30；观察北京科普场馆发展指数发现，朝阳区从2018年的1.11上升至2019年的1.21（见图5、图6）。

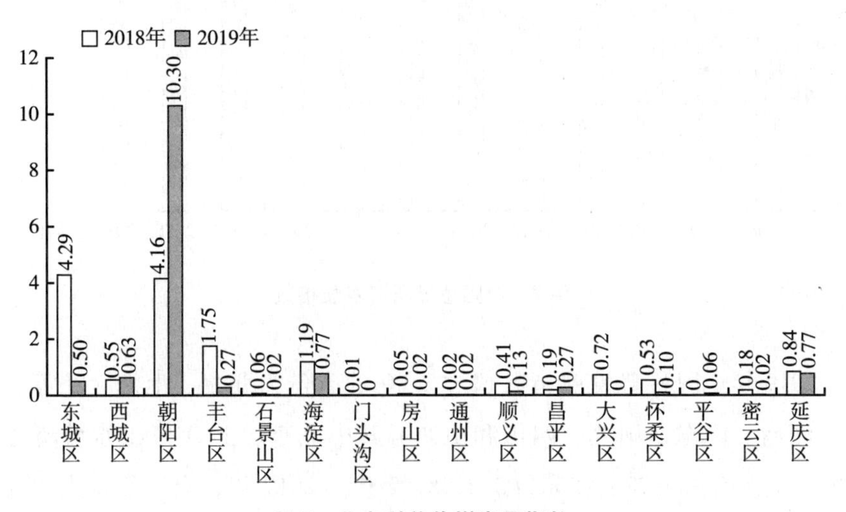

图5　北京科普传媒发展指数

2019年全国总体科普发展指数中速增长，为51.52，较2018年的46.33增长了11%（见图7）。

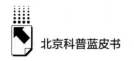

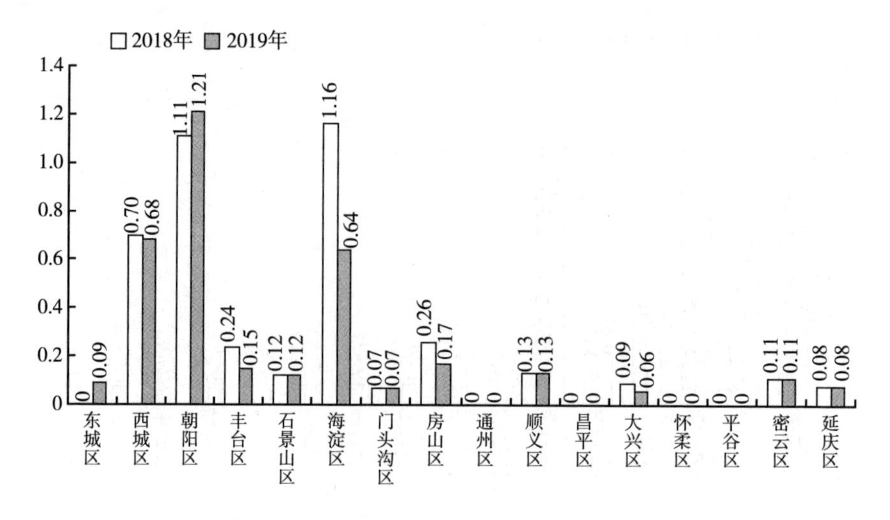

图6　北京科普场馆发展指数

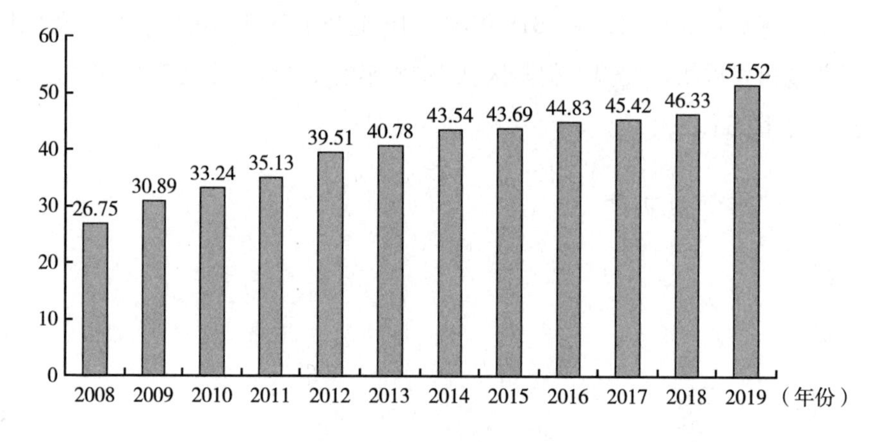

图7　全国总体科普发展指数

2019年全国科普发展指数超过2.00的省份为北京、上海、江苏、浙江、河南、广东、湖北、四川和山东。其中北京、上海和江苏均超过了3.00，上海为3.5877，江苏为3.2228。2008～2019年，全国科普人才发展指数持续增长，2019年全国科普人才发展指数为8.576，较2018年的7.56增长了13%。全国科普受重视程度发展指数在2019年达到历史最高点，为0.933。（见图8、图9、图10）

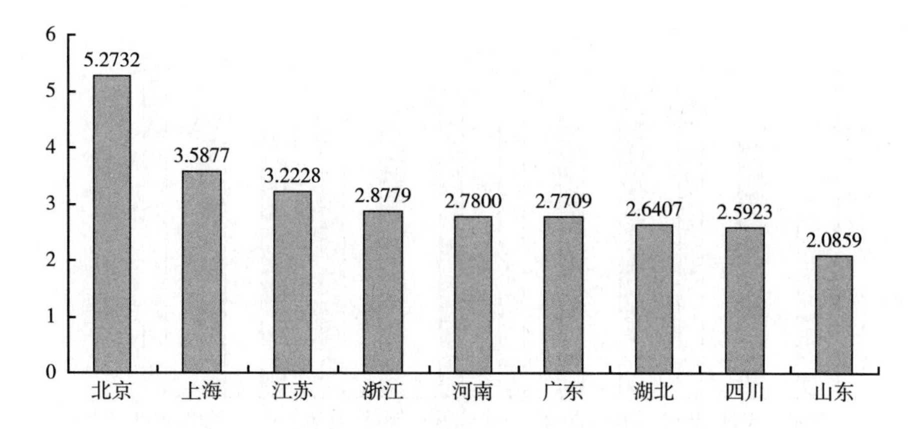

图8　全国科普发展指数超过2.00的省份（2019年）

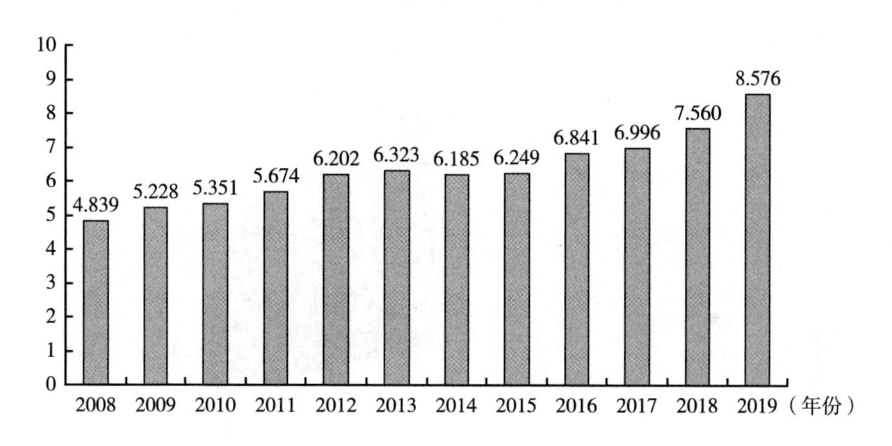

图9　全国科普人才发展指数（2008～2019年）

2019年全国科普传媒发展指数中，北京占全国比重为16%，上海，广东分别贡献了全国7%和6%的科普传媒产出；2019年全国科普场馆发展指数高速增长，从2018年的7.84上升至2019年的8.518（见图11、图12）。

科普发展程度同经济发展水平高度相关。观察热点区域科普发展情况，2019年，珠三角整体科普发展较快，指数为14.437；长三角科普发展指数为9.689；京津冀科普发展指数为7.643，京津冀地区仍然是北京主导的科普发展方式，京津冀科普协同尚未显现。

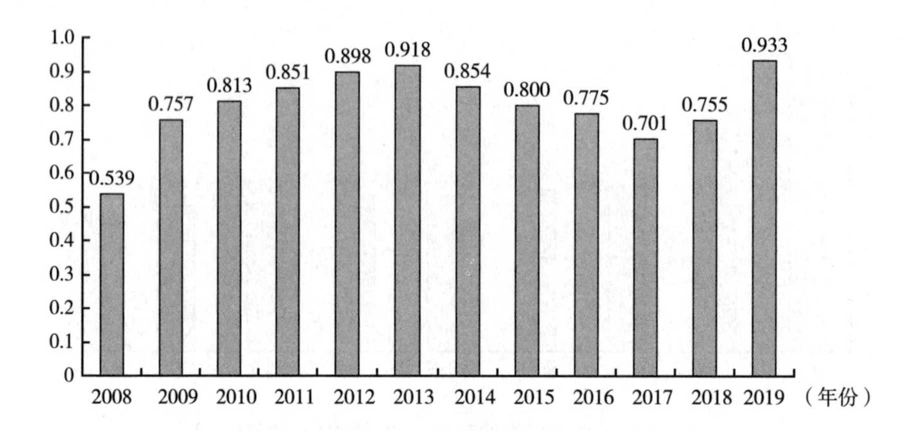

图 10　全国科普受重视程度发展指数（2008～2019 年）

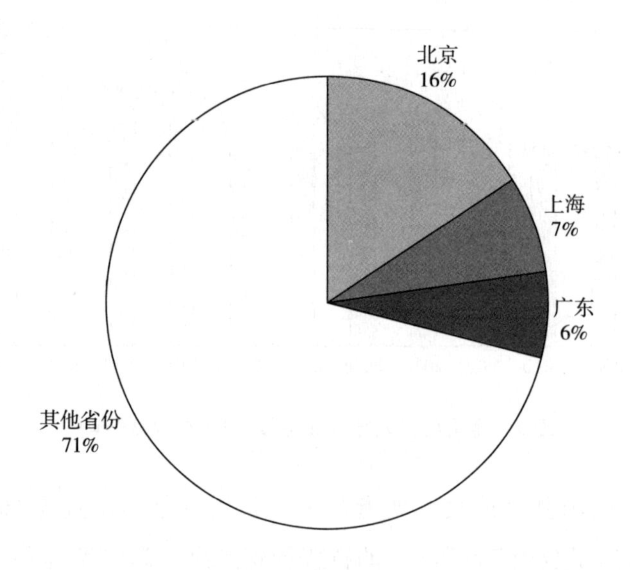

图 11　北京、上海科普传媒在全国占比（2019 年）

进一步观察东、中、西部科普发展情况，2019 年，东部地区科普发展指数为 25. 544；中部地区科普发展指数增速较快，从 2018 年的 9. 541 增长至 2019 年的 12. 059；西部地区科普发展指数为 13. 905；东中西部增速分别为 6%、26%、10%（见图 13、图 14）。

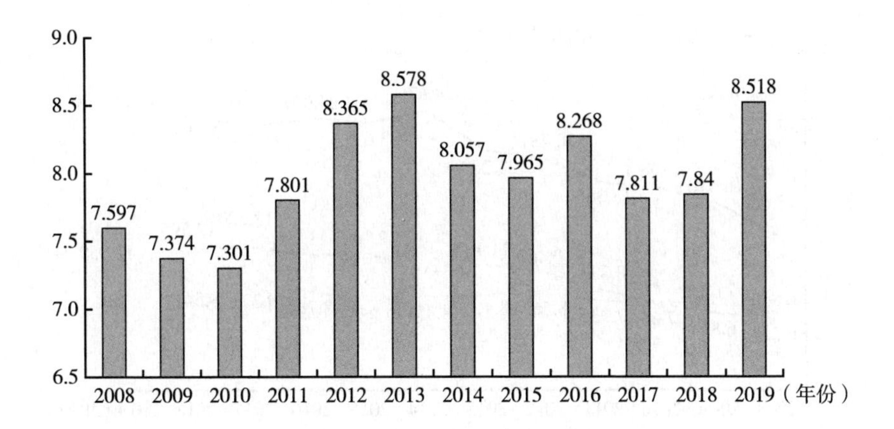

图 12　全国科普场馆发展指数（2008～2019 年）

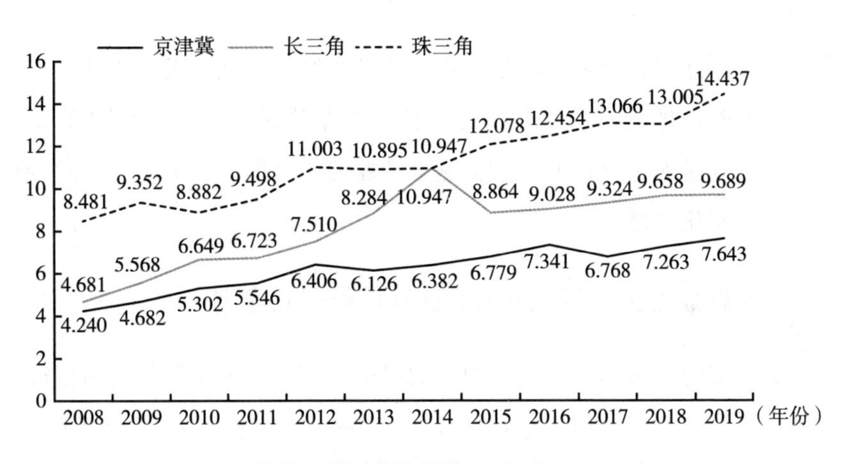

图 13　热点区域科普发展情况（2008～2019 年）

四　“十四五”促进北京科普事业构建新格局的对策建议

北京科普事业发展以习近平新时代中国特色社会主义思想为指导，深入学习贯彻落实党的十九大和十九届二中、三中、四中、五中、六中全会精神和《中华人民共和国科学技术普及法》《北京市科学技术普及条例》等有关

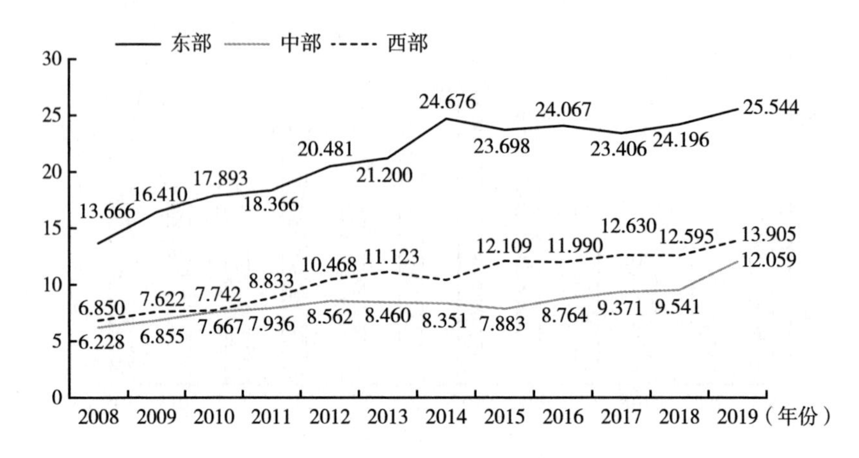

图 14　东、中、西部科普发展情况（2008～2019 年）

要求，紧扣国际科技创新中心建设重点任务和坚持高质量发展要求，推进科普治理体系和治理能力现代化，提升科普供给质量，提高公众科学文化素质，更好地满足人民日益增长的美好生活需要，为推动首都高质量发展营造崇尚创新的文化环境。

（一）聚焦重大战略和任务，提升首都引领作用

聚焦北京建设国际科技创新中心的目标及《“十四五”北京国际科技创新中心建设战略行动计划》重点任务，促进科技创新和科学普及协同发展。围绕承接国家重大科技任务、培育建设国家实验室、建设“三城一区”主平台和中关村国家自主创新示范区等方面，多角度、多层次、多渠道开展科普工作。加强“三城一区”、城市副中心等重点区域的科普能力建设，围绕人工智能、量子计算、区块链、生物技术、集成电路、数字经济、智能制造、医药健康等重点领域，开展形式多样的科普宣传活动，提高公众对科技前沿的认知水平。

落实《北京市“十四五”时期科学技术普及发展规划》和《北京市全民科学素质行动规划纲要（2021—2035 年）》。加强顶层设计、战略布局和协同推进，把深刻解读、广泛宣传、深入贯彻习近平新时代中国特色社会主

义思想作为科普工作的重要任务，强化价值引领。立足北京“四个中心”功能定位，高起点谋划，多举措推动，完善科普工作体制机制，健全科普政策法规体系，优化科普资源配置，提升科普供给能力，实现科普事业协调发展，凸显首都引领与示范作用。

（二）完善科普工作制度，提升科普治理水平

坚持党的领导，发挥党委（党组织）在科普工作中的领导作用，压实各级政府科普责任，把科普工作作为经济社会发展的重要任务，纳入经济社会发展总体规划，列入年度工作计划，纳入目标管理和绩效考核范畴。

研究推动修订《北京市科学技术普及条例》，落实新时代科普发展指导意见，健全社会力量参与科普工作的机制模式，完善支持科普基础设施建设、科普项目及经费资助办法等科普法规政策，落实国家有关科普税收政策，为深化科普供给侧改革、实现高质量发展提供法规政策保障。

深化市区两级科普工作联席会议制度，在强化明确政府科普行政主管部门的主体责任以及科普工作联席会议各成员单位科普责任的同时，探索、创新科普治理现代化体制机制，推动形成共建共治共享的社会化科普协同治理格局。

强化市区两级科普工作联席会议“总体设计、统筹协调、整体推进、督促落实”的科普管理职能。各成员单位、各区要加强对科普工作的统筹管理，将科普工作的目标和任务纳入本部门、本区域工作计划，保障科普工作投入，分解重点任务，明确责任单位，有步骤推进各项任务的落实。探索线上线下相结合方式开展科普活动，强化成效评价，向联席会议办公室备案科普活动和提供科普活动成效评价报告。

（三）多措并举科普惠民，提升全民科学素质

围绕经济社会发展重点任务和人民群众重大关切，深入开展各自领域主题特色科普活动，传播知识，解疑释惑，提高公众的科学认知水平和科学生活能力。各区结合区域特点和公众需求，广泛开展精准科普活动和科普服务，推动科普“进社区、进学校、进企业、进农村、进家庭”，增强百姓的

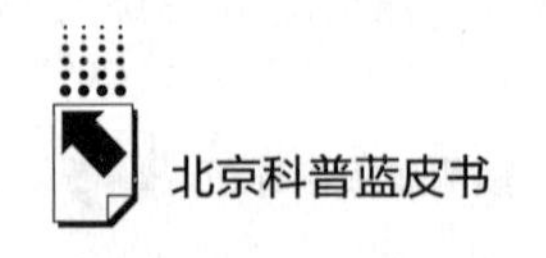

爱科学意识、学科学能力、用科学水平，营造创新文化氛围。

开展重点人群科学素质提升行动，重点围绕践行社会主义核心价值观，培植科学精神、科学家精神和工匠精神，培育科学思想和科学思维，养成文明、健康、绿色、环保的科学生活方式，提高劳动、生产、创新、创造的技能，提升科学分析判断事物和解决实际问题的能力。

发挥北京科普资源的辐射和带动作用，促进京津冀科普工作协同创新，挖掘整合京津冀地区的优质科普设施、产品、品牌、服务等资源，推动京津冀三地科普资源开放共享。促进北京与长三角地区、粤港澳大湾区等地区加强科普合作，拓宽交流的领域、渠道和内容。围绕先进技术领域和科学文化历史，加强北京与共建“一带一路”国家、北京国际友好城市的科普交流合作，支持面向全球开发科普产品，引进国外优质科普成果。

（四）挖掘丰富科普资源，提升科普供给质量

开展品牌科普创作活动，鼓励科普原创作品出版，推动科研人员和文学工作者的跨界合作，推出一批水平高、社会影响力大的国产原创科普精品。推动北京科技周、北京科学嘉年华、北京社会科学普及周等大型品牌科普活动创新升级，发挥示范引领作用。围绕自然生态、环境保护、防灾减灾等领域，打造一批具有行业特点的科普品牌活动。广泛宣传社会科学知识，推动哲学社会科学的普及，面向公众宣传普及习近平新时代中国特色社会主义思想。

加强科普基础设施建设和科普场馆能力提升，加快推进数字科技馆、智慧科技馆建设，构建现代化科普场馆体系。根据修订发布的《北京市科普基地管理办法》，推动各区制定区级科普基地管理办法，培育市科普基地和若干区级科普基地，加强行业领域特色科普基地建设，有效发挥科普基地的创新示范引领作用。充分发挥新时代文明实践中心（所、站）、社区服务中心（站）等基层科普阵地的作用，提升基层科普服务水平。建立和完善应急科普工作机制和管理体系，运用现代科技开展应急科普教育，加强应急科普能力建设。

实施“科普＋”产业提升计划。搭建科幻创作交流和产品开发共享平

台，高水平筹办中国科幻大会，培育精品原创科幻作品。聚焦首钢园区等重点区域建设科幻产业集聚区，打造具有全球影响力的科幻产业发展新高地。鼓励支持社会科普组织的发展，引导社会力量采用多种方式投入科普事业，积极探索市场化运作的科普发展模式。发展基于“科普 +”的新业态，促进科普与科技创新、文化、旅游、艺术、体育、农业等领域深度融合发展，培育消费新市场。

（五）构建全媒体传播格局，提升科普信息化水平

充分利用大数据、云计算、人工智能、区块链、虚拟现实等技术在科普中的应用，推动科普信息化智慧升级。促进科普与信息、生物、材料等领域重大科技成果转化应用的衔接，鼓励在科普中率先应用新技术，打造应用场景。广泛应用 VR（虚拟现实）、AR（增强现实）、MR（混合现实）技术，丰富科普传播形式。

建设北京科普中央厨房，汇聚数字化科普资源，完善数字化科普内容生产与分发机制。开发适应公众个性化需求、内容健康、形式多样的网络科普资源，搭建数字化科普资源开放平台，建立公众“线上线下”互动机制，发展线上展示与线下体验相结合的科普资源服务模式。

开辟和壮大科普线上渠道，充分利用新媒体和新技术手段，鼓励引导网络直播、短视频、公众号、微博等科普方式健康发展，构建全媒体科普传播新格局。创新媒体融合发展机制，加大融媒体投入，建设科普融媒体共建共享中心，推动新媒体与传统媒体的深度融合，促进电视、电台、报纸、期刊等传统媒体智慧化传播。

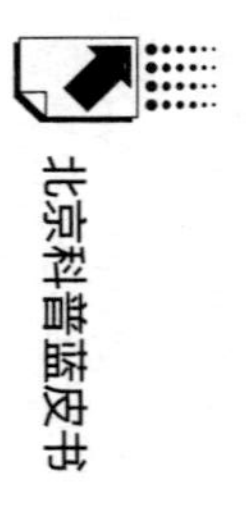

附件1　北京科普发展指数

（一）北京各区科普发展指数（2008～2019年）

	2008	2009	2010	2011	2012	2013	2014	2015	2016	2017	2018	2019
东城区	0. 8753	1. 0079	2. 4707	1. 225	2. 2709	1. 2169	1. 2637	2. 4327	2. 3508	2. 4253	6. 6261	3. 0022
西城区	7. 901	1. 6126	1. 7831	2. 4924	2. 7283	3. 206	3. 1586	2. 5761	3. 169	2. 9868	3. 8096	3. 409
朝阳区	5. 5258	3. 8612	3. 3123	4. 5639	5. 6007	4. 7415	4. 9149	4. 0408	6. 5753	17. 6535	9. 2502	16. 4513
丰台区	0. 7376	0. 3855	0. 3582	0. 7448	0. 7608	1. 0131	0. 8039	0. 9075	0. 814	2. 698	2. 9159	1. 3768
石景山区	0. 3966	0. 328	0. 5694	0. 5213	0. 4229	0. 6874	0. 4639	0. 6392	0. 5134	0. 3913	0. 6428	0. 4451
海淀区	3. 2241	7. 4147	6. 7185	4. 1271	4. 6027	3. 4778	4. 523	5. 5939	6. 9752	5. 8323	6. 4536	6. 4501
门头沟区	0. 2532	0. 2727	0. 1548	0. 213	0. 2269	0. 3934	0. 3387	0. 6086	0. 3038	0. 3565	0. 208	0. 1026
房山区	0. 438	0. 1674	0. 1276	0. 085	0. 4419	0. 65	0. 1958	0. 4306	0. 5736	0. 5096	0. 5667	0. 4454
通州区	0. 3365	0. 1522	0. 5745	0. 5646	0. 3634	0. 3039	0. 2485	0. 3283	0. 4677	0. 6565	0. 4865	0. 5356
顺义区	0. 3674	0. 3396	0. 2437	0. 1735	0. 3008	0. 3216	0. 2755	0. 3416	0. 5616	1. 0461	0. 7851	0. 5797
昌平区	0. 6506	0. 9925	0. 7874	0. 5875	0. 7721	1. 0771	0. 7261	0. 8695	0. 9881	0. 9787	0. 6405	0. 6522
大兴区	0. 7568	0. 4365	0. 5187	0. 6069	0. 473	2. 0066	0. 8177	0. 7118	0. 2266	1. 582	1. 1726	0. 4134
怀柔区	0. 202	0. 0791	0. 1191	0. 2153	0. 1521	0. 1736	1. 0002	0. 406	0. 2357	0. 8572	0. 6693	0. 2242
平谷区	0. 3223	0. 1674	0. 1534	0. 1122	0. 2103	0. 1898	0. 2928	0. 4589	0. 2895	0. 6589	0. 0588	0. 2357
密云区	0. 3647	0. 229	0. 1651	0. 1585	0. 4461	0. 3896	0. 403	0. 4658	0. 3405	0. 4915	0. 4346	0. 2659
延庆区	0. 7106	0. 153	0. 1499	0. 1418	0. 3714	0. 424	0. 4629	0. 4606	0. 4342	1. 1932	1. 1495	1. 0111

（二）北京各区科普人员发展指数（2008～2019年）

	2008	2009	2010	2011	2012	2013	2014	2015	2016	2017	2018	2019
东城区	0.2317	0.2979	0.5041	0.3954	0.4122	0.3984	0.4383	0.3259	0.4668	0.6853	0.8327	0.8195
西城区	0.5481	0.3918	0.3617	0.391	0.4423	0.9623	0.5004	0.4314	0.52	0.5475	0.654	0.6855
朝阳区	0.7796	0.8672	0.9335	1.0837	1.0356	1.2267	0.95	0.63	1.3384	1.1318	1.3239	1.4346
丰台区	0.0702	0.0934	0.071	0.1635	0.1548	0.1792	0.1833	0.1766	0.1843	0.1908	0.3027	0.3991
石景山区	0.057	0.0506	0.058	0.1369	0.109	0.0814	0.0856	0.0265	0.0343	0.0654	0.1954	0.19
海淀区	0.8216	1.6206	1.9402	0.9562	1.3027	0.9024	0.7659	1.2935	1.305	0.7192	0.9083	1.0651
门头沟区	0.0369	0.0368	0.0339	0.0368	0.0292	0.0614	0.0457	0.0679	0.1347	0.1367	0.0204	0.0116
房山区	0.113	0.0758	0.0381	0.0307	0.1655	0.2557	0.0856	0.0841	0.1197	0.1059	0.1874	0.1667
通州区	0.0312	0.0217	0.0312	0.0399	0.0781	0.0659	0.0379	0.0819	0.0953	0.2307	0.0866	0.0816
顺义区	0.0386	0.0845	0.0771	0.0517	0.0504	0.0943	0.055	0.067	0.3237	0.1885	0.0917	0.1382
昌平区	0.0671	0.1769	0.1096	0.082	0.0752	0.2597	0.194	0.2099	0.09	0.0883	0.2125	0.2144
大兴区	0.1917	0.1568	0.1372	0.1242	0.1649	0.2121	0.2659	0.265	0.0055	0.0329	0.09	0.0801
怀柔区	0.0283	0.0155	0.0277	0.0221	0.0295	0.0295	0.1151	0.1018	0.0881	0.2196	0.0933	0.0829
平谷区	0.0472	0.0376	0.0381	0.0407	0.0633	0.0476	0.1244	0.1571	0.1526	0.0963	0.023	0.1551
密云区	0.044	0.0734	0.0933	0.0435	0.0641	0.0622	0.0597	0.0809	0.0883	0.0645	0.0838	0.0846
延庆区	0.082	0.0671	0.0651	0.0743	0.0637	0.1007	0.1171	0.0872	0.1021	0.091	0.0847	0.0846

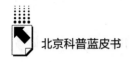

（三）北京各区科普经费发展指数（2008～2019年）

由于数值较小，在原有计算数据基础上乘以10以便于观察。

	2008	2009	2010	2011	2012	2013	2014	2015	2016	2017	2018	2019
东城区	0. 9329	0. 0938	0. 5446	0. 2638	0. 5128	0. 3764	0. 5492	0. 6453	0. 462	0. 4466	0. 5212	0. 6295
西城区	20. 435	0. 5562	0. 8383	0. 9829	0. 9444	0. 6898	0. 8258	0. 339	0. 5067	0. 8733	1. 1292	0. 9908
朝阳区	8. 2555	0. 9767	0. 7211	1. 3327	1. 4194	2. 1168	1. 9639	2. 9865	1. 6372	1. 5551	2. 6271	2. 922
丰台区	0. 5584	0. 0274	0. 2631	0. 7335	0. 7348	0. 3649	0. 3998	0. 6298	0. 5991	0. 4587	0. 4284	0. 4884
石景山区	0. 153	0. 0417	0. 021	0. 0191	0. 0245	0. 04	0. 0426	0. 2469	0. 1161	0. 0427	0. 0294	0. 0418
海淀区	6. 8269	1. 8462	1. 8166	1. 0187	1. 2524	1. 2532	1. 5102	0. 3806	2. 4424	2. 9098	1. 5219	1. 6288
门头沟区	0. 1352	0. 06	0. 0231	0. 0342	0. 0278	0. 0371	0. 0418	0. 102	0. 0572	0. 0634	0. 0375	0. 0383
房山区	0. 2547	0. 0332	0. 0292	0. 0064	0. 0453	0. 077	0. 0513	0. 0724	0. 0695	0. 0658	0. 0958	0. 0796
通州区	0. 1848	0. 0135	0. 0124	0. 0267	0. 0527	0. 1021	0. 0993	0. 0834	0. 0906	0. 1039	0. 1665	0. 1624
顺义区	0. 2665	0. 0247	0. 0348	0. 0199	0. 0154	0. 0681	0. 0267	0. 0323	0. 0325	0. 0878	0. 0662	0. 077
昌平区	0. 627	0. 526	0. 5527	0. 5312	0. 5392	0. 055	0. 062	0. 2733	0. 1801	0. 0446	0. 0856	0. 1081
大兴区	0. 4425	0. 0539	0. 0512	0. 0501	0. 0856	0. 0927	0. 1412	0. 055	0. 0765	0. 0588	0. 0743	0. 0536
怀柔区	0. 1414	0. 0284	0. 0296	0. 0259	0. 0418	0. 0306	0. 0394	0. 0858	0. 0628	0. 0443	0. 0269	0. 0576
平谷区	0. 269	0. 0306	0. 0531	0. 0191	0. 0357	0. 0695	0. 0151	0. 0342	0. 0238	0. 0285	0. 0036	0. 0045
密云区	0. 3259	0. 0592	0. 0302	0. 033	0. 0382	0. 0273	0. 034	0. 0963	0. 0815	0. 0566	0. 0676	0. 0609
延庆区	0. 4595	0. 0378	0. 041	0. 0386	0. 0425	0. 1311	0. 1115	0. 0844	0. 0877	0. 1088	0. 1134	0. 0719

（四）北京各区科普重视程度发展指数（2008～2019年）

	2008	2009	2010	2011	2012	2013	2014	2015	2016	2017	2018	2019
东城区	0. 2644	0. 0447	0. 1775	0. 0714	0. 1165	0. 0959	0. 0906	0. 0869	0. 0941	0. 0847	0. 1094	0. 1186
西城区	3. 3437	0. 1199	0. 1244	0. 1268	0. 0944	0. 0949	0. 0882	0. 0333	0. 0379	0. 0861	0. 1125	0. 2141
朝阳区	3. 0837	0. 2505	0. 0806	0. 104	0. 1184	0. 1314	0. 0971	0. 1037	0. 1688	0. 1381	0. 1382	0. 1881
丰台区	0. 2849	0. 0182	0. 0611	0. 1219	0. 0842	0. 0395	0. 0419	0. 0397	0. 101	0. 0476	0. 0471	0. 0304
石景山区	0. 1544	0. 0571	0. 0303	0. 0507	0. 0378	0. 0374	0. 038	0. 0402	0. 0729	0. 0262	0. 0175	0. 0173
海淀区	1. 1723	0. 317	0. 1873	0. 1143	0. 1157	0. 0745	0. 0905	0. 0399	0. 044	0. 0705	0. 0689	0. 3587
门头沟区	0. 1046	0. 0634	0. 0194	0. 0319	0. 0212	0. 0197	0. 0255	0. 0306	0. 0893	0. 0508	0. 0139	0. 0053
房山区	0. 1494	0. 0236	0. 0153	0. 0052	0. 0241	0. 0301	0. 0185	0. 0159	0. 0199	0. 0232	0. 0229	0. 0318
通州区	0. 1405	0. 0151	0. 0134	0. 0125	0. 0178	0. 0198	0. 0134	0. 0128	0. 0284	0. 0272	0. 0223	0. 0392
顺义区	0. 1561	0. 0328	0. 0347	0. 0135	0. 0094	0. 0356	0. 0262	0. 0278	0. 1665	0. 0172	0. 0184	0. 0258
昌平区	0. 4533	0. 3585	0. 1532	0. 1326	0. 1326	0. 0235	0. 0204	0. 0438	0. 1657	0. 0132	0. 0163	0. 0166
大兴区	0. 2991	0. 0532	0. 0277	0. 0418	0. 0277	0. 0274	0. 0294	0. 0335	0. 0081	0. 0084	0. 0134	0. 0054
怀柔区	0. 1308	0. 0425	0. 0325	0. 0364	0. 0485	0. 0337	0. 036	0. 0445	0. 0509	0. 0255	0. 0236	0. 0194
平谷区	0. 2207	0. 0436	0. 034	0. 0198	0. 0384	0. 0271	0. 016	0. 0202	0. 0565	0. 0818	0. 0034	0. 0072
密云区	0. 2555	0. 0633	0. 0239	0. 0229	0. 038	0. 0284	0. 028	0. 0487	0. 0477	0. 03	0. 0299	0. 0281
延庆区	0. 531	0. 0517	0. 0419	0. 0423	0. 0486	0. 0465	0. 0747	0. 0617	0. 0553	0. 0474	0. 0489	0. 0332

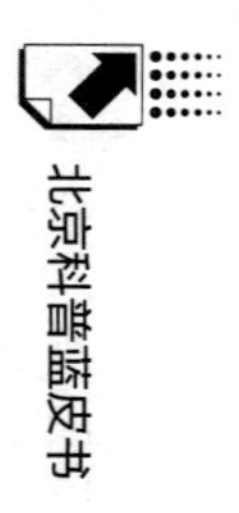

（五）北京各区科普传媒发展指数（2008 ~2019年）

	2008	2009	2010	2011	2012	2013	2014	2015	2016	2017	2018	2019
东城区	0. 0155	0. 0227	0. 0453	0. 064	0. 2042	0. 0483	0. 059	0. 2288	0. 1955	1. 1708	4. 293	0. 50
西城区	0. 1649	0. 0784	0. 0514	0. 1597	0. 1581	0. 3103	0. 2126	0. 2298	0. 2292	0. 648	0. 5488	0. 63
朝阳区	0. 4388	0. 2748	0. 318	0. 3736	0. 3188	0. 3682	0. 2267	0. 3081	0. 2681	12. 5382	4. 1606	10. 30
丰台区	0. 0114	0. 0045	0. 0134	0. 0375	0. 0435	0. 0258	0. 035	0. 0308	0. 0853	1. 4345	1. 7536	0. 27
石景山区	0. 0141	0. 0066	0. 0032	0. 0052	0. 0031	0. 1425	0. 0645	0. 0787	0. 074	0. 1306	0. 0577	0. 02
海淀区	0. 1399	0. 3279	0. 342	0. 2131	0. 2854	0. 2081	0. 1675	0. 3818	0. 2545	1. 4241	1. 1854	0. 77
门头沟区	0. 0053	0. 0016	0. 001	0. 0089	0. 0065	0. 0056	0. 0039	0. 0058	0	0. 0055	0. 0075	0. 00
房山区	0. 0089	0. 0025	0. 0019	0. 0048	0. 0149	0. 0086	0. 0054	0. 0078	0. 01	0. 1571	0. 0452	0. 02
通州区	0. 0002	0. 0018	0. 001	0. 006	0. 0045	0. 002	0. 004	0. 0057	0. 0032	0. 0945	0. 0175	0. 02
顺义区	0	0. 0009	0. 0022	0. 0001	0	0. 0043	0. 0024	0. 0206	0. 0092	0. 4205	0. 4144	0. 13
昌平区	0. 0056	0. 021	0. 0092	0. 0117	0. 014	0. 0198	0. 0284	0. 0293	0. 0207	0. 4955	0. 1927	0. 27
大兴区	0. 0209	0. 0106	0	0. 0037	0. 0046	0. 006	0. 011	0. 0097	0. 0189	1. 1936	0. 7154	0. 00
怀柔区	0. 009	0. 0012	0. 0051	0. 0094	0. 0073	0. 0079	0. 0045	0. 0251	0. 0126	0. 4377	0. 5319	0. 10
平谷区	0. 003	0. 0046	0. 0029	0. 0014	0. 0075	0. 0037	0	0. 008	0. 0113	0. 4576	0. 0012	0. 06
密云区	0. 0024	0. 0012	0. 0041	0. 0029	0. 0077	0. 0081	0. 007	0. 0065	0. 0093	0. 2583	0. 1836	0. 02
延庆区	0. 0054	0. 0065	0. 0045	0. 0035	0. 0114	0. 0133	0. 0118	0. 017	0. 0139	0. 8419	0. 8431	0. 77

（六）北京各区科普活动发展指数（2008～2019年）

科技竞赛次数和实用技术培训两项二级指标自2009年开始统计，因此以2009年为标杆期，2008年记指标值为0。

	2008	2009	2010	2011	2012	2013	2014	2015	2016	2017	2018	2019
东城区	0.2253	0.5261	1.6345	0.6135	1.2986	0.5769	0.491	1.5149	1.4298	0.3627	1.3359	1.4118
西城区	1.2407	0.9244	1.0997	1.6472	1.7184	1.4924	1.811	1.2998	1.9259	1.1076	1.6798	1.0993
朝阳区	0.0502	1.8658	1.3723	2.3052	1.8445	1.5672	2.1452	2.4383	3.7596	2.4043	2.2568	3.0272
丰台区	0.2074	0.1698	0.0917	0.2589	0.1896	0.6346	0.2276	0.4258	0.2137	0.7634	0.5248	0.4882
石景山区	0.0483	0.0162	0.2928	0.146	0.0731	0.2373	0.0869	0.3362	0.1511	0.0426	0.2468	0.0917
海淀区	0.0356	4.209	3.3112	1.987	2.3385	1.8833	2.5449	2.123	3.4456	3.0378	2.9788	3.4607
门头沟区	0.0018	0.0595	0.0025	0.0452	0.075	0.216	0.1781	0.3487	0.0014	0.0817	0.0896	0.0083
房山区	0.1256	0.0488	0.063	0.0407	0.2165	0.1477	0.069	0.2157	0.4148	0.1201	0.0459	0.0516
通州区	0.0646	0.0274	0.4494	0.4244	0.0415	0.1216	0.099	0.0752	0.1957	0.2265	0.3423	0.3813
顺义区	0.1265	0.2087	0.1063	0.0865	0.229	0.158	0.1613	0.1257	0.0542	0.144	0.1191	0.1392
昌平区	0.05	0.3585	0.4473	0.2908	0.3363	0.6003	0.3051	0.3226	0.4075	0.2992	0.2094	0.1402
大兴区	0.1689	0.0938	0.1676	0.2552	0.1548	1.3637	0.2985	0.3881	0.1073	0.2497	0.255	0.255
怀柔区	0.0049	0.0044	0.0428	0.1269	0.0453	0.0765	0.1201	0.1154	0.0722	0.0402	0.0166	0.0137
平谷区	0.0039	0.0721	0.0662	0.0436	0.0882	0.1004	0.0773	0.062	0.0632	0.0194	0.0307	0.0105
密云区	0.0093	0.0467	0.0041	0.0341	0.1155	0.1092	0.1418	0.1546	0.0718	0.0198	0.0174	0.0149
延庆区	0.0246	0.0115	0.0237	0.0078	0.1467	0.147	0.1487	0.1894	0.1664	0.1194	0.0788	0.0349

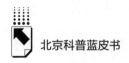

（七）北京各区科普场馆发展指数（2008~2019年）

	2008	2009	2010	2011	2012	2013	2014	2015	2016	2017	2018	2019
东城区	0. 0451	0. 1071	0. 0549	0. 0543	0. 1882	0. 0598	0. 1299	0. 2117	0. 1185	0. 0772	0. 003	0. 0853
西城区	0. 56	0. 0425	0. 062	0. 0693	0. 2207	0. 2771	0. 4638	0. 5479	0. 4054	0. 5103	0. 7015	0. 6849
朝阳区	0. 3478	0. 5051	0. 5358	0. 5642	2. 1415	1. 2362	1. 2994	0. 262	0. 8767	1. 2856	1. 1079	1. 2066
丰台区	0. 1079	0. 0968	0. 0947	0. 0897	0. 2152	0. 0975	0. 2761	0. 1717	0. 1698	0. 2159	0. 2449	0. 1453
石景山区	0. 1075	0. 1933	0. 183	0. 1807	0. 1974	0. 1848	0. 1847	0. 133	0. 1694	0. 1223	0. 1225	0. 1219
海淀区	0. 372	0. 7555	0. 7562	0. 7546	0. 4352	0. 2843	0. 8032	1. 7178	1. 6819	0. 2898	1. 1601	0. 6365
门头沟区	0. 0911	0. 1054	0. 0957	0. 0868	0. 0921	0. 087	0. 0814	0. 1455	0. 0726	0. 0755	0. 073	0. 0727
房山区	0. 0157	0. 0134	0. 0064	0. 003	0. 0163	0. 2001	0. 0122	0. 0999	0. 0022	0. 0968	0. 2557	0. 171
通州区	0. 0814	0. 0848	0. 0783	0. 079	0. 2162	0. 0845	0. 0842	0. 1443	0. 136	0. 0672	0. 001	0. 0008
顺义区	0. 0195	0. 0102	0. 02	0. 0198	0. 0105	0. 0226	0. 028	0. 0974	0. 0048	0. 2671	0. 1348	0. 1348
昌平区	0. 0119	0. 0248	0. 0128	0. 0173	0. 16	0. 1683	0. 1721	0. 2366	0. 2862	0. 078	0. 0011	0. 0011
大兴区	0. 032	0. 1166	0. 1811	0. 177	0. 1125	0. 3882	0. 1989	0. 0099	0. 0791	0. 0915	0. 0914	0. 0648
怀柔区	0. 0149	0. 0126	0. 008	0. 0179	0. 0173	0. 0229	0. 7205	0. 1106	0. 0057	0. 1297	0. 0012	0. 0013
平谷区	0. 0206	0. 0064	0. 0069	0. 0049	0. 0094	0. 004	0. 0735	0. 2081	0. 0034	0. 0011	0. 0002	0. 0002
密云区	0. 0208	0. 0384	0. 0367	0. 0518	0. 2169	0. 1789	0. 1632	0. 1656	0. 1153	0. 1132	0. 1131	0. 1133
延庆区	0. 0217	0. 0124	0. 0106	0. 0101	0. 0968	0. 1034	0. 0994	0. 097	0. 0879	0. 0825	0. 0827	0. 0825

（八）北京城市区域发展总体指数（2008~2019年）

	2008	2009	2010	2011	2012	2013	2014	2015	2016	2017	2018	2019
核心功能区	8. 78	2. 62	4. 25	3. 72	5	4. 43	4. 42	5. 01	5. 52	5. 42	10. 44	6. 41
城市功能拓展区	9. 89	11. 99	10. 96	9. 95	11. 38	9. 92	10. 69	11. 18	14. 88	26. 57	19. 26	24. 72
城市发展新区	2. 56	2. 09	2. 25	2. 02	2. 34	4. 36	2. 28	2. 68	2. 82	4. 78	3. 66	2. 63
生态涵养发展区	1. 84	0. 9	0. 74	0. 84	1. 41	1. 56	2. 49	2. 41	1. 6	3. 56	2. 52	1. 84

（九）北京城市区域发展平均指数（2008~2019年）

	2008	2009	2010	2011	2012	2013	2014	2015	2016	2017	2018	2019
核心功能区	4. 39	1. 31	2. 13	1. 86	2. 5	2. 215	2. 21	2. 505	2. 76	2. 71	5. 22	3. 21
城市功能拓展区	2. 47	3. 00	2. 74	2. 49	2. 84	2. 48	2. 67	2. 80	3. 72	6. 64	4. 82	6. 18
城市发展新区	0. 51	0. 42	0. 45	0. 40	0. 47	0. 87	0. 46	0. 54	0. 56	0. 96	0. 73	0. 53
生态涵养发展区	0. 37	0. 18	0. 148	0. 19	0. 28	0. 31	0. 50	0. 48	0. 32	0. 71	0. 50	0. 37

附件2　全国科普发展指数

（一）全国整体科普发展指数（2008～2019年）

2008	2009	2010	2011	2012	2013	2014	2015	2016	2017	2018	2019
26. 75	30. 89	33. 24	35. 13	39. 51	40. 78	43. 54	43. 69	44. 83	45. 42	46. 33	51. 52

（二）全国各省区市科普发展指数（2008～2019年）

	2008	2009	2010	2011	2012	2013	2014	2015	2016	2017	2018	2019
北京	2. 957	3. 191	3. 574	3. 648	4. 153	4. 012	4. 290	4. 559	5. 080	4. 812	5. 111	5. 273
天津	0. 505	0. 745	0. 766	0. 935	1. 179	1. 130	0. 994	1. 033	1. 085	0. 728	0. 707	0. 921
河北	0. 778	0. 746	0. 962	0. 963	1. 074	0. 984	1. 098	1. 187	1. 176	1. 228	1. 445	1. 449
山西	0. 470	0. 405	0. 613	0. 735	0. 737	0. 726	0. 682	0. 528	0. 586	0. 641	0. 642	0. 738
内蒙古	0. 345	0. 506	0. 604	0. 759	0. 816	0. 862	0. 767	0. 982	0. 808	0. 946	0. 896	0. 897
辽宁	0. 955	1. 263	1. 374	1. 404	1. 507	1. 593	1. 557	1. 634	1. 681	1. 300	1. 220	1. 195
吉林	0. 460	0. 341	0. 440	0. 469	0. 627	0. 627	0. 241	0. 125	0. 159	0. 329	0. 696	0. 829
黑龙江	0. 472	0. 552	0. 557	0. 572	0. 538	0. 602	0. 562	0. 566	0. 721	0. 704	0. 635	0. 645

续表

	2008	2009	2010	2011	2012	2013	2014	2015	2016	2017	2018	2019
上海	1.485	1.720	2.397	2.346	2.737	3.216	5.524	3.371	3.501	3.587	3.790	3.588
江苏	1.650	2.043	2.198	2.520	2.675	2.897	3.098	3.229	2.993	3.083	3.128	3.223
浙江	1.546	1.805	2.054	1.857	2.098	2.171	2.325	2.264	2.534	2.654	2.740	2.878
安徽	0.816	1.018	1.201	1.221	1.101	1.297	1.354	1.251	1.272	1.401	1.510	1.572
福建	0.885	0.864	0.917	1.110	1.297	1.220	1.400	1.691	1.321	1.564	1.548	1.790
江西	0.628	0.662	0.787	0.769	0.753	0.753	0.825	0.871	0.909	1.005	1.033	1.189
山东	0.893	1.308	1.186	1.307	1.572	1.808	2.238	2.216	1.842	1.807	1.733	2.086
河南	1.146	1.197	1.279	1.330	1.604	1.221	1.337	1.049	1.430	1.448	1.375	2.780
湖北	1.226	1.568	1.726	1.731	1.776	1.791	2.010	2.154	2.111	2.174	2.112	2.641
湖南	1.010	1.112	1.004	1.109	1.426	1.443	1.340	1.339	1.576	1.669	1.538	1.665
广东	1.845	2.423	2.152	1.941	1.855	1.854	1.903	2.261	2.566	2.281	2.431	2.771
广西	0.898	0.886	0.832	0.812	1.102	1.054	0.886	1.096	1.183	1.226	1.166	1.105
海南	0.167	0.302	0.313	0.335	0.334	0.315	0.249	0.253	0.288	0.362	0.343	0.370
重庆	0.456	0.618	0.692	0.740	0.751	1.047	1.073	1.408	1.261	1.191	1.213	1.354
四川	1.198	1.400	1.248	1.426	1.963	1.737	1.856	1.670	1.694	2.278	2.204	2.592
贵州	0.599	0.546	0.546	0.661	0.830	0.914	0.813	1.000	0.919	0.884	0.952	1.058
云南	1.251	1.157	1.083	1.335	1.443	1.605	1.586	1.897	1.998	1.797	1.790	1.897
西藏	0.013	0.051	0.041	0.072	0.049	0.096	0.089	0.190	0.160	0.171	0.148	0.113

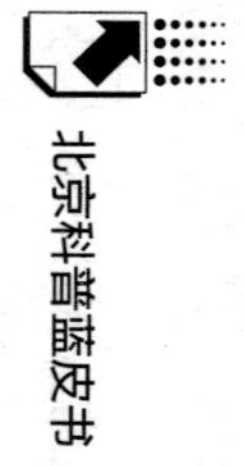

续表

	2008	2009	2010	2011	2012	2013	2014	2015	2016	2017	2018	2019
陕西	0. 708	0. 810	0. 932	1. 048	1. 249	1. 377	1. 219	1. 233	1. 493	1. 503	1. 469	1. 583
甘肃	0. 480	0. 514	0. 378	0. 518	0. 625	0. 677	0. 688	0. 807	0. 860	0. 818	0. 952	1. 210
青海	0. 153	0. 162	0. 402	0. 281	0. 374	0. 272	0. 266	0. 400	0. 344	0. 341	0. 339	0. 482
宁夏	0. 200	0. 250	0. 231	0. 273	0. 299	0. 339	0. 270	0. 315	0. 344	0. 381	0. 415	0. 447
新疆	0. 549	0. 722	0. 753	0. 908	0. 967	1. 143	1. 001	1. 111	0. 926	1. 094	1. 051	1. 167

（三）全国各省区市科普人员发展指数（2008~2019年）

	2008	2009	2010	2011	2012	2013	2014	2015	2016	2017	2018	2019
北京	0. 207	0. 276	0. 315	0. 25	0. 293	0. 337	0. 266	0. 252	0. 314	0. 292	0. 343	0. 385
天津	0. 081	0. 112	0. 127	0. 109	0. 127	0. 123	0. 119	0. 108	0. 116	0. 106	0. 115	0. 137
河北	0. 127	0. 136	0. 143	0. 155	0. 17	0. 168	0. 188	0. 241	0. 235	0. 321	0. 38	0. 41
山西	0. 128	0. 112	0. 17	0. 21	0. 21	0. 179	0. 159	0. 138	0. 157	0. 104	0. 125	0. 142
内蒙古	0. 094	0. 113	0. 152	0. 208	0. 166	0. 179	0. 207	0. 174	0. 169	0. 192	0. 189	0. 2
辽宁	0. 169	0. 197	0. 233	0. 248	0. 279	0. 281	0. 202	0. 221	0. 234	0. 226	0. 273	0. 29
吉林	0. 104	0. 104	0. 122	0. 121	0. 172	0. 172	0. 045	-0. 002	0. 036	0. 072	0. 099	0. 118
黑龙江	0. 089	0. 101	0. 097	0. 101	0. 088	0. 103	0. 09	0. 08	0. 104	0. 091	0. 075	0. 084
上海	0. 16	0. 174	0. 206	0. 229	0. 252	0. 272	0. 291	0. 306	0. 33	0. 357	0. 366	0. 312
江苏	0. 263	0. 289	0. 362	0. 365	0. 399	0. 427	0. 562	0. 679	0. 575	0. 688	0. 767	0. 853

续表

	2008	2009	2010	2011	2012	2013	2014	2015	2016	2017	2018	2019
浙江	0. 227	0. 25	0. 249	0. 236	0. 267	0. 289	0. 231	0. 228	0. 298	0. 26	0. 283	0. 395
安徽	0. 2	0. 201	0. 222	0. 284	0. 207	0. 23	0. 297	0. 279	0. 354	0. 321	0. 368	0. 412
福建	0. 174	0. 167	0. 163	0. 162	0. 198	0. 143	0. 166	0. 208	0. 193	0. 19	0. 217	0. 243
江西	0. 149	0. 16	0. 159	0. 152	0. 149	0. 128	0. 145	0. 17	0. 178	0. 201	0. 223	0. 254
山东	0. 191	0. 237	0. 239	0. 204	0. 239	0. 38	0. 463	0. 403	0. 353	0. 419	0. 422	0. 491
河南	0. 332	0. 334	0. 315	0. 352	0. 37	0. 315	0. 34	0. 303	0. 334	0. 344	0. 35	0. 458
湖北	0. 263	0. 326	0. 341	0. 317	0. 314	0. 305	0. 333	0. 313	0. 353	0. 369	0. 36	0. 425
湖南	0. 327	0. 318	0. 222	0. 266	0. 32	0. 352	0. 296	0. 293	0. 377	0. 345	0. 37	0. 453
广东	0. 268	0. 262	0. 252	0. 26	0. 249	0. 248	0. 247	0. 262	0. 395	0. 29	0. 346	0. 392
广西	0. 145	0. 144	0. 131	0. 126	0. 147	0. 126	0. 118	0. 136	0. 153	0. 186	0. 189	0. 167
海南	0. 029	0. 048	0. 036	0. 045	0. 045	0. 03	0. 021	0. 024	0. 015	0. 027	0. 03	0. 035
重庆	0. 108	0. 078	0. 087	0. 093	0. 096	0. 1	0. 103	0. 146	0. 162	0. 179	0. 199	0. 226
四川	0. 282	0. 301	0. 26	0. 28	0. 347	0. 342	0. 327	0. 306	0. 282	0. 34	0. 389	0. 502
贵州	0. 141	0. 099	0. 084	0. 089	0. 119	0. 092	0. 104	0. 118	0. 126	0. 136	0. 169	0. 191
云南	0. 205	0. 221	0. 209	0. 239	0. 244	0. 284	0. 234	0. 256	0. 276	0. 28	0. 271	0. 299
西藏	0. 001	0. 004	0. 003	0. 017	0. 007	0. 012	0. 011	0. 022	0. 018	0. 013	0. 016	0. 012
陕西	0. 148	0. 188	0. 239	0. 276	0. 377	0. 324	0. 295	0. 258	0. 332	0. 302	0. 287	0. 267
甘肃	0. 103	0. 112	0. 05	0. 095	0. 129	0. 145	0. 132	0. 156	0. 185	0. 152	0. 142	0. 185
青海	0. 032	0. 027	0. 022	0. 033	0. 049	0. 037	0. 036	0. 041	0. 032	0. 04	0. 043	0. 048
宁夏	0. 024	0. 029	0. 033	0. 026	0. 038	0. 06	0. 04	0. 033	0. 05	0. 046	0. 054	0. 054
新疆	0. 068	0. 108	0. 108	0. 126	0. 135	0. 14	0. 117	0. 097	0. 105	0. 107	0. 1	0. 136

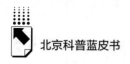

（四）全国各省区市科普经费发展指数（2008～2019年）

	2008	2009	2010	2011	2012	2013	2014	2015	2016	2017	2018	2019
北京	2.038	2.102	2.446	2.47	2.817	2.572	2.918	3.098	3.47	3.394	3.493	3.666
天津	0.135	0.204	0.218	0.206	0.277	0.278	0.285	0.257	0.283	0.296	0.279	0.339
河北	0.091	0.142	0.246	0.218	0.283	0.219	0.297	0.341	0.469	0.395	0.534	0.471
山西	0.136	0.137	0.173	0.207	0.207	0.193	0.222	0.126	0.13	0.269	0.247	0.266
内蒙古	0.05	0.096	0.181	0.225	0.283	0.336	0.199	0.379	0.293	0.392	0.293	0.269
辽宁	0.216	0.46	0.401	0.396	0.434	0.461	0.479	0.555	0.578	0.388	0.345	0.288
吉林	0.057	0.068	0.109	0.098	0.139	0.139	0.047	0.058	0.03	0.072	0.218	0.286
黑龙江	0.051	0.082	0.089	0.116	0.109	0.16	0.131	0.107	0.205	0.214	0.173	0.187
上海	0.632	0.752	1.294	1.165	1.431	1.828	4.061	1.849	1.922	2.077	2.165	2.038
江苏	0.527	0.775	0.866	1.09	1.158	1.188	1.339	1.45	1.281	1.307	1.232	1.292
浙江	0.599	0.83	0.975	0.873	1.008	1.053	1.254	1.125	1.194	1.384	1.334	1.491
安徽	0.185	0.275	0.401	0.414	0.389	0.456	0.468	0.439	0.456	0.558	0.555	0.538
福建	0.31	0.245	0.314	0.437	0.535	0.572	0.728	0.726	0.535	0.815	0.684	0.834
江西	0.126	0.164	0.214	0.263	0.251	0.253	0.309	0.343	0.321	0.376	0.368	0.429
山东	0.191	0.25	0.279	0.4	0.595	0.528	0.714	0.739	0.83	0.622	0.502	0.794
河南	0.202	0.221	0.307	0.339	0.427	0.296	0.397	0.318	0.424	0.481	0.436	1.264
湖北	0.327	0.471	0.552	0.587	0.581	0.572	0.763	0.952	0.954	0.951	0.919	1.254
湖南	0.254	0.366	0.302	0.365	0.475	0.451	0.482	0.495	0.646	0.627	0.611	0.651
广东	0.651	1.229	1.039	0.878	0.856	0.882	0.985	1.279	1.252	1.19	1.249	1.424

续表

	2008	2009	2010	2011	2012	2013	2014	2015	2016	2017	2018	2019
广西	0. 183	0. 275	0. 249	0. 274	0. 53	0. 579	0. 386	0. 514	0. 602	0. 532	0. 53	0. 479
海南	0. 042	0. 103	0. 091	0. 086	0. 086	0. 113	0. 088	0. 118	0. 178	0. 13	0. 135	0. 157
重庆	0. 147	0. 242	0. 288	0. 363	0. 359	0. 515	0. 517	0. 787	0. 681	0. 585	0. 558	0. 6
四川	0. 245	0. 373	0. 344	0. 415	0. 565	0. 605	0. 723	0. 637	0. 662	1. 089	1. 05	1. 267
贵州	0. 148	0. 176	0. 201	0. 345	0. 436	0. 58	0. 434	0. 556	0. 513	0. 448	0. 47	0. 55
云南	0. 319	0. 324	0. 347	0. 527	0. 617	0. 701	0. 769	1. 013	1	0. 822	0. 796	0. 8
西藏	0. 003	0. 027	0. 018	0. 013	0. 015	0. 039	0. 03	0. 1	0. 041	0. 104	0. 085	0. 058
陕西	0. 105	0. 195	0. 205	0. 269	0. 342	0. 433	0. 37	0. 428	0. 472	0. 557	0. 56	0. 612
甘肃	0. 053	0. 061	0. 043	0. 051	0. 11	0. 132	0. 178	0. 211	0. 236	0. 196	0. 33	0. 516
青海	0. 021	0. 025	0. 23	0. 075	0. 128	0. 086	0. 077	0. 196	0. 125	0. 166	0. 16	0. 248
宁夏	0. 049	0. 074	0. 062	0. 095	0. 092	0. 09	0. 07	0. 082	0. 103	0. 147	0. 163	0. 185
新疆	0. 129	0. 172	0. 178	0. 242	0. 332	0. 436	0. 349	0. 356	0. 271	0. 402	0. 371	0. 34

（五）全国各省区市科普重视程度发展指数（2008~2019年）

	2008	2009	2010	2011	2012	2013	2014	2015	2016	2017	2018	2019
北京	0. 035	0. 036	0. 032	0. 03	0. 037	0. 04	0. 03	0. 032	0. 034	0. 032	0. 036	0. 038
天津	0. 026	0. 086	0. 101	0. 094	0. 092	0. 088	0. 04	0. 034	0. 03	0. 017	0. 022	0. 083
河北	0. 007	0. 01	0. 013	0. 013	0. 013	0. 013	0. 014	0. 016	0. 014	0. 017	0. 018	0. 017

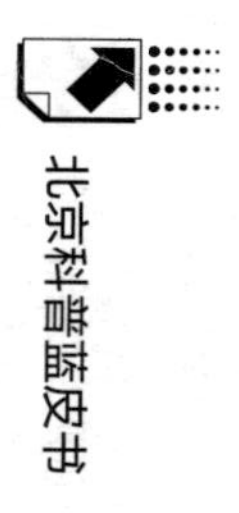

续表

	2008	2009	2010	2011	2012	2013	2014	2015	2016	2017	2018	2019
山西	0.016	0.013	0.021	0.026	0.025	0.019	0.016	0.013	0.013	0.011	0.012	0.013
内蒙古	0.013	0.019	0.027	0.035	0.03	0.03	0.026	0.031	0.024	0.03	0.027	0.036
辽宁	0.016	0.023	0.023	0.025	0.023	0.024	0.023	0.026	0.027	0.021	0.02	0.02
吉林	0.013	0.016	0.016	0.022	0.028	0.027	0.007	0.004	0.004	0.009	0.078	0.113
黑龙江	0.013	0.016	0.014	0.015	0.017	0.015	0.05	0.011	0.012	0.011	0.01	0.026
上海	0.016	0.03	0.037	0.036	0.037	0.039	0.05	0.043	0.046	0.047	0.047	0.043
江苏	0.014	0.029	0.027	0.034	0.035	0.082	0.083	0.076	0.057	0.066	0.048	0.048
浙江	0.025	0.031	0.027	0.027	0.032	0.032	0.025	0.026	0.032	0.03	0.03	0.031
安徽	0.014	0.017	0.02	0.049	0.03	0.017	0.017	0.016	0.017	0.016	0.016	0.028
福建	0.026	0.029	0.027	0.031	0.037	0.021	0.023	0.034	0.025	0.024	0.027	0.032
江西	0.017	0.021	0.019	0.018	0.014	0.011	0.014	0.015	0.014	0.016	0.017	0.021
山东	0.008	0.017	0.014	0.015	0.014	0.021	0.023	0.02	0.013	0.013	0.014	0.014
河南	0.014	0.015	0.017	0.016	0.017	0.012	0.015	0.019	0.021	0.021	0.012	0.024
湖北	0.022	0.03	0.034	0.028	0.026	0.025	0.025	0.025	0.024	0.025	0.022	0.024
湖南	0.021	0.026	0.03	0.036	0.04	0.034	0.026	0.026	0.029	0.021	0.02	0.022
广东	0.011	0.017	0.036	0.015	0.013	0.015	0.016	0.013	0.016	0.015	0.017	0.013
广西	0.018	0.024	0.018	0.015	0.019	0.015	0.012	0.015	0.018	0.017	0.017	0.016
海南	0.019	0.03	0.024	0.021	0.019	0.015	0.013	0.016	0.016	0.015	0.012	0.011
重庆	0.019	0.023	0.022	0.02	0.023	0.08	0.08	0.034	0.031	0.025	0.023	0.02

续表

	2008	2009	2010	2011	2012	2013	2014	2015	2016	2017	2018	2019
四川	0. 018	0. 022	0. 023	0. 022	0. 026	0. 024	0. 02	0. 024	0. 017	0. 019	0. 018	0. 021
贵州	0. 021	0. 027	0. 025	0. 025	0. 026	0. 021	0. 019	0. 032	0. 021	0. 02	0. 02	0. 02
云南	0. 028	0. 026	0. 036	0. 032	0. 035	0. 04	0. 044	0. 047	0. 043	0. 034	0. 034	0. 028
西藏	0. 003	0. 009	0. 009	0. 016	0. 004	0. 011	0. 013	0. 022	0. 01	0. 012	0. 014	0. 011
陕西	0. 019	0. 02	0. 024	0. 03	0. 031	0. 03	0. 027	0. 026	0. 026	0. 024	0. 023	0. 024
甘肃	0. 015	0. 017	0. 013	0. 026	0. 024	0. 027	0. 027	0. 023	0. 029	0. 021	0. 024	0. 033
青海	0. 018	0. 019	0. 042	0. 033	0. 063	0. 023	0. 024	0. 023	0. 056	0. 023	0. 026	0. 044
宁夏	0. 018	0. 038	0. 023	0. 027	0. 045	0. 043	0. 034	0. 042	0. 041	0. 031	0. 031	0. 043
新疆	0. 016	0. 021	0. 019	0. 019	0. 023	0. 024	0. 018	0. 016	0. 015	0. 018	0. 02	0. 016

（六）全国各省区市科普传媒发展指数（2008~2019年）

	2008	2009	2010	2011	2012	2013	2014	2015	2016	2017	2018	2019
北京	0. 171	0. 201	0. 207	0. 258	0. 289	0. 323	0. 273	0. 377	0. 325	0. 335	0. 353	0. 365
天津	0. 033	0. 04	0. 047	0. 045	0. 037	0. 059	0. 067	0. 061	0. 072	0. 053	0. 046	0. 091
河北	0. 071	0. 06	0. 056	0. 077	0. 092	0. 082	0. 085	0. 086	0. 047	0. 06	0. 049	0. 049
山西	0. 036	0. 029	0. 03	0. 047	0. 05	0. 071	0. 038	0. 048	0. 044	0. 043	0. 034	0. 039
内蒙古	0. 025	0. 037	0. 037	0. 04	0. 079	0. 036	0. 047	0. 103	0. 032	0. 036	0. 033	0. 048

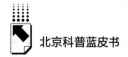

续表

	2008	2009	2010	2011	2012	2013	2014	2015	2016	2017	2018	2019
辽宁	0. 058	0. 078	0. 118	0. 093	0. 089	0. 09	0. 128	0. 134	0. 137	0. 102	0. 072	0. 079
吉林	0. 05	0. 022	0. 041	0. 033	0. 033	0. 033	0. 016	0. 012	0. 01	0. 026	0. 061	0. 051
黑龙江	0. 035	0. 043	0. 031	0. 033	0. 028	0. 023	0. 019	0. 05	0. 034	0. 035	0. 041	0. 046
上海	0. 066	0. 081	0. 088	0. 103	0. 14	0. 147	0. 159	0. 165	0. 163	0. 141	0. 164	0. 15
江苏	0. 098	0. 115	0. 123	0. 094	0. 078	0. 093	0. 078	0. 123	0. 063	0. 102	0. 088	0. 09
浙江	0. 071	0. 067	0. 151	0. 14	0. 085	0. 07	0. 121	0. 127	0. 193	0. 085	0. 063	0. 058
安徽	0. 052	0. 066	0. 06	0. 036	0. 05	0. 083	0. 069	0. 046	0. 052	0. 04	0. 042	0. 043
福建	0. 042	0. 048	0. 06	0. 048	0. 05	0. 042	0. 02	0. 085	0. 043	0. 042	0. 039	0. 072
江西	0. 036	0. 042	0. 054	0. 038	0. 051	0. 08	0. 069	0. 081	0. 095	0. 075	0. 069	0. 11
山东	0. 071	0. 094	0. 059	0. 062	0. 066	0. 086	0. 12	0. 109	0. 057	0. 046	0. 036	0. 051
河南	0. 101	0. 094	0. 094	0. 069	0. 07	0. 072	0. 051	0. 049	0. 074	0. 062	0. 056	0. 089
湖北	0. 1	0. 097	0. 075	0. 092	0. 091	0. 103	0. 114	0. 12	0. 082	0. 065	0. 062	0. 08
湖南	0. 066	0. 068	0. 105	0. 058	0. 082	0. 083	0. 038	0. 034	0. 05	0. 078	0. 067	0. 092
广东	0. 087	0. 08	0. 069	0. 081	0. 081	0. 077	0. 074	0. 106	0. 173	0. 114	0. 082	0. 146
广西	0. 061	0. 062	0. 053	0. 048	0. 058	0. 047	0. 033	0. 054	0. 038	0. 047	0. 032	0. 046
海南	0. 013	0. 02	0. 023	0. 03	0. 03	0. 012	0. 013	0. 019	0. 018	0. 013	0. 009	0. 017
重庆	0. 03	0. 068	0. 066	0. 028	0. 038	0. 049	0. 044	0. 065	0. 069	0. 062	0. 063	0. 057
四川	0. 073	0. 097	0. 087	0. 073	0. 224	0. 068	0. 068	0. 113	0. 063	0. 072	0. 062	0. 064
贵州	0. 056	0. 025	0. 037	0. 022	0. 026	0. 027	0. 026	0. 032	0. 021	0. 021	0. 021	0. 03

续表

	2008	2009	2010	2011	2012	2013	2014	2015	2016	2017	2018	2019
云南	0. 068	0. 06	0. 046	0. 041	0. 066	0. 077	0. 062	0. 087	0. 076	0. 064	0. 065	0. 093
西藏	0. 002	0. 005	0. 006	0. 008	0. 008	0. 009	0. 009	0. 016	0. 008	0. 006	0. 015	0. 012
陕西	0. 054	0. 052	0. 059	0. 061	0. 057	0. 065	0. 07	0. 085	0. 062	0. 065	0. 052	0. 074
甘肃	0. 038	0. 049	0. 039	0. 052	0. 048	0. 047	0. 054	0. 061	0. 07	0. 055	0. 044	0. 034
青海	0. 009	0. 012	0. 022	0. 017	0. 02	0. 018	0. 014	0. 028	0. 02	0. 018	0. 01	0. 025
宁夏	0. 016	0. 013	0. 008	0. 009	0. 012	0. 011	0. 01	0. 021	0. 008	0. 014	0. 009	0. 011
新疆	0. 039	0. 079	0. 094	0. 067	0. 055	0. 079	0. 063	0. 118	0. 033	0. 059	0. 028	0. 041

（七）全国各省区市科普活动发展指数（2008～2019年）

	2008	2009	2010	2011	2012	2013	2014	2015	2016	2017	2018	2019
北京	0. 318	0. 367	0. 351	0. 374	0. 418	0. 415	0. 366	0. 431	0. 519	0. 388	0. 431	0. 425
天津	0. 161	0. 243	0. 209	0. 415	0. 565	0. 497	0. 397	0. 487	0. 513	0. 196	0. 181	0. 207
河北	0. 323	0. 241	0. 314	0. 29	0. 305	0. 289	0. 303	0. 295	0. 245	0. 246	0. 23	0. 259
山西	0. 098	0. 069	0. 127	0. 137	0. 137	0. 141	0. 129	0. 111	0. 134	0. 131	0. 131	0. 171
内蒙古	0. 121	0. 157	0. 127	0. 155	0. 132	0. 147	0. 139	0. 14	0. 127	0. 136	0. 138	0. 118
辽宁	0. 301	0. 279	0. 351	0. 362	0. 369	0. 381	0. 359	0. 339	0. 326	0. 267	0. 221	0. 217
吉林	0. 172	0. 073	0. 07	0. 103	0. 149	0. 149	0. 053	0	0. 03	0. 078	0. 088	0. 099

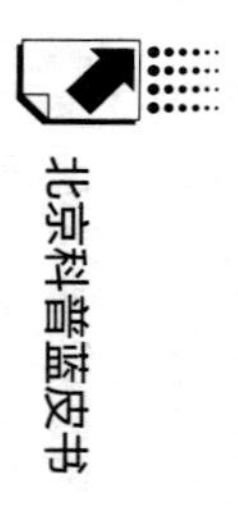

续表

	2008	2009	2010	2011	2012	2013	2014	2015	2016	2017	2018	2019
黑龙江	0. 182	0. 176	0. 183	0. 182	0. 169	0. 166	0. 141	0. 152	0. 162	0. 167	0. 151	0. 128
上海	0. 287	0. 339	0. 396	0. 408	0. 467	0. 473	0. 49	0. 513	0. 539	0. 502	0. 56	0. 579
江苏	0. 52	0. 54	0. 545	0. 647	0. 696	0. 748	0. 641	0. 583	0. 667	0. 593	0. 576	0. 572
浙江	0. 452	0. 394	0. 409	0. 346	0. 406	0. 386	0. 371	0. 386	0. 48	0. 455	0. 534	0. 448
安徽	0. 247	0. 272	0. 302	0. 223	0. 221	0. 252	0. 245	0. 234	0. 219	0. 261	0. 278	0. 262
福建	0. 227	0. 246	0. 209	0. 259	0. 256	0. 222	0. 244	0. 283	0. 21	0. 256	0. 256	0. 286
江西	0. 217	0. 163	0. 228	0. 177	0. 169	0. 178	0. 166	0. 163	0. 162	0. 202	0. 202	0. 224
山东	0. 208	0. 293	0. 159	0. 197	0. 196	0. 304	0. 397	0. 465	0. 237	0. 29	0. 263	0. 232
河南	0. 376	0. 366	0. 375	0. 362	0. 4	0. 406	0. 34	0. 214	0. 369	0. 328	0. 276	0. 62
湖北	0. 239	0. 329	0. 349	0. 342	0. 375	0. 406	0. 379	0. 339	0. 343	0. 372	0. 375	0. 416
湖南	0. 239	0. 209	0. 218	0. 223	0. 278	0. 297	0. 258	0. 248	0. 234	0. 277	0. 265	0. 251
广东	0. 395	0. 397	0. 316	0. 313	0. 286	0. 24	0. 214	0. 197	0. 262	0. 219	0. 298	0. 33
广西	0. 405	0. 291	0. 285	0. 236	0. 203	0. 178	0. 209	0. 262	0. 217	0. 265	0. 216	0. 224
海南	0. 05	0. 071	0. 066	0. 068	0. 069	0. 058	0. 037	0. 041	0. 04	0. 059	0. 037	0. 034
重庆	0. 101	0. 112	0. 136	0. 143	0. 145	0. 208	0. 206	0. 202	0. 147	0. 166	0. 193	0. 246
四川	0. 41	0. 392	0. 339	0. 426	0. 498	0. 489	0. 489	0. 38	0. 385	0. 426	0. 364	0. 411
贵州	0. 169	0. 153	0. 139	0. 117	0. 162	0. 13	0. 173	0. 203	0. 167	0. 152	0. 163	0. 158
云南	0. 527	0. 398	0. 319	0. 35	0. 354	0. 361	0. 337	0. 316	0. 414	0. 389	0. 407	0. 438
西藏	0. 001	0. 002	0. 001	0. 011	0. 01	0. 016	0. 015	0. 014	0. 01	0. 011	0. 013	0. 01

续表

	2008	2009	2010	2011	2012	2013	2014	2015	2016	2017	2018	2019
陕西	0. 301	0. 235	0. 28	0. 288	0. 302	0. 378	0. 308	0. 249	0. 399	0. 342	0. 342	0. 382
甘肃	0. 211	0. 197	0. 131	0. 196	0. 228	0. 24	0. 228	0. 264	0. 26	0. 23	0. 24	0. 269
青海	0. 057	0. 05	0. 038	0. 066	0. 062	0. 049	0. 06	0. 062	0. 067	0. 047	0. 054	0. 068
宁夏	0. 045	0. 06	0. 061	0. 053	0. 052	0. 063	0. 065	0. 065	0. 059	0. 061	0. 067	0. 066
新疆	0. 237	0. 26	0. 268	0. 332	0. 286	0. 311	0. 298	0. 327	0. 325	0. 299	0. 29	0. 368

（八）全国各省区市科普场馆发展指数（2008～2019年）

	2008	2009	2010	2011	2012	2013	2014	2015	2016	2017	2018	2019
北京	0. 188	0. 208	0. 224	0. 266	0. 299	0. 325	0. 436	0. 369	0. 419	0. 37	0. 456	0. 395
天津	0. 07	0. 059	0. 064	0. 067	0. 082	0. 085	0. 086	0. 086	0. 071	0. 059	0. 065	0. 065
河北	0. 158	0. 156	0. 19	0. 21	0. 21	0. 213	0. 211	0. 207	0. 165	0. 189	0. 234	0. 243
山西	0. 055	0. 045	0. 092	0. 109	0. 109	0. 123	0. 117	0. 09	0. 108	0. 083	0. 095	0. 107
内蒙古	0. 044	0. 085	0. 081	0. 096	0. 126	0. 133	0. 149	0. 155	0. 163	0. 159	0. 217	0. 227
辽宁	0. 195	0. 227	0. 248	0. 281	0. 312	0. 355	0. 366	0. 359	0. 379	0. 295	0. 289	0. 301
吉林	0. 064	0. 059	0. 081	0. 093	0. 107	0. 107	0. 073	0. 053	0. 049	0. 071	0. 151	0. 162
黑龙江	0. 103	0. 134	0. 142	0. 125	0. 127	0. 136	0. 131	0. 165	0. 202	0. 186	0. 185	0. 173
上海	0. 324	0. 345	0. 376	0. 404	0. 41	0. 456	0. 473	0. 495	0. 502	0. 463	0. 486	0. 467

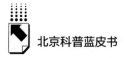

续表

	2008	2009	2010	2011	2012	2013	2014	2015	2016	2017	2018	2019
江苏	0. 227	0. 294	0. 275	0. 29	0. 309	0. 359	0. 395	0. 319	0. 35	0. 328	0. 417	0. 367
浙江	0. 171	0. 234	0. 243	0. 235	0. 299	0. 34	0. 323	0. 373	0. 335	0. 44	0. 496	0. 455
安徽	0. 117	0. 186	0. 197	0. 216	0. 206	0. 259	0. 258	0. 238	0. 174	0. 204	0. 251	0. 289
福建	0. 106	0. 129	0. 144	0. 173	0. 221	0. 22	0. 22	0. 355	0. 314	0. 237	0. 326	0. 323
江西	0. 082	0. 113	0. 113	0. 122	0. 119	0. 104	0. 123	0. 098	0. 139	0. 135	0. 154	0. 15
山东	0. 224	0. 416	0. 436	0. 429	0. 461	0. 489	0. 522	0. 481	0. 353	0. 416	0. 497	0. 505
河南	0. 121	0. 167	0. 171	0. 191	0. 321	0. 12	0. 194	0. 146	0. 207	0. 213	0. 244	0. 324
湖北	0. 274	0. 315	0. 375	0. 366	0. 39	0. 38	0. 397	0. 405	0. 355	0. 392	0. 373	0. 443
湖南	0. 104	0. 124	0. 129	0. 16	0. 231	0. 226	0. 24	0. 244	0. 24	0. 321	0. 205	0. 195
广东	0. 434	0. 437	0. 439	0. 394	0. 369	0. 391	0. 368	0. 404	0. 469	0. 453	0. 44	0. 467
广西	0. 086	0. 089	0. 096	0. 112	0. 144	0. 108	0. 128	0. 114	0. 155	0. 179	0. 182	0. 173
海南	0. 014	0. 031	0. 073	0. 084	0. 084	0. 087	0. 077	0. 035	0. 019	0. 118	0. 12	0. 116
重庆	0. 051	0. 095	0. 093	0. 094	0. 091	0. 095	0. 124	0. 175	0. 171	0. 173	0. 177	0. 205
四川	0. 171	0. 215	0. 195	0. 21	0. 302	0. 21	0. 229	0. 21	0. 285	0. 333	0. 321	0. 327
贵州	0. 064	0. 066	0. 06	0. 062	0. 06	0. 063	0. 057	0. 059	0. 07	0. 106	0. 11	0. 11
云南	0. 104	0. 128	0. 127	0. 147	0. 127	0. 143	0. 139	0. 178	0. 189	0. 209	0. 216	0. 238
西藏	0. 003	0. 004	0. 004	0. 007	0. 005	0. 009	0. 011	0. 017	0. 072	0. 025	0. 006	0. 009
陕西	0. 081	0. 119	0. 126	0. 124	0. 139	0. 147	0. 149	0. 187	0. 201	0. 213	0. 204	0. 225
甘肃	0. 06	0. 077	0. 102	0. 098	0. 086	0. 085	0. 07	0. 091	0. 08	0. 165	0. 171	0. 173

续表

	2008	2009	2010	2011	2012	2013	2014	2015	2016	2017	2018	2019
青海	0.017	0.029	0.048	0.057	0.053	0.058	0.055	0.05	0.043	0.047	0.047	0.049
宁夏	0.047	0.035	0.045	0.062	0.061	0.072	0.05	0.073	0.084	0.081	0.09	0.087
新疆	0.06	0.082	0.086	0.122	0.136	0.154	0.157	0.198	0.176	0.209	0.243	0.266

（九）热点地区科普发展指数（2008~2019年）

按照京津冀、长三角（沪苏浙）、泛珠三角（福建、江西、湖南、广东、广西、海南、四川、贵州、云南）划分：

区域总体科普发展指数												
	2008	2009	2010	2011	2012	2013	2014	2015	2016	2017	2018	2019
京津冀	4.24	4.682	5.302	5.546	6.406	6.126	6.382	6.779	7.341	6.768	7.263	7.643
长三角	4.681	5.568	6.649	6.723	7.51	8.284	10.947	8.864	9.028	9.324	9.658	9.689
珠三角	8.481	9.352	8.882	9.498	11.003	10.895	10.858	12.078	12.454	13.066	13.005	14.437
区域内各省区市平均发展指数												
	2008	2009	2010	2011	2012	2013	2014	2015	2016	2017	2018	2019
京津冀	1.242	1.492	1.627	1.67	1.862	1.927	2.243	2.154	2.188	2.128	2.2	2.322
长三角	0.778	0.857	0.951	0.992	1.07	1.058	1.044	0.985	1.095	1.171	1.193	1.507
珠三角	0.571	0.635	0.645	0.736	0.872	0.927	0.876	1.009	0.999	1.052	1.05	1.159

按照东、中、西地带划分：

区域总体科普发展指数												
	2008	2009	2010	2011	2012	2013	2014	2015	2016	2017	2018	2019
东部	13.666	16.41	17.893	18.366	20.481	21.2	24.676	23.698	24.067	23.406	24.196	25.544
中部	6.228	6.855	7.607	7.936	8.562	8.46	8.351	7.883	8.764	9.371	9.541	12.059
西部	6.85	7.622	7.742	8.833	10.468	11.123	10.514	12.109	11.99	12.63	12.595	13.905
区域内各省区市平均发展指数												
	2008	2009	2010	2011	2012	2013	2014	2015	2016	2017	2018	2019
东部	1.242	1.492	1.627	1.67	1.862	1.927	2.243	2.154	2.188	2.128	2.2	2.322
中部	0.778	0.857	0.951	0.992	1.07	1.058	1.044	0.985	1.095	1.171	1.193	1.507
西部	0.571	0.635	0.645	0.736	0.872	0.927	0.876	1.009	0.999	1.052	1.05	1.159

科普成效篇

Science Popularization Effectiveness Reports

B.2

建设国际科技创新中心视野下科普工作对科学家精神的传播路径研究

李 楠 谭一泓 路 璐 邹沐宏 贺春禄*

摘 要： 建设国际科技创新中心，是我国建设科技强国的关键战略支点。北京市因其具备丰富优质的高等教育院校、科研院所和国家高新技术企业等资源优势，形成了我国科技基础最深厚、科技资源最丰富、技术创新主体最活跃的地区之一，这也说明北京具备发展创新研究和未来产业的深厚基础。除了科研能力与创新能力等硬实力之外，科学普及也是当前北京市实现科技创新、完成科创转型、形成崇尚科学社会环境的必要条件。科学普及工作的质量直

* 李楠，硕士研究生，中国科学院文献情报中心党务及宣传主管，主要研究方向为图书馆科学传播、新媒体运营；谭一泓，硕士研究生，中国科学院文献情报中心新媒体运维主管，主要研究方向为科学传播、科技政策；路璐，硕士研究生，中国科学院文献情报中心新媒体组运营人员，主要研究方向为新媒体技术与运维；邹沐宏，硕士研究生，中国科学院文献情报中心新媒体组运营人员，主要研究方向为科普内容创作与运维；贺春禄，硕士研究生，中国科学院文献情报中心新媒体组运营人员，主要研究方向为科技新闻采写与传播。

接影响国际科技创新中心的发展，这就需要科学工作者在宣传科学技术过程中由以科学知识传递为引导的 V1.0 模型，向以思维或科学方式、科学精神为导向的 V2.0 模型转化。科技创新不仅是全体科学工作者一起奋斗的过程和成果，更是整个社会思想活力的系统喷薄与绽放。因而，弘扬科学家精神是科技发展不断进步与持续创新的重要精神支撑。在建设北京国际科创中心的过程中，中国科学院积极传承和发扬科学家精神，将其外化为科技发展能力的工作实践，以实际行动阐释科学家精神在新时代的内涵与实质，打造传播科学家精神的响亮名片，为北京国际科创中心奠定坚实基础。

关键词： 国际科创中心　科普工作　科学家精神

一　科创中心建设要求科学普及先行

（一）科创中心定位

科创中心是指在某一个城市或区域之中，具有大量而密集的科创资源、众多而集中的科技活动、强劲而深厚的科创实力，以及辐射区域广阔而领先的科技成果。因而在整个区域的价值网格中充分发挥了重要的价值增值功能，并且能够引导、协调和控制科创资源，在整个科创过程中发挥主要作用且占据主导地位。这样的城市或区域即为科创中心。①

2020 年 10 月，党的十九届五中全会提出，要“布局建成综合型国家科学研究中心和区域性技术创新高地，推动北京市、上海市、粤港澳大湾区成

① 《科技部部长王志刚出席 2021 中关村论坛全体会议并致辞》，中华人民共和国科学技术部官网，http：//www. most. gov. cn/tpxw/202110/t20211009_ 177193. html，2021 年 9 月 27 日。

为国际科创中心"[①]。同时，在"十四五"规划中，上述三个地区及其承担的作用被明确记录和规划，从而看出国际科创中心建设对于处在新时代新发展阶段的中国，具有全局性的战略地位和极其重要的价值意义。

科技部副部长李萌、北京市副市长靳伟表示：北京国际科创中心建设一定要走出新路子，关键就是能力和生态的构建[②]。无论是重大科技领域的原始创新能力，还是创新活力等，都与科学家精神的传播息息相关。习近平总书记在两院院士大会上提出，要建设科技强国、建设科技创新型国家，发扬科学家精神是非常重要且迫切的[③]。2019 年，中办、国办为在全社会营造尊重知识、尊重科学的良好社会风气，颁布了《关于进一步弘扬科学家精神加强作风和学风建设的意见》，要在全社会培育和形成尊重科学、尊重知识的良好氛围[④]。这进一步说明了科学家精神对于科技创新的精神引领作用已经上升到了国家科技战略层面。

（二）科创中心建设离不开全民科学素质的提升

中国科学院院士褚君浩认为，科研与科普本来就是互相促进的有机整体[⑤]。国际科创中心建设，关键点在于人，不仅是某一领域内顶尖科学家的培育和集中，提高全体民众的科学素养也是十分紧迫的。科普教育对于公民素质的提高有着实实在在的意义，培养公民素质是整个科创中心建设工作的最基本环节；而科普又是公民素养提升，尤其是公民科学素质提高的主要载体。

---

① 新华社：《中共中央关于制定国民经济和社会发展第十四个五年规划和二〇三五年远景目标的建议》（2020 年 10 月 29 日中国共产党第十九届中央委员会第五次全体会议通过），中华人民共和国中央人民政府官网，http：//www. gov. cn/zhengce/2020 - 11/03/content_5556991. htm，2020 年 11 月 30 日。

② 《北京国际科创中心如何走出新路子？科技部回应》，北京青年报北青网，https：//baijiahao. baidu. com/s？id = 1689370294157099991&wfr = spider&for = pc，2021 年 1 月 20 日。

③ 钱七虎：《建设科技强国迫切需要科学家精神》，《科技导报》2021 年第 10 期。

④ 何鼎鼎：《用科学家精神激发科技创新》，人民网 - 人民日报，http：//opinion. people. com. cn/n1/2019/0613/c1003 - 31133887. html，2019 年 6 月 13 日。

⑤ 黄辛等：《褚君浩：科创中心建设离不开全民科学素质的提升》，中国科普研究所官网，https：//www. crsp. org. cn/xinwenzixun/xueshuzixun/06011c42017. html，2017 年 6 月 5 日。

一方面，公民科学素质的提升能够明显促进科创中心的发展，因为在移动互联时代，科普工作能够借助的媒介和载体很多，例如各种短视频、公众号和门户网站等，通过这些信息渠道，民众获取信息和参与各类科创活动的途径和兴趣得以拓展提高，科学素养能够明显提升，从而营造良好的社会科创氛围，进而为科创中心建设提供群众基础与社会支持；另一方面，科普工作的传播面很广，能够涵盖广大民众的非正式教育和能力提升培训，从而发掘潜在的优秀科技人才，为科创中心提供人才支持①。

科创中心建设需要有平台和机制的保障，在这种平台与机制的共同作用下，科学技术创造的成果能转变为促进人类经济社会发展进步的生产力，科普工作还可以宣传一些优秀的科技产品，提升其市场认知度。另外，在科学技术还没有完全被社会应用时，通过将科技集成创新成果对公众进行科普展示，也可以促进科学技术创新成果向生产力转化。创新驱动发展，其最核心的环节是科技创新，尤其是要抓好民众科学素质提升这一重要基础。科普不只是一种简单的兴趣、责任，在向青少年、向社会传递的过程中具有特殊而不同的科普规律，应该“因材施教”，做到具体问题具体分析。科普教育是一个庞大而广泛的通识教育手段，需要建立自己的理论体系以及科学研究系统，并且需要接力式地培养专业型科普人才梯队②，这就要求在科创中心建设过程中起到基础性作用的科普工作进一步科学化。

二　优质高效科普需要回归科学家精神

（一）科学家精神的定义

在党的正确领导下，我国科研人员在追寻中华民族伟大复兴的道路上，弘扬传统知识分子的家国情怀，努力实现科技救国、报国、兴国、强国的初

① 刘新宇：《关于推动科普工作进一步服务科创中心建设的建议》，上海人大，http：//www.spcsc.sh.cn/n1939/n3144/n7653/index.html，2021 年 10 月 27 日。

② 姜晓凌等：《科创中心建设，科学普及先行》，上观新闻，https：//sghexport.shobserver.com/html/baijiahao/2021/01/26/345450.html，2021 年 1 月 26 日。

心理想，塑造出可贵的中国科学家精神。科学家精神，是中国科学家们在长期科学实践中所积淀的珍贵精神财富①。科学家精神是胸怀祖国、服务人民的爱国精神，勇攀高峰、敢为人先的创新精神，追求真理、严谨治学的求实精神，淡泊名利、潜心研究的奉献精神，集智攻关、团结协作的协同精神，甘为人梯、奖掖后学的育人精神②。

（二）科学家精神的意义

1. 科学家精神引领基础研究创新

科技创新能有效促进国家现代化发展。从当下信息技术革命发展阶段来看，不管是信息领域、能源领域，还是其他领域，都需要科技创新来发挥关键作用以带动相关产业和领域发展。因此，人们尤其要关注基础科研，因为科学竞争力的真正源泉就是基础科研，而基础研究又不能由功利心驱动，必须要由兴趣驱动③，科学家精神的引领对于科研工作者树立理想信念，投身基础研究有着重大意义。创新引领发展目标的实现，离不开科学家精神状态的强力支撑。基础科研人才的创新创造与活力不但需要资金的保障、机制的保证，更需要精神力量的鼓舞和推动④。

2. 科学家精神引领时代科技创新

科学家是科学知识和科学文化精神的主要承担者。在信息技术革命如火如荼和中国加快转变经济发展方式的当下，我们在一些关键技术领域仍受制于人。要想改变这一现状，就需要科技工作者们继续发扬科研人员的奉献精神，敢为人先，针对核心技术和关键领域，不断深入钻研，跟进世界科技前沿，努力做新时代科技的领跑者。

---

① 李斌：《百年复兴与科学家精神的形成》，《中国科学院院刊》2021 年第 6 期。

② 韩辰等：《科学成就离不开精神支撑，习近平谈科学家精神》，求是网，https://www.sohu.com/a/493354146_117159，2021 年 10 月 3 日。

③ 佘惠敏：《弘扬科学家精神　加强基础研究提升科技竞争力》，中国经济网，https://baijiahao.baidu.com/s?id=1683650188543157975&wfr=spider&for=pc，2020 年 11 月 8 日。

④ 张媛媛：《践行与弘扬科学家精神　着力加强基础研究——学习习近平总书记关于加强基础研究的重要论述》，《毛泽东邓小平理论研究》2020 年第 8 期。

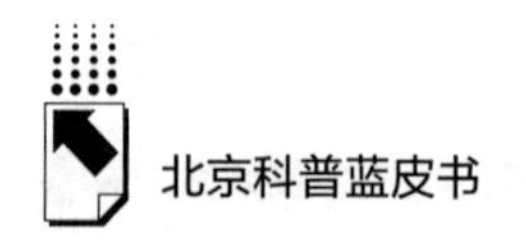

（三）科普工作回归科学家精神的意义

公民科学素质的提高是国际科创中心建设的基础性工作，科普工作因而在国际科创中心建设中的位置尤为凸显。因此打造高质量科普，进行科学普及的科学化建设等也都成为当下的重要议题。中国工程院院士金涌呼吁：高质量科普需要从以知识传授为导向的 V1.0 模式，向以思维或科学方法、科学精神引导的 V2.0 模式转变①。这就要求当前的科普工作回归科学家精神。

弘扬科学家精神也需要重视科普工作的开展。弘扬科学家精神对于北京打造国际科技创新中心城市具有重要意义。改革开放四十多年来，中国经济社会的进步与发展已经取得了很大成就，但在核心技术方面仍然有很多地方相对落后，核心技术突破方面存在着“卡脖子”问题。专家认为，“卡脖子”的原因一是长期以来对基础研究重视的程度不够，技术研究还没有很好的积累；二是科学家精神还不够②。

中国科学院科技战略咨询研究院专家指出，目前社会公众对于科学家的认识和印象仍停留在过去的状态，科学家与公众之间存在疏离的情况，公众通常觉得科研人员都是刻板守旧、沉迷科研和不问世事，这显然给科普教育和科学宣传敲响警钟，要在整个社会营造良好的尊重科学的氛围，就要注重科普的实际效果，讲好科学家故事，增加公众对科学家和科学家精神的了解。在基础教育与人才培养，科研人员选拔和使用的评估、激励中突出科学家精神，引导学风转变，使得具有科研兴趣、能力与天赋的孩子可以通过系统训练源源不断地进入科研人员团队。③ 这也是科普工作回归科学家精神的重要意义所在。

---

① 盖博铭等：《科普需要“回归”科学家精神　专家呼吁打造优质高效科普模式》，新华网，http：//www. bj. xinhuanet. com/2021 -03/28/c_ 1127264777. htm，2021 年 3 月 28 日。

② 刘娥：《做好科普工作让科学家精神绽放》，深圳商报，http：//szsb. sznews. com/MB/content/201906/24/content_ 676875. html，2019 年 6 月 24 日。

③ 中国科学院科技战略咨询研究院研究员：《弘扬新时代科学家精神》，人民网，https：//baijiahao. baidu. com/s? id =1653681955131054238&wfr = spider&for = pc，2019 年 12 月 23 日。

三　科学家精神传播概况

中国科学院作为中国顶级的学术机构，在传播科学家精神方面作出了很大贡献。近年来，中科院党组深入发掘老一辈科学工作者爱党爱国、无私奉献的高尚精神，打造了一批富有爱国主义和科学家精神的主题教育基地[①]，在科学家精神的传播过程中起到了开创性的作用。新中国成立以来，在这短短七十多年的时间里，中国科技可谓历经了翻天覆地的变化，从一穷二白起步，到现今各个领域齐头并进取得了阶段性进展，这背后的重要因素正是无数科学家铸就了“两弹一星”精神、载人航天精神、北斗精神、探月精神、载人深潜精神，形成了爱国、创新、求实、奉献、协同、育人的科学家精神[②]。

因此，在下文针对科学家传播精神概况的具体介绍中，笔者将先从中科院开展的传承和弘扬老一辈科学家精神的专项工作入手，进而对其艺术载体（如诗集、音乐……）和典型的专项工程等已取得成效的工作进行概述。同时，为跟进目前学术界关于传播科学家精神的最新研究，笔者引出“元科普”这一概念，以凸显一线科研工作者参与科普工作的必要性和重要性。最后，在移动互联技术快速发展的信息时代，笔者将着重介绍中科院在传播科学家精神方面的新举措，即利用新媒体手段，结合传统科技馆的载体作用，线上线下相结合推动科学家精神的传播。

（一）“传承老科学家精神　弘扬新时代科学家精神在行动”专项工作

中科院进行的这一专项工作，正是希望能充分发挥老一辈科研人员基数

① 侯建国：《不忘科学报国初心　牢记科技强国使命》，人民网，https：//baijiahao. baidu. com/s？ id = 1645061018403393700&wfr = spider&for = pc，2019 年 9 月 19 日。

② 赵竹青：《中科院：大力弘扬科学家精神　赓续中国共产党人百年精神谱系》，人民网，https：//baijiahao. baidu. com/s？ id = 1705404689904139523&wfr = spider&for = pc，2021 年 7 月 16 日。

较大的资源优势，汇零为整，凝聚传播科学家精神的星星之火，注重实践，促使科学家形成真抓实干、脚踏实地的实践精神。专项工作实施以来，已获得了阶段性成效。中科院成立了科学家精神宣讲团，开展了近三十次巡回报告，服务近万人。同时，中科院院属单位也根据自身实际情况，发挥退休同志和学院学生的力量，记录了老一辈科学家的动人事迹，还创作出多样的文化作品①。而此次专项工作也被媒体称为一场用实际行动传承老科学家精神、推进科技自立自强的青年运动②。

（二）科学家精神的艺术载体

科学家精神的艺术载体有利于推动科技与文化的交流碰撞，使其相得益彰，更好培养科研工作者的科学艺术气质，充分发挥科技与文化相辅相成、共同进步的作用，并在此基础上进一步弘扬科学家精神，全面提升科技与文化的创新能力③。近年来，我国大力提倡科学技术工作者不但要进行科学研究工作，还要成为新时期科学普及工作的具体践行者，努力提高社会公众对科学的认知。不仅是科学工作者，文艺工作者也需要积极参与科普工作，一部优秀的科学文艺作品，不但要拥有过硬的科学技术，还需要利用人民大众喜闻乐见的艺术表现形式，将复杂枯燥的科学知识以生动的表现形式和强大的感染力展示出来，这样才能实现科学普及的良好成效④。艺术不仅是认识的工具，而且还能组织思想，把人民内心的共同向往生动地再现出来，并使其本身成为最热烈的情绪型舆论载体。科学家精神艺术载体有宣传画、塑像、歌曲、诗歌、小说、戏剧、电影等。

---

① 陆成宽：《中科院：弘扬新时代科学家精神在行动》，科技日报，https：//baijiahao. baidu. com/s？ id = 1705408747079276296&wfr = spider&for = pc，2021 年 7 月 16 日。

② 沈慧：《科学家精神永不落幕》，中国青年报，https：//baijiahao. baidu. com/s？ id = 1712647812882610723&wfr = spider&for = pc，2021 年 10 月 4 日。

③ 陆成宽：《借助艺术的翅膀弘扬科学家精神》，科技日报，http：//stdaily. com/index/kejixinwen/2019 - 12/17/content_ 843854. shtml，2019 年 12 月 17 日。

④ 周忠和：《深情讴歌科学家精神》，光明日报，https：//baijiahao. baidu. com/s？ id = 1702127038957172042&wfr = spider&for = pc，2021 年 6 月 10 日。

1. 天眼巨匠南仁东雕塑

南仁东是我国天文领域知名的人民科学家，曾担任“中国天眼”（简称FAST）首席科学家兼总工程师。2017 年 9 月，南仁东因病逝世。2017 年 11 月，中宣部追授南仁东“时代楷模”荣誉称号。直到人生最后时刻，南仁东都心系着自己的科研工作，他是新时期我国杰出科学工作者中的代表人物，是无愧于祖国的伟大功臣。为了缅怀南仁东，中国美术馆馆长吴为山为南仁东创作了由铜铸成的塑像。该雕像一尊落成于中国科学院，一尊屹立于“中国天眼”旁。雕塑表现了南仁东全神贯注、专心致志探讨科学问题的一个瞬间。其主题形象来源于南仁东在 FAST 现场工作期间拍摄的图片，吴为山以其独特的“写意雕塑”手法，将南仁东的神采和精神熔铸于塑像中①。

科学家精神作为一种持久稳定的力量，能为科技工作者奋勇前进输送源源不断的动力，从而激发广大科技工作者为实现科技进步、国家富强和民族振兴而不懈奋斗、建功立业的积极性和创造性。在贵州大窝凼，南仁东用脚步丈量出了台址。南仁东塑像的落成使得全社会更加关注这位“天眼之父”，潜移默化之间激发了科研工作者、青少年及广大社会公众建设科技强国的精神力量。

2. 音乐与科学的交集

2011 年，一个吉他演奏的小视频走红于互联网。视频中，演唱者深情演奏着他自己改编《将进酒》的歌曲。随后，人们发现这位演唱者竟是研究量子、纳米的物理科学家陈涌海。后来在 2012 年 1 月，陈涌海教授在受邀参加的中央电视台《科学之夜》专栏片中，自弹自唱了一曲《将进酒》②。

陈教授的走红对科学家形象的转变有着非常积极的意义。在科学圈外，很多人并不了解科学家，因而只能虚构出对科学家不准确的印象，并在此基

① 邱晨辉：《致敬！天眼巨匠南仁东塑像今天揭幕》，中国青年报，https：//baijiahao. baidu. com/s？ id = 1613023610825271771&wfr = spider&for = pc，2018 年 9 月 30 日。

② 刘思彤：《陈涌海：乐理的情怀　悦动的课风》，科学网，http：//news. sciencenet. cn/htmlnews/2021/5/457605. shtm，2021 年 5 月 15 日。

础上产生对科学家的感觉。而陈教授的走红则使大众对科学家形象有了更丰富更完整的认识。此外，在过往研究中，有学者指出科学家在自己研究领域的成功和他科研工作外的创造性活动息息相关，科学家的兴趣爱好越多，他能取得的重大研究成果也越多。这也促使学者们更加关注和重视科学家人文艺术精神对创新、科研的积极推动作用。

3. 中科院郭曰芳撰写诗集

郭曰芳作为中国科学院原院长方毅同志的秘书，曾协助方毅同志组织作家弘扬科学家精神，推动《哥德巴赫猜想》《地质之光》《小木屋》等一系列被亿万读者称颂的作品问世，使科学和科学家群体备受瞩目。中文系毕业的郭曰方在文学方面才华横溢，早在上大学的时候，就在一些报纸上发表过诗歌等文学作品。到中国科学院后，他在感受科学的重要性和科学家人格魅力的同时，自觉地将自己的爱好与本职工作结合，走上了用科普作品传播科学、讴歌科学家的文学道路。在繁忙的工作之余，他将全部的业余时间和全部的爱好与激情用到了创作上，出版了《黄河故道的拓荒者——记中国科学院兰州沙漠所的实干家们》《中国科学诗论》《心中的世界——记著名科学家侯永庚》《认识周围的世界》《杰出青年机器翻译专家——陈肇雄》《中国科学文艺大系·科学诗卷》《科学精神颂》《生命是一条长长的河》等文学剧本、少儿科普、诗歌集、散文集及诗歌理论集等，引起了广泛的社会反响。《科学精神颂》描述了新中国成立 50 多年来科学技术发展的历程和重大成就，带有科学史诗性质，在诗歌创作上填补了我国一项空白。有关部门为此专门召开评论家座谈会以及作品研讨会，认为这是歌唱科学的黄钟大吕。郭曰方也被授予“建国 40 年来有突出成就的科普作家”称号。

郭曰方的作品用诗歌的艺术描摹了新时代中国科学家群体伟岸的形象，可谓直击人心。日常生活中，我们不仅需要关注科学，更需要学习科学家们为国奉献的精神。讲好中国科学家故事，歌颂伟大的科学家，能广泛传播爱国、创新等值得广大民众学习的科学家精神，从而提高公众的科学素养，将科学家精神内化于心、外践于行。

（三）老科学家学术成长资料采集工程

2009 年 6 月，国务院领导做出批示，要求国家科教领导小组正式启动老科学家学术成长资料的抢救工程。根据国务院领导指示精神，中国科协会商中组部、教育部等 11 个部门，研究制定了《老科学家学术成长资料采集工程实施方案》，并于 2010 年正式启动①。

老科学家作为国家脊梁，对国家科技发展的重要程度不言而喻，他们的科研经历也是我们国家科技发展史上重要的研究资料。老科学家学术成长资料采集工程是对他们科研过程中的相关经历的梳理与记录，这为中国的科学研究提供了重要的、不可或缺的丰富资料，意义重大而深远。发扬科学家精神，可以实现科学进步对经济发展的促进作用。

（四）中科院老科学家科普演讲团——把科学的种子撒在祖国大地

中科院老科学家科普演讲团，是由中国科学院组建的，包括各部委、学院、学校的专家教授的一支科学队伍。它由中科院领导，以中科院为主，并且受到中国科协支持。目前，团内共有六十多位成员，平均年龄都比较高。中科院老科学家科普演讲团成立于 1997 年，自组建二十多年来，在全国大部分省市都开展了演讲宣传活动，至今已开展各类演讲活动三万余场，服务对象超过千万人。老科学家们作为科技志愿者，多年来通过知识性、科学性和趣味性的科普公益演讲，向公众宣传现代科学，普及前沿领域的科学技术，激发民众对科学的爱好和兴趣，让公众切实感受到科技的魅力无处不在。在组建之初，科普演讲团就制定了一个提高课程教学质量的办法：科学家们需要进行严格的试讲考核，只有经过大量的完善、修正之后，达到演讲团要求的才能获得入团资格；只要讲课内容或方式某一方面存在问题，即不达标者就会被直接拒绝或淘汰②。

---

① 王春法：《“采集工程”的缘起、进展与意义》，《中国科技史杂志》2011 年第 2 期。

② 孙爱民：《一支从事朝阳事业的夕阳队伍：中科院老科学家科普演讲团纪实》，中国科学报，http://news.sciencenet.cn/htmlnews/2013/9/283277.shtm，2013 年 9 月 30 日。

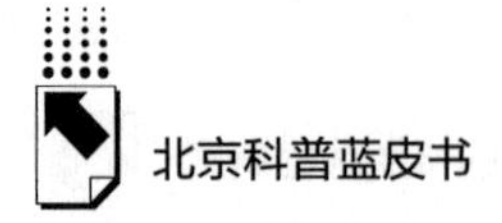

科普演讲团的演讲采取互动式演讲与讨论、交流相结合的方式。不仅具有通俗性、知识性和科学性，还更加注重趣味性。演讲者用通俗易懂、诙谐风趣的文字，并结合在一线工作中积累的大量知识、图片与资源，将高深的现代科学知识形象化、通俗化，从而保证科普易于为广大民众接受。当然，科普演讲团的团员们不仅阐释最新的科技成果，还会对科学的近期发展和远景规划进行讲解和预测。同时，科普队伍还会介绍一些科学事件，以展示科学家们拼搏创新的科学精神和先进的科学思想与方法。一言以蔽之，科普演讲团的演讲对于广大的青年学子而言，能满足他们对科学知识探究的需要；对于那些从事教育等职业的知识传播者来说，则可以通过交流传授前沿科学知识；对于整个社会来说，能够激励社会主义事业建设者为实现国家富强、民族振兴和人类进步而不断勇攀科学高峰努力奋斗的精神。

（五）科学家与元科普

科学家的积极参与对科学普及工作的高质量发展具有很重要的意义，宣传科普是科学家义不容辞的工作。中国科学院教授卞毓麟认为“科学家作为科学传播链中的发球员，奉献于科普实属责无旁贷”[①]。长期以来，他不断科普科学知识和精神，并鼓励其他科技工作者从事科普创作。近年来，卞毓麟提出了“元科普”这一概念。“元”有开始、为首、基本之意，“元科普”指的是一线科技工作者对他自己研究领域的专业知识进行科普，也就是鼓励一线科技工作者撰写科普作品，使科普更为准确、更有成效。比如爱因斯坦与他人合著的《物理学的进化》这一著作，由爱因斯坦亲自对书中的科学知识进行科普，这样的科普才能精准有实效。因为只有亲身参与科学研究，才最了解这一领域的相关知识，在科普方面也最有发言权。类似的例子还有杨振宁写的《基本粒子发现简史》一书。

在欧美国家，这种“元科普”著作有很多，然而在中国却比较少。因为一线的科学工作者需要研究的事项繁杂，因此用于了解和创作科普作品的

① 陈怡：《科学家应尽可能优先做别人难以替代的科普》，《上海科技报》2021 年 9 月 24 日。

时间非常有限，但正是这种“元科普”，不仅能将自己的科研成果写入著作中并提供可靠而真实的素材和依据，而且能同时在著作中进一步真实地阐释和宣传科研过程中的科学家精神，而这一点对于科学发展尤为重要。所以，一线科技工作者应该主动尝试创作各种科普作品，将科学知识、科学精神等内容融入其中并潜移默化地影响每一位受众。

（六）科学家精神新媒体传播概况

随着移动互联网信息技术的日益发达，以手机为主要载体的新兴媒介不断替代了报刊、播音、影视等传统文化媒介，受众阅读习惯也开始随着信息传播形态的多元化发展趋势而产生变化。这种快速发展的趋势和分散化的过程直接影响广大受众群体的分割和传播的最终效果。这也意味着当前弘扬科学家精神、传播正能量正面临着新的挑战①。长期以来，中国主流媒介一直从宏观故事的角度介绍中国科学家事迹，这些长篇综述形式的内容，已然无法满足当前中国广大受众的碎片化阅读习惯。而且，科学事业离日常生活也比较远，中国科学家的事迹一直以相似的宣传方式传播，从而形成了相应的刻板形象，对网络时代下的普通受众而言，感受都不太轻松，因此用户自主收集此类资讯的意愿非常低。

信息传播的主阵地已转化为社交平台，其中有许多青少年，他们是中国科普宣传的主要对象，也是国家建设的未来，讲述科学家事迹、传播科学家精神，正是要重点针对这一人群。所以，在网络时代传播科学家精神的突围战略就是，运用网民喜闻乐见的多媒体技术手段，选择最适合受众兴趣的内容，让科学家故事走进各类社交网络平台。科研机构借助新媒体平台，将与科学相关的信息有效地发布给更广泛的受众群体，公众也能更容易地参与到科学讨论中，进而理解和支持科学研究工作。

截至 2021 年 3 月，中科院下属 100 多家单位在新浪微博平台共开设 69 个官方认证账号。其中分院账号 2 个，所级账号 29 个。中科院 100 多个所

① 葛园园：《网络时代科技传播碎片化策略》，《科技传播》2019 年第 9 期。

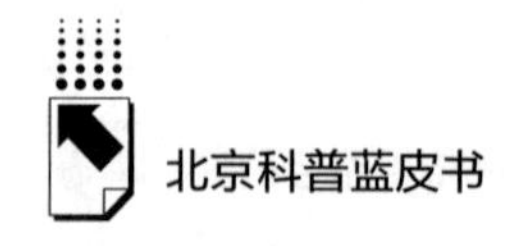

级机构共开设了607个认证微信公众账号。微博、微信等新媒体已成为中科院各级各类机构面向公众进行科学传播工作的重要手段①。

1.“中科院之声”

“中科院之声”是中国科学院的官方账号，目前在微博、微信、抖音、快手、知乎等多个社交媒体平台投入运营且影响范围较大。在短视频平台上，“中科院之声”这一账号可谓是一匹黑马，在短时间内便收获众多关注，发布的视频也广受好评。创建于2018年9月的“中科院之声”账号，在一年时间内，全平台的粉丝便已接近百万，而在这段时间内发布的所有视频（共计98个），全平台总计播放量近亿次，累计点赞数也超过300万②。截至2021年11月，“中科院之声”官方抖音账号粉丝量已经达到119.7万。

“中科院之声”账号发布的系列短视频，通过创新视频形式的方法来吸引广大用户的关注，尤其是好奇心旺盛的年轻一代，他们更容易接受和学习新知识，进而激发他们应用科学知识解决生活问题的兴趣和热情。例如，“中科院之声”发布的“世界腐蚀日”短视频，很巧妙地采用分集播放的形式，上集介绍腐蚀的危害，下集介绍腐蚀的益处，并在上集结束后，引导观众逆向思考，而这种逆向思维同样也是科学研究中不可或缺的一种方式。

“中科院之声”系列短视频作为利用新媒体手段传播科学家精神的典范，可以说把握住了快节奏时代受众接收信息的碎片化特征，它们的账号管理团队在充分学习了解的前提下，将科学知识和科学精神“提纯”“加工”，制作出一系列符合当下青年受众口味的短视频，成功地将科学知识准确无误又通俗易懂地传达给观众，提高了科普工作的实效。

2.“科学大院”

“科学大院”也是新媒体时代传播科学精神的代表，它是中科院开设的

---

① 宋同舟：《科研机构新媒体科学传播工作效果评价研究——以中国科学院为例》，《新媒体研究》2021年第15期。

② 王晓醉等：《知识类短视频对科技期刊的启示——以“中科院之声”系列短视频为例》，《科技与出版》2019年第11期。

官方科普微信平台，自2016年5月开通以来，致力于向公众普及科学知识，为科学家发声。该微信平台的主要负责人为一线科研工作者，正如前文元科普理论所述，这样的科普工作才能更有成效。“科学大院”正是如此，通过输送权威准确的科学知识，既能反映当下科研工作前沿领域的状况，又能针对人民大众普遍关注的社会热点问题，从科学的角度进行及时准确的回应，提高公众对科学的理解和认知，还能改善科学及科学家们在普通大众心目中的形象，可谓一举多得。因此，“科学大院”荣获了2017年度“十大科普自媒体”称号。

3.“中国科讯”

“中国科讯”是由中科院文献中心推出的移动互联网知识服务平台，中科院文献情报中心“十三五”期间一直用互联网思维不断创新科学传播模式。2016年4月28日，“中国科讯”正式推出，近5年来“中国科讯”媒体建立了集“在线直播、两微多端、项目活动、展览展示”为一体的新媒体科学传播体系，并通过该体系持续宣传中科院前沿进展与科技成果，受众覆盖了决策层、科学家、公众等多种类型，宣传科学家精神的同时提高了公众的科学素养，因而广受好评。

（七）科普场所中的科学家精神传播

科技馆是通过举办展览以提高公众科学文化修养和素质的科普教育场所或机构。因此，展品作为受众与科技馆之间的媒介，既是科技馆举办展览、宣传普及科学知识的载体，又是受众与展品对话、与古人智慧交流、学习当下先进科技成果的平台。当展品以其本身特性和受众互动之后，里面蕴涵的科学家精神就能潜移默化地进入参观者的内心，参观者就可以体会到中国科学家在发明创造时的艰辛、坚持、热爱和喜悦，而这正是科技馆存在的意义，也是科技馆能成为科教兴国、人才强国战略重要设施的原因。

1.“我和我的祖国——中国科学家精神主题展”

该展览由中国科协于2019年主办，共在全国11个城市开展巡展，该展览生动地展示了无数科研工作者为了民族复兴的伟大中国梦而不懈奋斗、推陈出新的科学精神，感动了一代又一代国人。在中国科学技术馆中，“我和我的祖国”科学家精神资料选展向广大受众展示了新中国从站起来、富起来到强起来的伟大飞跃，主要展示了每一阶段科研工作者们可歌可泣的故事。这一主题展通过文字、实物和影视等资料，将观众带回到科学家们无私奉献、潜心研究的历史中。

2.“致敬新时代·礼赞科学家”全国科技馆联合行动

该活动从科学家们的文字资料入手，在传记、访谈、书信等资料的字里行间发掘总结他们在科研过程中的真实经历、心态变化和可贵品质，并加以提炼归纳，进而赋予其新的时代内涵，可以说这是科学家们内心的倾诉，既有他们在科研工作中思考总结的智慧结晶，又寄托了他们对祖国发展强大的迫切期望、对人民幸福生活的美好愿望以及希望更多青少年投身科研的殷切期许。同时，各地的青少年也通过自己的方式表达了观看这一展览后的想法以及对科学家们的致敬。此次全国科技馆联合行动给观众留下了深刻的印象，尤其是科学家精神在新一代青少年心中生根发芽，而这正是科技馆的教育意义所在。

3.“科学丰碑　档案基石——中国科学院著名科学家档案展”

为庆祝中国共产党成立100周年，中科院档案馆以宣传科学家精神为主旨举办了这一展览。此次展览共有100位中科院科学家的300余件珍贵档案。

这些科学家中有“两弹一星”功勋奖章、国家最高科技奖、国家自然科学奖一等奖等奖项的获得者，新中国主要学科的奠基人和开拓者等。展出的档案既有科学家们具有代表性的科研成果档案，也有反映他们个人生活、家庭家风等方面的档案。展览按学科领域分为“数理乾坤积基数本”“摩尔世界元素守恒”“纵横万里上下亿年”“万物千灵生生不息”“巧夺天工开物成务”5个篇章，用档案生动展现了科学家们的个人学术生涯和科研成就，讲述了档案中的科学家故事，深刻诠释了这些著名科学家身上蕴藏的科学精神，也反映了新中国成立以来中国科学事业不断开拓创新、乘风破浪的光辉历程①。

4.“威尔逊总统号上的爱国科学家”展览

近代中国，大批学子胸怀“教育救国”“科学救国”的理想，留学远航，学习世界先进科学技术，寻求民族振兴之路。1949 年新中国成立后，强烈的使命感和家国情怀促使大批爱国学者回国效力，从而形成了留学归国潮，对新中国科技发展意义深远。其中，归国人数最多的一次是 1950 年 8 月 31 日，128 位爱国学者及其家属乘坐“威尔逊总统号”回国，他们主动放弃在美国的优渥条件，积极投身新中国建设，做出了一系列卓越贡献。为此，中科院文献情报中心组织了“威尔逊总统号上的爱国科学家”展览，通过浓缩其中 11 位中国科学院院士的科学人生，弘扬他们高尚的科学家精神。

在这一时期，中国科学院依据各研究单位发展需要，大力协助海外科技人才回国，李四光、华罗庚、李薰、钱学森、郭永怀等留学和旅居海外的科学家回国到院工作。其中留美归国学者发挥了重要作用，据不完全统计，这一时期有 1600 余位留美归国学者，其中 470 余位来到中国科学院工作。他们的加入，开创了中科院发展的新时期，也填补了国内一些领域的空白，促进了中国科技事业的发展。

通过此次展览，中科院进一步实践了“讲好科学家故事、弘扬科学家精神”的使命，增进了公众对这些具有强烈家国情怀的科学家及其高尚的科学精神的了解，在社会上营造了良好的尊重科学的氛围，为新中国科技事业发展做出了贡献。

四　科普工作中的科学家参与

（一）前沿科学科普转化中的科学家精神探析

科普是科学家义不容辞的职责，一线科研工作者往往能更加清晰准确地

① 《中科院档案馆举办档案展弘扬科学家精神》，国家档案局官网，https：//www. saac. gov. cn/daj/c100166/202110/d74a03d83e684885a294e809368d6bcd. shtml，2021 年 10 月 11 日。

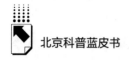

了解和传播前沿科学的来源、理论和原理等。因而由科学家主导的前沿科学科普，能够有效传递探索创新过程中蕴含的科学精神，增强所在学科对公众的吸引力。

1. 中科院微小卫星创新研究院科普实践

中科院微小卫星创新研究院在“中国航天日”“上海科技节”“明日科技之星”“科普进校园”等活动中将航天知识、航天精神带入社会，提升全民科学素质；通过发起首届“新星杯”空间新概念新技术创新大赛、开展“青年说·学术沙龙”等活动提升大学生和青年科研人员的科普积极性。

2. 科技资源科普化工程

《全民科学素质行动规划纲要（2021～2035年）》文件明确了“十四五”时期五项国家重点工程，其中“科技资源科普化工程”的重要性被列在首位。科技资源科普化，就是将科研设施、成果、人员等科技资源转化为科普设施、产品、人才等科普资源，并将科普工作纳入科研计划的过程。这个过程实际上是科技资源功能和作用的拓展与延伸，从根本上丰富了科普资源，提升了科普能力①。

（二）中国科学院的实践探索：“1+3+5”科普体系

“十三五”时期，科普实践已经先行于理论，多个机构部门都在推动科普体系的转型。例如北京市科委将“科技资源科普化”纳入科技发展战略中进行推进，相关工作为进一步深入推进科技资源科普化积累了丰富的实践经验。而中国科学院的实践最为成熟，形成了一个相对完备的科技资源科普化工作体系“1+3+5”。

“1+3+5”中，“1”是打造科普工作“国家队”，“3”是服务国家、服务社会、服务中心工作的三个宗旨，“5”是基地建设、产品建设、队伍建设、活动建设、平台建设五项工作。

---

① 徐雁龙：《学术观点丨徐雁龙：关于科技资源科普化的思考与实践——以中国科学院为例》，中国科普研究所，https://www.crsp.org.cn/m/view.php?aid=3155，2020年12月1日。

科普活动作为科学知识的载体，是人民群众和科技文化之间的桥梁，形式多样的科普活动在将抽象的科学知识直观表现出来的同时，也提升了人民群众的科学文化素养，是提高基层公众科学素养的必要手段。中国科学院主要承担了四类科普工作，一是承接全国性活动，比如全国科普日、全国科技周等；二是全院性活动，如公众科学日、科学节；三是专题展览，如“率先行动，砥砺奋进”成果展；四是特色科普活动。此外，科学家运用科技资源创造服务科普工作的图书、微视频、展品、新媒体产品等为大众服务。科普图书通过将科技知识和科学方法系统化、操作化和简单化，从而便于广大公众学习相关科学知识，运用相关科学方法，使用相关科学产品，具有较强的指导性和操作性，有利于人们形成一定的哲学理论和哲学观点，起到变革人们思维方式的重大作用。而科普新媒体产品则是碎片化阅读时代的必然产物，产品特征易于理解、简单明了。中科院组织开展的工作包括“创新报国 70 年”报告文学丛书、科技创新邮票、科普融合创作与传播、中国大科学装置出版工程等。

五　成效分析

（一）中科院科普工作成效简析

中科院作为自然科学领域全国最高的学术机构和国家科学思想库、知识库，在科学研究和科普工作方面承担着重要的任务，不仅要开展学术研究和科学实验，推动国家在重大关键技术方面取得突破性进展，还要利用自己掌握的科技资源，宣传弘扬科学知识和科学精神，不断探索国家科普工作的高效化、广泛化、常态化机制，推动我国科普工作进入新的阶段，提高国民的整体科学素养，助力建设科技强国。

公众科学日已经成为中科院开展的众多科普活动的典型。2020 年的公众科学日，在线累计浏览和查阅人次就突破历史纪录，达到 1 亿这一新高度。正是公众科学日的广受赞誉使中科院意识到，随着公众科普需求的日益增长，必须建立更多知识科普平台以契合公众的要求。2011 年，中宣部、教育部、中科院等 6 部门联合发文提出做好科普宣传工作，从此，国家层面的科普工作开始进入“快车道”。2014 年，中科院明确提出要建立“科普国家队”。同年，中科院创建“格致论道”讲坛，通过思想的交流碰撞实现科学知识的普及。从 2018 年起，中科院推出“中国科学院科学节”活动，面向社会公众尤其是青少年展示中科院的科学历史、科学家精神和科技创新能力[①]。

另外，不仅中科院在职科学家开展科普工作，已经离职退休的中科院科学家同样在科普工作中发挥他们的“余热”。1997 年，中科院组建了老科学家科普演讲团，此后，这一主要由离退休研究员组成的演讲团便在全国各地开展科普工作。可以说，中科院的科普国家队，正在用心做好一流科普，为国家科技创新事业固本培元。

（二）中科院科学家精神传播工作简析

在科技创新活动中，每一项科学技术创造成果都凝结了科研人员的才智和辛勤努力，它是“科研人员奉献精神”的内在物化和外在反映。科学成就需要科学家精神的支撑，科学家精神则是在无数科学家不断攻坚克难的过程中锤炼磨砺出的优秀品质和精神。当今世界正在经历百年未有之大变局，这对促进中国科技创新发展提出了更加紧迫的要求。要在全社会形成尊重知识、献身科学的浓厚氛围，就必须大力发扬新时期科学家精神。

（三）科学家精神引领国际科技创新中心建设

党的十九届五中全会赋予了北京市新的发展任务——建设国际科技创新中心，北京市把基本完成的目标定在了 2025 年。中科院参与北京国际科技创新中心建设，是中关村科学城和怀柔科学城的主要建设力量。中关村对中

---

① 倪思洁：《科学大院里的科普国家队》，中国科学报，https：//m. gmw. cn/baijia/202105/24/34869037. html，2021 年 5 月 24 日。

科院而言是“根据地”和“发源地”，中科院在中关村科学城发挥建制化科研力量的优势，强化产学研用协同创新，突破关键核心技术、推动科技成果转化，为北京和国家的战略性新兴产业发展作出重要贡献①。

参考文献

[1] 李斌：《百年复兴与科学家精神的形成》，《中国科学院院刊》2021 年第 6 期。

[2] 葛园园：《网络时代科技传播碎片化策略》，《科技传播》2019 年第 9 期。

[3] 杨雪：《融媒体时代主流媒体如何更好弘扬科学家精神——以科技日报社 2019 年新闻实践为例》，《科技传播》2021 年第 2 期。

[4] 宋同舟：《科研机构新媒体科学传播工作效果评价研究——以中国科学院为例》，《新媒体研究》2021 年第 15 期。

[5] 王晓醉等：《知识类短视频对科技期刊的启示——以“中科院之声”系列短视频为例》，《科技与出版》2019 年第 11 期。

[6] 张晶晶：《科学公众号“微”力助科普》，《中国科学报》，http：//news. sciencenet. cn/dz/upload/2017120641891. pdf，2017 年 1 月 20 日。

[7] 李楠等：《我国图书馆新媒体移动服务的实践与探索——以中国科学院文献情报中心“中国科讯”为例》，《图书情报工作》2020 年第 24 期。

[8] 徐雁龙：《学术观点丨徐雁龙：关于科技资源科普化的思考与实践——以中国科学院为例》，中国科普研究所，https：//www. crsp. org. cn/m/view. php？aid = 3155，2020 年 12 月 1 日。

① 姜雪颖：《北京有了新使命　2025 年率先形成国际科技创新中心》，海报新闻，https：//baijiahao. baidu. com/s？id = 1689401406207640397&wfr = spider&for = pc，2021 年 1 月 20 日。

B.3
北京地区科普场馆建设：体系、价值与进路

马金玲　张　源*

摘　要： 新中国成立以来，在中国共产党的领导下，随着国家和北京地区的经济、社会发展，北京地区科普场馆作为地域内重要的社会空间，呈现了较为独特的从无到有、从量到质，从规范化到基地化的跨越式阶段发展。而在其建设和发展的历史进程中，作为独特的育人空间，北京市科普场馆努力打造物质空间、教育空间、文化空间，以呈现其作为一个三元化的社会空间的多重价值。在此意义上，为了保持其作为重要的社会空间的功能价值的实现，需要相关责任主体生成和保持空间育人意识，建立健全科普场馆保护和使用机制，形成推科普和懂科普的良好社会氛围，以保证北京地区科普场馆持续发挥其功能价值，推动区域科普空间的科学发展。

关键词： 北京地区　科普场馆　社会空间　融合治理

当今时代，创新是国家、社会发展的核心推动力量，是国家、社会发展的“重要基底”。而一个国家或者社会若能在率先实现科技创新的基础上逐步实现科学的普及化，则将推动整体社会的进步，并能做到创新发展改革成

* 马金玲，原北京市科技传播中心馆员，主要研究方向为科技传播与普及；张源，北京市科学技术研究院科技情报研究所助理研究员，主要研究方向为科研管理与科普传播。

果的“共享”。在此意义上，可以说，科学的创新与科学的普及是创新发展的两大支撑力量，具有重要的战略地位。当然，还必须说明的是，无论是科技的创新驱动发展，还是科学技术、科学文化的普及和推广，都要有一定的基础条件，而科普场馆的建设和发展就为科学创新发展提供着坚实的物质保障。为此，回顾北京地区科普场馆的建设和发展历程，厘清北京地区科普场馆的现代价值，展望北京地区科普场馆的未来发展道路，具有重要的理论意义和实践价值。

一　从规范化向基地化进阶：北京地区科普场馆的发展历程

20 世纪 70 年代是我国科普场馆的初创期和发展期。而 20 世纪 80 年代，伴随着改革开放的“东风”、中国经济的“腾飞”、科学技术的突飞猛进，我国在这一时期更加注重科普场馆的建设和发展。在一定物质基础的支撑下，投入了大量的人力、物力、财力和技术推动科普场馆的发展，在此期间，科普场馆的建设数量呈“爆发式”增长。在此基础上，北京地区的科普场馆建设和发展也逐渐步入快速发展的轨道。

首先，北京市科普场馆的建设逐步“规范化”和“科学化”。2002 年《中华人民共和国科学技术普及法》第 24 条第 1 款规定：“省、自治区、直辖市人民政府和其他有条件的地方人民政府，应当将科普场馆、设施建设纳入城乡建设规划和基本建设计划；对现有科普场馆、设施应当加强利用、维修和改造。”这标志着科普场馆的建设和发展可以做到“有法可依”，科普场馆的正规化建设稳步提升。北京市依照《中华人民共和国科学技术普及法》的相关规定，将北京市科普场馆的建设纳入城市、城乡建设发展规划中，并且加强对已有科普场馆的改造升级，充分利用现有资源，科学规划实施新场馆的建设。在遵照有关法律、法规的前提下，北京市科普场馆的建设和发展自然也驶入了规范化发展的快车道。此外，相关法律、法规和建设发展规划纲要等鼓励全民积极参与建设科普场馆，推广科学普及，这在客观上

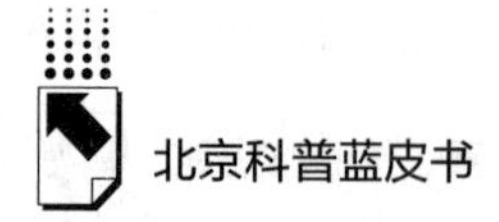

推动了北京市科普场馆的科学建设和推广投入使用的规模和效率。

2006 年 12 月，首张北京地区《科普场馆地图》正式发行，地图标注了截至2006 年底北京地区建设的 135 座科普场馆的分布位置、名称、电话、乘车路线以及相关的展览介绍。科普场馆地图的发行不仅丰富了地图的种类，同时也回应了科学普及的需求。北京科普场馆地图是北京历史上首张以科普场馆为主要内容绘制的地图。① 2012 年 12 月，由北京自然博物馆、北京天文馆等十几家单位联合组建了北京科普场馆联盟，成为北京科普资源联盟的一分子，受北京科普资源联盟的统一管理，旨在调动各个场馆的积极性，提升科普场馆的合作协同，推动科普场馆积极为北京地区作出更多贡献、提供更加优质的服务。具体而言，北京科普场馆联盟的职责主要包括以下四个方面：第一，满足“全民共享”需要。北京科普场馆联盟以“联盟”为核心运营机构，逐步以信息科学技术为依托，建立健全科普场馆联盟的“共享”制度，使科普场馆的作用发挥出最大功效。第二，规划场馆运营蓝图，为科普场馆的发展运营提供新的思路，提出持续改进的对策建议，并对联盟内科普场馆发展提供政策咨询和规划指导。第三，积极投入到科普事业之中，为科普场馆培养规划、设计、运营、发展等方面需要的人才。第四，组织研讨会、论坛，为各科普场馆搭建资源共享、业务交流、加强人脉关系的平台。②

根据 2012 年度北京市科普大数据的调查，北京市科普场馆的建设资源配置是逐年递增的。2012 年底的数据显示，北京市建设和使用面积超过 500 平方米的科普场馆已有 81 个。在这 81 个科普场馆中，按照功能类型的方式划分可以分为两类，一类是科技馆，一类是博物馆。在此之中，数量最多的仍然是科普类博物馆，共计 60 个，其数量大致是科技馆的三倍。数据说明，北京市还应逐步增加科技场馆的建设和使用力度。2012 年度，北京市“科普场馆基建支出共计 5. 18 亿元”③。“2019 年，北京市有科普教育场所近

① 北京市地方志编纂委员会编《北京年鉴》，北京年鉴出版社，2006，第 469 页。

② 何丹：《科普资源配置及共享的理论与实践》，冶金工业出版社，2013，第 139 页。

③ 《北京市科委发布 2012 年度北京地区科普统计数据》，《硅谷》2014 年第 2 期。

2000家，科普教育基地420家，其中展陈面积超过1000平方米的科普场馆百余家”[①]，而科普场馆的数量和质量的发展为北京市科普事业的发展奠定了坚实的基础。

其次，北京地区科普场馆建设的“国际化”和“基地化”。2016年，习近平总书记指出，“科技创新、科学普及是实现创新发展的两翼，要把科学普及放在与科技创新同等重要的位置”[②]。在此指引下，科普场馆作为创新发展的重要环节，其基本建设也日益兴起，并不断尝试与国际科普场馆的现代化建设接轨，走向现代化和国际化。2017年11月，首届“一带一路”国家科普场馆发展国际研讨会上发布了《北京宣言》，宣言呼吁，各个国家的科普场馆要充分“利用沿线国家重要资源，构建积极有效的沟通交流平台，搭建机制性合作框架，建立协作网络，促进更广泛而深入的文化与科技交流，共同为建设人类命运共同体贡献力量”[③]。《北京宣言》的提出，推动着北京地区乃至全国各地的科普场馆拓宽视野，加强国际科普文化的合作、交流，对实现科普场馆的国际化发展和联合具有推动作用。

2021年8月，北京市科学技术委员会、中关村科技园区管理委员会、北京市科学技术协会联合颁布《北京市科普基地管理办法》。在此基础上，科普场馆的“基地化”推动科普场馆逐步迈向合作式、服务型发展轨道，以此促进科技资源科普化、提升公民科学素养、营造国际科技创新中心建设创新文化氛围。《北京市科普基地管理办法》指出，“市科普基地，是指在本市行政区域内，由政府、事业单位、企业、社会组织兴办，面向社会开放，在科学传播、科普创作、科普活动、科普展教品开发、科普知识培训等方面发挥引领、带动和辐射作用的场所或机构，是本市科普事业发展的重要阵地”。北京市科普场馆的基地化带来的重要改变包括：第一，科普场馆数量规模和类型进一步丰盈。能够纳入科普基地的机构包括科技场馆、科普研

① http://www.bj.xinhuanet.com/jzzg/2019-03/09/c_1124213970.html.

② 石硕：《人民日报科技杂谈：让科普与创新比翼齐飞》，http://opinion.people.com.cn/n1/2017/1218/c1003-29711894.html，2017-12-18。

③ 《北京宣言》，《自然科学博物馆研究》2018年第1期，第6~7页。

发和科技传播三类。那么，科技场馆类中的科技馆、自然博物馆、天文馆以及高校、科研院所对外开放的植物园、标本馆、陈列馆都可以包含在内；科普研发类机构所从事的有关科普设备、展品、教具等科普产品的研究开发的场所也可申请成为科普基地；科技传播类机构应具有广泛的社会影响力，包括广播电视台、网站、报社、杂志社、出版社、企业等，有专门从事科普内容策划、制作、编辑等职能的部门也可申请成为科普基地。为此科普场所实际包含了科普从生产研发到使用与传播以及科普文化的传承与保存的整个流程中的参与机构。第二，科普基地的设立，体现了科普场馆和科普事业发展的“系统性”思路。第三，科普场馆的基地化，意味着科普场馆不单单是一个传播科学知识的物质场所，更具有了文化育人和精神育人的意味。第四，科普场馆的基地化，体现了科普场馆从建设到运营、服务、开放的合作协同的发展前景。

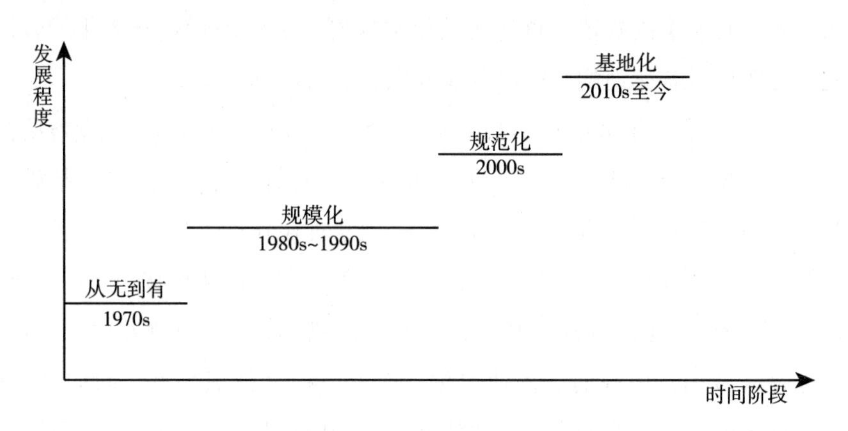

图1　北京地区科普场馆历史发展进阶

二　两级多维：北京地区科普场馆的一体化建设

科普场馆是一个大众化的空间，旨在满足广大人民群众对于科普知识和文化的需求，同时科普场馆作为传播科普文化的媒介，向广大群众进行科普知识的宣传和实施科普教育。所以从这一维度来说，科普场馆“亦是公民科学素质建设和实施科教兴国战略的重要阵地”①。作为一个重要的物理空间，可以成为支撑有关科学展览、讲座、培训等日常性科普活动的主要阵地，因而科普场馆成为各个地区具有重要意义的一种公共资源，对于提升人民群众的科学素质等具有重要意义。与此同时，在推动科技进步，实现科学的普及化和大众化等方面同样发挥着显著作用。而随着经济社会的逐步发展，科学技术的突飞猛进，我国逐步建立起了“三级多维”的科普场馆体系。所谓三级主要是指科普场馆以行政区划为标准，建立国家级科普场馆、省级科普场馆、地市级特色和行业科普场馆的梯队建设发展格局。每一级别的科普场馆发挥着相应的科普作用，并满足所处地方的科普需求。截至2010年，我国基本形成了以行政区划为划分依据的三级一体化科普场馆体系。具体而言，我国科普场馆的三级一体化建设，主要是以“国家级科普场馆为龙头，省（自治区、直辖市）级科普场馆为骨干，地（市）级特色科普场馆和行业科普场馆为重要组成部分的科普场馆体系”②。此外，在三级一体化建设维度上，科普场馆的主题和内容向多角度、多维度延伸。所谓科普场馆的多维性主要是指，我国的科普场馆类型较为多样，种类丰富。一般而言，科普场馆主要以科技类博物馆为主，对外实施科普宣传等。科技类博物馆一般是非营利性机构，能够对公众免费开放，并提供参观、交流等服务，承担文物保护与收藏、展览、传播等责任功能。当然，科技博物馆的种类名目比较多，按照科目种类划分，既包括综合性的博物馆，如科技中心、自然博物馆，也包括单一种类、专业性的博物馆，如交通、航空博物馆等。除科技类的博物馆之外，还有“青少年活动中心、妇女儿童活动中心、少年宫等专门面向青少年的校外教育活动场所，它们大多常年开展一些科普活动，并设有相应的场地设施、专职部门和师资力量”③。

---

① 王靖武、冯玉雪：《科普场馆相关文献综述与展望》，《科技与创新》2021年第15期，第120～121页。

② 《加强科普场馆在科普工作中的作用》，《中国科学院院刊》2010年第4期，第434～435页。

③ “全国科普场馆发展研究”课题组，徐延豪、楼伟、朱幼文、齐欣：《全国科普场馆发展研究报告》，中国科学技术馆《科技馆研究报告集（2006～2015）》上册，2017。

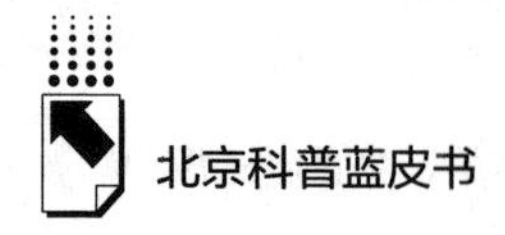

因此，科普场馆类型丰富，既包括综合性科技博物馆与专业性科技博物馆，还包括专门面向青少年的活动中心等，从而形成了多维化的科普场馆体系。对于北京地区科普场馆的体系化建设而言，因为有着较为优质的资源的支持，科普场馆的体系化建设进程较快。当然我们在探索北京地区体系化建设进程的过程中，必须首先明确北京地区科普场馆体系建设的内涵。依据我国科普场馆建设过程中的三级多维化趋势，本文主要从行政化组织机构和科普知识本身的类别这样一个宏观和微观相结合的层次来理解北京地区科普场馆的三级一体化多维度建设发展的问题。

从宏观视角来看，北京地区科普场馆显然是北京地区为了推进科普文化和知识宣传，提升公民科学素养，培养科学人才而设立的公益性机构，但这个机构也是一个层级化的体系。从我国科普场馆的管理机构级别来看，北京地区科普场馆显然是三级化层次体系的所属部分。但需要说明的是，北京地区的区位位置属国家的首都，北京地区的科普场馆实际上横跨两个层级。所以，北京地区的科普场馆实际上是国家级和省部级共建的，可以基于行政化的层级体系，构建北京地区科普场馆体系。除此之外，我们还可以从另外一个角度，即科普场馆的“科普”类型来进一步精细化构建北京地区科普场馆的体系。有研究指出，科普主要包括三种类型，分别是青少年科技馆、科技博物馆、科技馆。同时，科技博物馆又可以进一步划分出不同类别的科技类博物馆，如科学类博物馆既包括综合类博物馆，又包括专业类博物馆，如军事博物馆等。所以，科普场馆能够成为“开展科学普及工作的重要基础性设施”①。综合而言，目前北京地区已经初步形成了一个多维度多中心的科普场地发展图景，据统计，北京地区的科普场地划分为科普场馆、公共场所科普宣传场地和科普（技）教育基地三大类。科普场馆是开展科普知识宣传、科普知识学习以及科普工作、交流的重要物质空间。随着北京地区经济水平、科学水平的极大进步，北京地区投入大量的物质、人力、技术资源支持科普场馆的建设和改进工作。事实上，北京地区科普场馆逐步建构出两

① 中华人民共和国科学技术部：《中国科普统计（2019 年版）》，科学技术文献出版社，2020。

级（国家级、省市级）融合，多维类型的科普场馆体系。而体系之中每一类别的科普场馆在发挥整体功能的过程中，又需要体现其独特功能。北京地区在两级多维发展的场馆布局体系下，不断实现其作为社会空间的功能价值。北京地区科普场馆体系建设模式如图2所示。

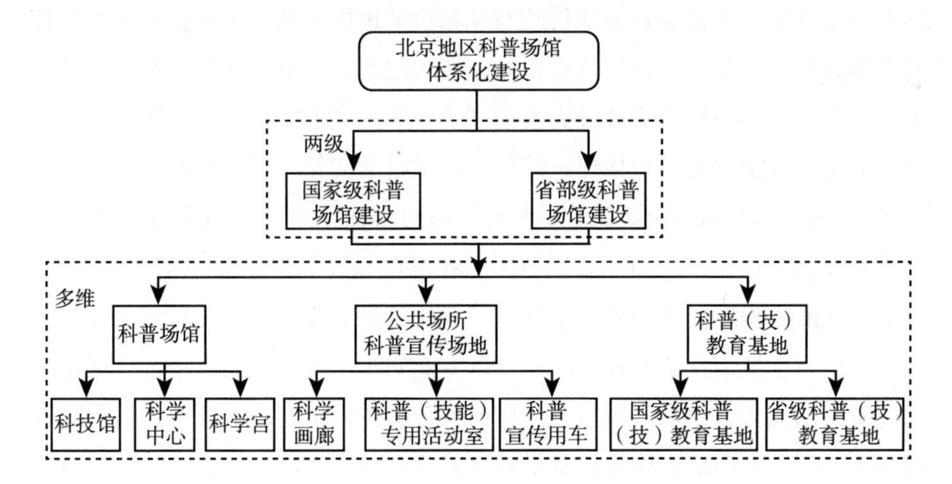

图2　北京地区科普场馆体系化建设

三　打造三元共享空间：北京地区科普场馆的价值取向

科普场馆是优质教育资源的生产和整合平台，又是提供教育服务、培养创新人才的重要场所，是社会教育的重要阵地。而从科普场馆作为一个“社会空间”的视角出发，我们能够很清晰地看到科普场馆的价值所在。因为社会空间是一个复合型的空间体系，既包含能够储存、整合教育资源的实体物理空间，又是一个进行教育、体现教育性的教育空间，还是一个建立对话关系、不断生成的关系空间和文化空间，并且这三个层次的空间是一个相互联系、共存共生的空间体系。为此，我们需要讨论的是，北京地区的科普场馆位于“北京”这样一个文化中心、科技中心、政治中心等，作为一个具有公益性和特殊性的社会空间，其能够发

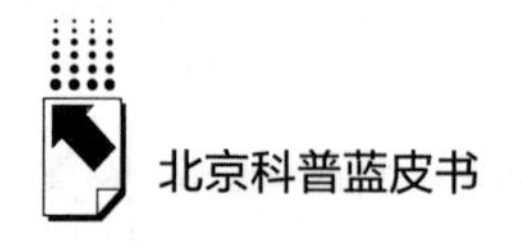

挥的价值所在。

首先，北京地区科普场馆是科普资源和文化整合提供的物质空间，是北京地区提升科技服务质量的必然前提。因为，“空间为事物提供了场所，空间通过改变条件性因素而制约事物的发展”①。北京地区的科普场馆为北京地区乃至全国、全世界科技知识的储存和传播提供了基本场所，奠定了科普场馆为科技事业服务的物质基础。北京作为政治、经济、文化、科技、教育的多个中心，不断生产着各种类型的“产品”。为这样一个超大型的科技创新中心建立多类型的科普场馆以储存、传播科学文化知识，具有重要的社会意义。为此，为满足和保障北京作为首都的“四个中心”的职能，大力加强科普场馆的建设，是助推北京地区科技高质量发展的重要举措。事实上，专业化在一定程度上意味着特色化。专业化意味着要在所属的领域中逐渐形成符合自身发展定位的专业标准及具备专业知识水准等。北京市各个区依据自身发展的优势，结合区域特点，借助科普场馆推出一系列课程，而科普场馆则为课程和教学的有序推进提供基本的且必要的物质空间支持。如西城区开展了城市学校少年宫计划，此计划“以校内资源为依托引入校外教育资源，使学生们不出校门便可免费享受到更加丰富的优质教育资源”②。一些科普基地与学校联合，实现校内外优质资源的整合，推动教育的不断发展。同时，科普场馆本身也可以作为教育基地，开展多种形式的教育活动。

其次，北京地区科普场馆是进行“公民教育”的公共教育空间。科普场馆的物质属性和所提供的物质场所是我们首先能够认识到的基本价值，但北京地区的科普场馆坐落在一个教育中心、政治文化中心，其所具有的价值就不仅仅在于物质载体的价值，还必须认识到科普场馆本身能够发挥的教育功能。就像哈里斯曾经说的，“必须认识到身体和精神都有权利拥有自己的家园。建筑必须能够提供这两方面的功能，既为人提供栖身之所，也使精神得到憩息”③。科普场馆既可为有关人员和科普知识本身提供场所，同时又

---

① 刘少杰主编《西方空间社会学理论评析》，中国人民大学出版社，2020，第2页。

② 《用整座城市的优质资源办教育》，《人民教育》2016年第16期。

③ 卡斯腾·哈里斯：《建筑的伦理功能》，华夏出版社，2001，第170页。

具有丰盈精神的教育功能。科普场馆的教育性主要体现在场馆建设的内容和主题设置方面。例如，北京科学中心围绕国家发展强调的“生态”理念，针对公民关注的日常生活、社会热点问题，设置“生命·生活·生存”主题馆作为北京科学中心主要的科学教育功能承载地。在此空间中，可以让我们追寻生命的起源和生命的历程，形成对人类个体生命的感悟，从而帮助人们在活动及体验中生成生命感觉，甚至重塑个体的人生观或生命观。所以，科普场馆看上去是一个沉默不语的空间，但它却一直以它的方式诉说着，具有强大的教育功能。具体来说，科普场馆的教育功能从作用对象来看，具有双重的教育功能，即个体功能和社会功能。个体功能是科普场馆的本体性功能，是其本身的结构要素组构而具有教育意义。科普场馆从属于非正规教育机构，是以提高公民科学素质为主要目的，以互动、参与、体验为核心特征的公众接受终身教育和参与科技、文化活动的社会公共场所。因此，它是一个能够开展公共教育的良好的教育空间。

最后，北京科普场馆是传播科学文化与地区文化的“文化空间”。北京地区科普场馆林立，是城市历史底蕴与现代科学文化相结合的文化空间。“文化空间或文化场所的本原意义指一个具有文化意义或性质的物理空间、场所、地点。”① 依其本义，北京地区的科普场馆也是充满着文化意义的场所和地点。不同的科普场馆展示着人类文明萌生、发展和进步的成果。成为文化空间有三个前提条件，一是科普场馆的文化形态有着一个固定的场所或者“场”来收纳多种文化形态；二是在科普场馆里有着人类文化的结晶，有着关于人类文化的建造，是一个真实存在的文化场；三是在这个自然场、文化场中，有人类自身的在场，或者说，有人一直传承着相应的文化。而北京的科普场馆保存着从古至今的文化，并对其加以传承，所以它是一个名副其实的文化空间，对人类文化的传承起到良好的传与承的双向促进作用。

① 向云驹：《论“文化空间”》，《中央民族大学学报（哲学社会科学版）》2008 年第 3 期。

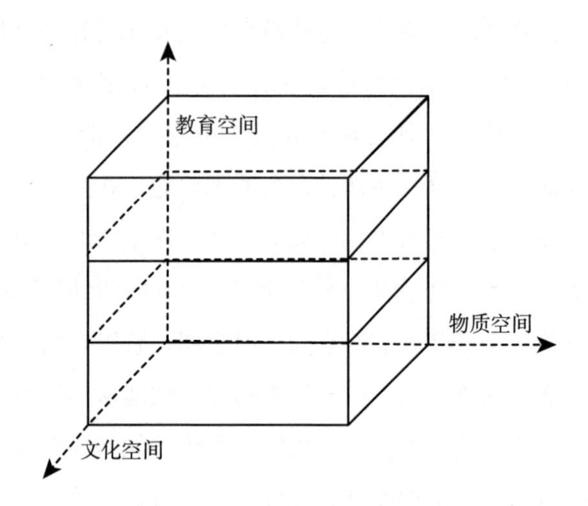

图3　北京地区科普场馆价值功能示意图

四　走向多元融合治理：北京地区科普场馆的未来发展旨归

为了贯彻《全民科学素质行动规划纲要（2021—2035年）》的精神，以科普场馆的建设为中心，辐射带动科技与文化、科技与旅游、科技与教育融合发展，以此服务首都各项事业的发展，同时打造北京科技馆之城、博物馆之城的城市形象。新时期，科普场馆的建设需要走向“融合创新”之路。具体而言，可以通过以下途径，以科普场馆的建设为基础，推动科普场馆的创新性转型发展。

首先，开创科普场馆建设与文化旅游融合发展的新思路。北京有着深厚的文化底蕴和悠久的历史积淀，同时又是现代化的国际大都市，旅游资源、高新企业云集，形成了传统与现代、古典人文与现代科学交相辉映的良好图景。依托科普场馆，推动整合北京地区的科技文化旅游资源，同时为科技创新发展提供强大的助力。当然，建立科普场馆与科教文化旅游等的深度融合绝非易事，这涉及建立一个真实有效的科教文旅融合创新机制。为了建设好融合机制，一是要建立科学的融合标准，依据《全面科学素质行动规划纲要》的指导规则，稳步有序建立有所依据的程序标准，以此保证科教文旅的融合进程在规范化和标准化的轨道上运行，保证融合的基本质量和程序正义。二是要加强多方对话，搭建合作对话交流平台。对话是了解乃至理解各方利益和需求的最佳方法。为此，科普场馆可以牵头组织多领域实现沟通对话，从而建立一个以科普场馆为阵地的科技文化旅游融合的跨界平台。三是科普场馆要自觉推进，在坚持政府和有关部门的领导下，响应科普场馆联盟体建设，实现科普场馆的联合和互通，并与中国科协的有关目标和建设要求做到同频共振，以此实现内部的统整和联合。

其次，实现馆校合作育人模式的新转向。北京地区科普场馆要充分发挥其最具特色的课外教育、第二课堂的教育功能，推动“馆校合作育人新模式”的有机实现。当然，实现馆校合作的一个基本前提是科普场馆应具有教育功能，能够承担教育任务和担负有关教育职责。在此背景下，可以更为深入地探讨北京地区科普场馆的教育价值。其一，北京文化底蕴丰厚，有着优质的教育资源，北京地区科普场馆本身作为优质的得天独厚的教育资源要实现充分开发和利用，为青少年、公众、在校大学生等提供优质的课程资源，可以成为学校教育的有益补充。其二，科普场馆自身服务性和公益性的定位也使教育功能成为其最为核心的功能。其三，北京科普场馆可以为未来教育的发展助力。未来教育的发展将与传统的、现代的学校教育有着本质的区别。未来教育更加强调的也必然是一种以开放式、启发式为主的教育和学习的方式。最重要的在于，未来教育会有意识地培养学习者的创新思维。而科普场馆可以营造出适合未来教育教学的空间途径，因此，科普场馆应是未来市民、公民接受“素质教育的极好场所”①。所以科普场馆能够满足多样的需求，同时接纳所有年龄段的人员，是一个利于实现终身教育的场所，因而也就符合能够实现馆校合作发展的前提基础。而接下来的问题是，如何实现馆校合作。具体而言，一个基本的思路在于北京地区的科普场馆可以为当

① 王榕军：《浅谈科技馆教育在素质教育中的重要作用》，《海峡科学》2009 年第 11 期。

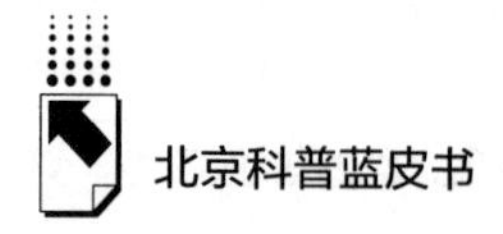

地的大中小学教育提供服务，而北京地区的大中小学教育可以充分利用科普场馆的资源，从而实现馆校的互动和双赢。科普场馆资源在开发、传播和使用三个方面服务于学校教育，学校利用科普场馆资源在学期初、学期中和学期末开展适合的教育活动。①

最后，建立北京地区科普场馆内部联盟合作发展的长效机制。为了有效地推进和提升北京地区科普场馆建设的质量和效率，北京地区的科普场馆要实现联合发展和地区优势互补。北京地区的场馆分布在各个区，但各个区由于经济和区位功能的定位不同，对于科普场馆的建设力度和使用率也有所不同，这就容易导致北京地区科普场馆的空间布局和发展的不均衡。事实上，目前北京地区科普场馆也的确呈现了一种不均衡发展的态势，亟须探索科普空间均衡发展之策。例如 2019 年，在北京地区的 27 个科技馆中，朝阳区、海淀区、顺义区、西城区、丰台区、房山区 6 个区共有 21 个科技馆，占北京地区科技馆总数的 77.78%；而东城区、大兴区、石景山区、门头沟区、密云区、延庆区 6 个区只有 6 个科技馆；昌平区、怀柔区、平谷区和通州区 4 个区没有科技馆。但北京科普场馆的基地化建设要求科普场馆的建设必须满足向社会普及科学的需求，而科普场馆配置的不均衡则不利于普及科学。在此意义上，推进北京地区科普场馆的联盟与集团化发展尤为必要。因此，其问题就在于如何确保北京地区在科普场馆空间布局均衡发展的前提下实现北京地区的集团化、联盟化合作发展。具体来说，要关注科普场馆的空间布局均衡的问题。倡导科学的计量方式和有关的调查研究，通过访谈、观察、走访等方式，依据人口、经济水平以及地区发展的规律和群众的科学追求，提出北京科普场馆的布局平衡思路和建设或改进方案，符合地区的适配性，回应科普场馆的空间公平问题。方法主要有：第一，北京地区的科普场馆可以建立在行政区划的交接地带，方便不同区域的人们跨区交流。第二，鼓励市场力量介入北京地区科普空间弱势地区举办公益事业及公益性活动。市场

① 张磊、曹朋、李志忠：《科技馆资源与学校教育——馆校合作实现双赢》，《开放学习研究》2017 年第 5 期。

力量以其对资源响应的灵活性和多样性补充了公办教育资源的供给不足。[①]由于北京地区科普场馆本身的公共性和公益性的基本属性，市场力量介入可能只占有相对较小的比重，因而公益事业的参与度相对较低。但是近年来，随着市场资本参与公益事业的倾向，广大人员参与科普以及愿意为科普资源付费买单的意愿和能力都有所提升，为了更好地增进科普文化服务大众，科普场馆可以与市场资本合作，通过公私合作的模式，补充科普资源，提升公共科普资源的分布水平和服务大众的能力。

① 刘雅婷、黄健：《空间分析哲学视角下老年教育资源的空间均衡性探析——以上海市为例》，《教育发展研究》2020 年第 40 期。

B.4
北京地区高端科技资源科普化配置研究

姜联合*

摘　要： 高端科技资源的科普化是提高公众科学素质最前沿的资源，对快速提升公众科学素质、维护社会生态系统功能、引领社会创新发展具有示范和不可替代的作用。北京地区高端科技资源丰富，本文就中科院北京地区高端科技资源的概况及其科普化配置状况和问题进行分析，就新时期面临的形势，提出高端科技资源科普化未来发展的路径。

关键词： 北京地区　高端科技资源科普化　科技资源配置

一　引言

2016年5月30日，习近平总书记在全国科技创新大会上指出，科技创新、科学普及是实现创新发展的两翼，要把科学普及放在与科技创新同等重要的位置。同时呼吁广大科技工作者要把普及科学知识、弘扬科学精神、传播科学思想、倡导科学方法作为义不容辞的责任，要以提高全民科学素质为己任①。

科技成果只有为全社会所掌握、所应用，才能发挥出推动社会发展进步的最大力量和最大效用②。科技工作包括创新科学技术和普及科学技术两个

---

* 姜联合，博士，中国科学院植物研究所高级工程师、编审、研究馆员，研究方向为科学传播的普及、教育、出版的实践和理论研究。

① 习近平：《在全国科技创新大会上的讲话》（2016年5月30日）。

② 姜联合：《从科学研究成果的归属看科学传播的实践与本质》，中国科普研究所编《中国科普理论与实践探索》，科学普及出版社，2013，第120～125页。

相辅相成的重要方面，迎接新科技革命的挑战，科学普及工作是其中重要的一部分。

“十四五”时期是我国全面建成小康社会、实现第一个百年奋斗目标之后，乘势而上开启全面建设社会主义现代化国家新征程、向第二个百年奋斗目标进军的第一个五年。党的十九大对实现第二个百年奋斗目标作出分两个阶段推进的战略安排，即到 2035 年基本实现社会主义现代化，到本世纪中叶把我国建成富强民主文明和谐美丽的社会主义现代化强国[①]。为实现这一目标，《中共中央关于制定国民经济和社会发展第十四个五年规划和二〇三五年远景目标的建议》在生态文明建设、全民健康建设、乡村振兴建设、创新创造技术集群建设、高质量教育体系建设、文化建设中围绕国家战略发展需求和人民生活的需求提出战略思维，做出战略布局。

对于科普工作，提出弘扬科学精神和工匠精神，加强科普工作，营造崇尚创新的社会氛围[②]。同时，习近平总书记在 2020 年 9 月 11 日科学家座谈会上的讲话中亦指出[③]：科学家的优势不仅靠智力，更主要的是专注和勤奋。要广泛宣传科技工作者勇于探索、献身科学的生动事迹。好奇心是人的天性，对科学兴趣的引导和培养要从娃娃抓起，使他们更多了解科学知识，掌握科学方法，形成一大批具备科学家潜质的青少年群体。

同时，当今世界正经历百年未有之大变局，新一轮科技革命和产业变革深入发展，面对国际力量对比的深刻调整和国际变局，守正创新一统，在人类命运共同体的构建中，在构建新的发展格局、畅通国内大循环、促进国内国际双循环的道路上前行。

科普的核心问题是全面提升公民科学素质，更需长远的资源集成、系统规划，通过对科普系统规划的研究，发现问题、引领方向，使科普工作在围

---

① 中华人民共和国国家发展和改革委员会：《中共中央关于制定国民经济和社会发展第十四个五年规划和二〇三五年远景目标的建议》（2020 年 11 月 30 日）。

② 中华人民共和国国家发展和改革委员会：《中共中央关于制定国民经济和社会发展第十四个五年规划和二〇三五年远景目标的建议》（2020 年 11 月 30 日）。

③ 习近平：《在科学家座谈会上的讲话》（2020 年 9 月 11 日）。

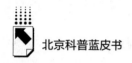

绕国家需求、人民生活需求和青少年科学素养提升上建制成系，通过高端科技资源科普化的配置做好科普发展的顶层设计。

二　高端科技资源科普化引领社会创新发展氛围

联合国教科文组织于1995年发表的《世界科技报告》指出："发展中国家与发达国家的差距，从根本上说是知识的差距，人才和劳动者素质的差距。"提高公众科学素养关系到科技发展后劲和国家可持续发展能力。

"十三五"期间，中国高端科技资源取得的辉煌成绩令人瞩目。有面向世界科技前沿的"九章"量子、"青藏高原"绿色战略、"天机"类脑芯片、中国散烈中子源、"慧眼"卫星，有面向经济主战场的人工智能开创平台、"京华号"国产最大直径盾构机，有面向国家重大需求的中国空间站、火星车、"嫦娥"五号、"奋斗者"号潜水器、全球首个第四代核电高温气冷示范堆、"国和一号"核电机组，有面向人民生命健康的"一体化全身正电子发射/磁共振成像设备"、无人植物工厂、科技抗疫、科技冬奥等①。2020年度北京地区单位主持完成的64项科技成果荣获国家科学技术奖，占通用项目获奖总数的30.3%，居全国首位②。

高端科技资源的科普化，就是将高端科技资源转化为科普资源的过程。这个过程是科技资源功能和作用的拓展与延伸，是其本身应用范围的扩大。《中共中央关于制定国民经济和社会发展第十四个五年规划和二〇三五年远景目标的建议》提出弘扬科学精神和工匠精神，加强科普工作，营造崇尚创新的社会氛围。

科学普及是维护提升社会生态系统功能的一项系统工程，通过科学精神和工匠精神的引领，突出科普在社会生态体系中的引领作用，真正让科学普

---

① 《国家"十三五"科技创新成就展开幕》，《光明日报》2021年10月22日。

② 《北京地区单位主持完成的64项科技成果荣获国家科学技术奖》，科学网，2021年11月3日。

及与科学技术成为创新发展的两翼，全面提升公众的科学素养。

进入“十四五”时期，公众科学素养的提升是国家战略的需求，是人民美好生活的需求，也是创新人才培养的需求。高端科技资源的科普化是提高公众科学素质最前沿的资源，对快速提升公众科学素质、维护社会生态系统功能、引领社会创新发展氛围具有示范和不可替代的作用。

三　北京地区高端科技资源概况

高端科技资源涉及科学技术的各个层面，涵盖硬件资源和软件资源。硬件资源包含各类科学研究平台，包括大科学装置、实验室和研究中心、博物馆、植物园、野外科学台站及高端学术期刊的科学成果资源等；软件资源有各类科技计划项目，各级科学研究人员、研究生等。

（一）北京地区硬件高端科技资源分布

北京地区高端科技资源丰富，集中了中国科学院研究院所及北京大学、清华大学等高校资源，在近几年，前沿学科和热点学科领域成就突出。中国科学院高端科技资源具有明显的优势，提出面向世界科技前沿、面向国家重大需求、面向国民经济主战场、面向人民健康，率先实现科学技术跨越发展，率先建成国家创新人才高地，率先建成国家高水平科技智库，率先建设国际一流科研机构。近几年来，一定程度上引领着我国前沿科学的发展，组织形成了创新单元和先导专项。

在中科院的创新单元中，包括国家工程实验室，北京地区 6 家（见表1）；国家工程研究中心，北京地区 3 家（见表 2）；国家工程技术研究中心，北京地区 7 家（见表 3）；国家科技资源共享服务平台（包括国家科学数据中心和国家生物种质与实验材料资源库），北京地区 13 家（见表 4）；院工程实验室，北京地区 13 家（见表 5）；中国科学院 45 个研究所先后建立了 212 个野外台站，主要在生态、环境、农业、海洋、地球物理、天文、空间、金属腐蚀等研究领域，其中北京地区 2 家（见表 6）；重大基础设施，

北京地区有21家（见表7）。中科院A类先导专项20项，北京地区有8项；B类先导专项45项，北京地区有10项（见表8）①②③。

北京地区高端科技资源引领着最新的科学前沿研究工作，同时为科学普及工作提供了丰厚的资源和基础。

表1　中科院北京地区国家工程实验室

名称	依托单位
高浓度难降解有机废水处理技术国家工程实验室	中国科学院生态环境研究中心
挥发性有机物污染控制材料与技术国家工程实验室	中国科学院大学
大数据分析技术国家工程实验室	中国科学院计算技术研究所
遥感卫星应用国家工程实验室	中国科学院空天信息创新研究院
湿法冶金清洁生产技术国家工程实验室	中国科学院过程工程研究所
信息内容安全技术国家工程实验室	中国科学院信息工程研究所

资料来源：中国科学院，www. cas. cn/kxyj/，2021年10月31日。

表2　中科院北京地区国家工程研究中心

名称	依托单位
基础软件国家工程研究中心	中国科学院软件研究所
信息安全共性技术国家工程研究中心	中国科学院信息工程研究所
光电子器件国家工程研究中心	中国科学院半导体研究所

资料来源：中国科学院，www. cas. cn/kxyj/，2021年10月31日。

表3　中科院北京地区国家工程技术研究中心

名称	依托单位
国家网络新媒体工程技术研究中心	中国科学院声学研究所
国家生化工程技术研究中心	中国科学院过程工程研究所
国家遥感应用工程技术研究中心	中国科学院遥感应用研究所

① 中国科学院—科学研究：www. cas. cn/kxyj/，2021年10月31日。

② 中科院科技创新发展中心—科学研究先导专项（京区），www. bjb. cas. cn，2021年10月31日。

③ 姜联合等：《基于大科学装置科普功能开发应用的实践探讨》，《今日科苑》2019年第10期，第10~15页。

续表

名称	依托单位
国家并行计算工程技术研究中心	中国科学院计算技术研究所
国家高性能计算机工程技术研究中心	中国科学院计算技术研究所
国家专用集成电路设计工程技术研究中心	中国科学院自动化研究所
国家半导体泵浦激光工程技术研究中心	北京国科世纪激光技术有限公司、中国科学院光电研究院

资料来源：中国科学院，www. cas. cn/kxyj/，2021 年 10 月 31 日。

表 4　中科院北京地区国家科技资源共享服务平台

名称	依托单位
国家高能物理科学数据中心	中国科学院高能物理研究所
国家基因组科学数据中心	中国科学院北京基因组研究所
国家微生物科学数据中心	中国科学院微生物研究所
国家空间科学数据中心	中国科学院国家空间科学中心
国家天文科学数据中心	中国科学院国家天文台
国家对地观测科学数据中心	中国科学院遥感与数字地球研究所
国家青藏高原科学数据中心	中国科学院青藏高原研究所
国家生态科学数据中心	中国科学院地理科学与资源研究所
国家地球系统科学数据中心	中国科学院地理科学与资源研究所
国家基础学科公共科学数据中心	中国科学院计算机网络信息中心
国家干细胞资源库	中国科学院动物研究所
国家植物标本资源库	中国科学院植物研究所
国家动物标本资源库	中国科学院动物研究所

资料来源：中国科学院，www. cas. cn/kxyj/，2021 年 10 月 31 日。

表 5　中科院北京地区院工程实验室

名称	依托单位
中国科学院黄河三角洲现代农业工程实验室	中国科学院地理科学与资源研究所
中国科学院生态草牧业工程实验室	中国科学院植物研究所
中国科学院智能农业机械装备工程实验室	中国科学院计算技术研究所
中国科学院纳米酶工程实验室	中国科学院生物物理研究所
中国科学院农业微生物先进技术工程实验室	中国科学院微生物研究所

续表

名称	依托单位
中国科学院离子加速器及质量检验检测工程实验室	中国科学院近代物理研究所
中国科学院智能物流装备系统工程实验室	中国科学院微电子研究所
中国科学院城市固体废弃物资源化技术工程实验室	中国科学院城市环境研究所
中国科学院心理服务工程实验室	中国科学院心理所
中国科学院半导体光电器件工程实验室	中国科学院半导体研究所
中国科学院深地资源装备技术工程实验室	中国科学院地质与地球物理研究所
中国科学院煤炭清洁燃烧与气化工程实验室	中国科学院工程热物理研究所
中国科学院工业视觉智能装备技术工程实验室	中国科学院自动化研究所

资料来源：中国科学院，www. cas. cn/kxyj/，2021 年 10 月 31 日。

表 6　中科院北京地区野外台站

名称	依托单位
北京森林生态系统定位研究站	中国科学院植物研究所
北京城市生态系统研究站	中国科学院生态环境研究中心

资料来源：中国科学院，www. cas. cn/kxyj/，2021 年 10 月 31 日。

表 7　北京地区大科学装置

名称	依托单位
HI－13 串列加速器	专用研究设施
中国遥感卫星地面接收站	公益基础设施
北京正负电子对撞机	专用研究设施
农作物基因资源与基因改良工程	公益基础设施
大天区多目标光纤光谱望远镜	专用研究设施
重大工程材料服役安全研究评价设施	专用研究设施
中科院子午工程	公益基础设施
农业生物安全研究设施	公益基础设施
中国大陆构造环境监测网络	公益基础设施
中科院航空遥感系统	公益基础设施
蛋白质科学研究(北京)设施	专用研究设施
中国地壳运动观测网络	公益基础设施
高能同步辐射光源验证装置	公共实验平台

续表

名称	依托单位
地球系统数值模拟装置	专用研究设施
农业生物安全科学中心	公益基础设施
综合极端条件实验装置	专用研究设施
转化医学国家重大科技基础设施(北京协和医院)	公益基础设施
高能同步辐射光源	专用研究设施
转化医学国家重大科技基础设施(301 医院)	公益基础设施
子午工程二期	公益基础设施
多模拟跨尺度生物医学成像设施	专用研究设施

资料来源：姜联合等《基于大科学装置科普功能开发应用的实践探讨》，《今日科苑》2019 年第46 期，第 10 ~15 页。

表 8　中科院北京地区先导专项

类别	名称
A 类专项	干细胞与再生医学研究
	未来先进核裂变能
	空间科学
	应对气候变化的碳收支认证及相关问题
	面向感知中国的新一代信息技术研究
	低阶煤清洁高效梯级利用
	分子模块设计育种创新体系
	变革性纳米技术聚焦
B 类专项	国家数学交叉科学中心
	量子系统的相干控制
	脑功能联结图谱与类脑智能研究
	青藏高原多圈层相互作用及其资源环境效应
	超导电子器件应用基础研究
	大气灰霾追因与控制
	拓扑与超导新物态调控
	生物超大分子复合体的结构、功能与调控
	宇宙结构起源—从银河系的精细刻画到深场宇宙的统计描述
	页岩气勘探开发基础理论与关键技术

资料来源：中科院科技创新发展中心—科学研究先导专项（京区），www. bjb. cas. cn，2021 年10 月 31 日。

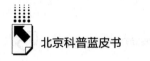

（二）北京地区软件高端科技资源分布

北京地区拥有众多的国家重点实验室及研究机构，拥有一批院士等高层次科技创新和科学普及人才，还有众多的研究生队伍，一批高水平的学术期刊等科学成果资源，拥有独有的、高水平的科学传播体系，为开展科普工作提供了深厚的基础条件。中科院北京地区设有数学物理学部、化学部、生命科学和医学部、地学部、信息技术科学部、技术科学部，集中了40个研究机构和47个国家重点实验室，有418名院士，2.4万余名科技工作人员。

四　北京地区高端科技资源科普化配置状况

高端科技资源科普化引领提升公众科学素养，突出科普在社会生态体系建设中的作用，引领社会创新发展氛围。北京地区应结合高端科技资源方向，在科普基础设施、科普人员、科普内容、科普政策、科普评价等方面创新优化，推进科普工作向纵深发展。

（一）功能导向的科普基础设施配置

北京地区高端科技资源依托科研院所拥有一批科普基础设施配置，根据其功能分类，包括场馆、实践基地、网络多媒体融媒体平台。一批科学博物馆、标本馆、植物园、野外观测站等具有一定的影响力。博物馆有国家动物博物馆、中国古动物馆、两弹一星元勋纪念馆，国家科研科普基地北京地区有国家动物博物馆、国家天文台、中科院植物所、中国科学报、北京森林生态系统定位研究站、北京城市生态系统研究站。以北京地区高端科技资源为主体组成科普联盟组织，如网络科普联盟、天文科普联盟、科学教育联盟、智能科普联盟等。

依托北京市高校院所高端科技资源，自2009年至2019年，北京市科委推动北京地区科技资源共享，共有882个国家级和市级重点实验室、工程中心向社会开放共享，利用中科院高端科技资源，打造具有参与性、实践性的科普和科学教育项目，其中建有北京市奥运村科普教育基地[1][2]。

（二）多层次职级的科普人员配置

依托高端科技资源，北京地区长期积淀出以高端科技人才为主体的科普团体。自1997年开始，中国科学院老科学家科普演讲团就起着老科学家的引领示范作用，开展各类科普讲座，受众近1000万人。自1999年开始，北京青少年科技俱乐部由61位著名科学家发起（院士45人，"两弹一星"元勋5人），开展青少年科技创新人才的培养工作，已有721位院士专家担任导师。同年，"中国科普博览"500多名科学家参与科普工作，开展科学大院、格致论道、格致课堂、科普融合创作等形式多样的科普工作。自2002年开始，"科学与中国"院士专家巡讲团近百位院士专家开展主题巡讲、科学思维与决策讲座，共200余场，受众4万余人。依托高端科技资源，研究院所的研究生、志愿者、科技人员参与科普活动，形成一批200余人专职、1300余人兼职的科普队伍，另有4000余人的研究生科普志愿者队伍，其中北京地区的研究院所独占优势。

（三）形式多样的科普内容配置

北京地区高端科技资源科普化内容配置依托高端科技资源形成专业性的品牌科普活动、原创科普作品、科普视频片、科普展品、科普展览、科普论坛、科学教育课程、科普期刊等众多形式。

自2005年开始，中科院"公众科学日"成功举办了17届，北京地区研究院所的研究生、志愿者、科技人员长期参与其中。自2012年开始，中科院开展科技创新年度巡展，展示中科院科技创新成果，巡展遍布全国25个省、

---

① 孙文静、高畅：《北京科普高质量供给研究》，北京市科技传播中心编《北京科普发展报告（2019～2020）》，社会科学文献出版社，2021，第59页。

② 姜联合：《高端科技资源科普化能力建设实践探讨》，中华人民共和国科技部政策法规司编《国家科普能力建设研究论文集》，文汇出版社，2013，第225～229页。

自治区、直辖市和香港特别行政区、澳门特别行政区以及泰国曼谷。自2014年开始，推出“格致论道”讲坛，在北京地区开展科学与文化的交流碰撞。自2018年开始，“中国科学院科学节”以北京为主场，展示中国科学院的科学历史、科学家精神和科技创新能力。“香港青年实习计划”“走进香港科创大讲堂活动”与北京地区研究院所协作，为香港大学生提供零距离接触前沿科学的机会。北京地区举办的“名园名花展”“名馆精品展”“科普讲坛”，博物馆、植物园、天文台等结合自身的资源，开展特色主题性科普活动。

推出了专业有影响力的科普产品，如：科普视频“科学重器——走进中国科学院大科学装置”6部7集专题片；一些优秀科普作品《基因的故事》《远古的悸动》《科学家带您去探险系列丛书》《图说中国古代四大发明》获国家科技进步二等奖；出版了我国首套系统反映中国重大科技基础设施的出版物——“中国大科学装置出版工程”（第一辑）；科技创新邮票发行，包括《科技成果》邮票（1991年发行）、《中国极地考察三十周年》纪念邮票（2014年发行）、《人工全合成结晶胰岛素五周年》纪念邮票（2015年发行）、《科技创新》系列纪念邮票（2017年、2019年发行）、《中国第一颗人造地球卫星发射成功五十周年》纪念邮票（2020年发行）；北京地区研究院所研发了系列科普展品，在国家展览平台集中展示，包括改革开放40周年展览、全国科技周、全国科普日等；北京地区一些有影响力的科普期刊《中国国家地理》《中国国家天文》《科学世界》《博物》等；搭建了多个高端科技资源新媒体平台，如中科院之声、科学大院、科学网等；涌现出一批有影响力或具传播特色的自媒体科学传播平台：格致论道讲坛、中科院物理所、国家天文台、无穷小亮、自然生态科普文化等。

（四）引领发展的科普政策配置

从1994年至今，党中央、国务院高度重视科普工作，把科普作为框架工作的重要内容，纳入国家科技发展规则中。科学技术部、中央宣传部、发展改革委、教育部、财政部、中国科学院、国家自然科学基金委、中国科协等部门单独或联合发文，对我国科普发展从法律、工作内涵、人才素养要求、结构化及专业化水准等方面都有了规划和要求。26 年来，科普发展在法律制度、能力建设、科普基础设施培育发展、人才结构和培养、目标发展、制度建设等方面都有战略导向。2013 年以来，科普规划与国家创新发展紧密联系，科普发展政策与信息化、科普产业、基地建设、平台建设、科普创作、创新创业相结合，与经济、社会和文化相结合，使科普参与到科技创新和文化建设中。科普发展向专业化的深度广度拓展，并与创新创业、文化建设、乡村振兴、文明建设相联系。

科普政策的配置是科普工作的认定和人员队伍建设的导向，也是高端科技资源开展科普化的重要因素。北京地区扩大科普受众面，推进科普与创新创业相结合，推进科普人才专业化的评审，推进高端科技资源科普基地的建设。2015 年，中科院制定了《国家科研科普基地管理办法（试行）》，中科院与科技部下发了《中国科学院 科学技术部关于加强中国科学院科普工作的若干意见》；2019 年，北京市科协出台了《北京市图书资料系列（科学传播）专业技术资格评价试行办法》；2021 年，北京市科委出台《北京市科普基地管理办法》等。

五 北京地区高端科技资源科普化配置面临的新形势

科普不仅是科学知识的传递，而且逐步成为一种生活方式，科普成了人们自觉提升生活品质的追求，科普融入了生活、文化与艺术中。科普与辟谣一直同行，在追求科普的相对科学性中，科普不仅要展示科技创新成果，还需要提出问题和积极参与。

高端科技资源科普化为科技创新提供肥沃的土壤，构建一流的创新环境，营造良好的社会氛围。

（一）科学家精神和科学文化为社会生态体系建设发挥着导向和引领作用

从社会生态系统的角度看，科学普及是维护提升社会生态系统功能的一

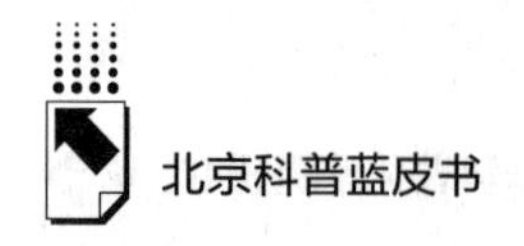

项系统工程，通过科学素养和文化的输入输出，对社会生态系统起着平衡作用，科学家精神和科学文化为社会生态体系建设发挥着导向和引领作用。

从国家创新发展的角度看，科学普及是创新发展的两翼之一，科学传播不是科研的副产品，缺乏良好的科学素养，不利于社会稳定和谐发展。高端科技资源科普化关系到未来人类的生存，科普是科技创新人才启蒙的一个重要节点，如果一个国家不重视科普，创新型人才不会发展得很好，国家的战略、政策、计划的执行力也会因社会科学素养不高而大打折扣，阻碍社会和谐稳定发展。

（二）高端科技资源科普化面临着国家战略、人民生活和创新人才培养的需求

“十四五”时期国家提出弘扬科学精神和工匠精神，加强科普工作，营造崇尚创新的社会氛围，激发人才创新活力。科普工作面临着国家战略发展的需求、人民生活的需求、创新人才培养的需求。在国家战略上提出文化建设、全民健康建设、生态文明建设、乡村振兴建设、创新创造技术的集群建设等。在社会上形成生态文明、健康、传统文化的耦合。同时强调对科学兴趣的引导和培养要从娃娃抓起，使他们更多了解科学知识，掌握科学方法，形成一大批具备科学家潜质的青少年群体。

（三）科普面临着新技术和产业化发展需求

当前数字技术、5G、VR 可视技术等科技的发展，给科普市场带来巨大的变化，数字化、移动媒体的发展，为高端科技资源科普化内容制造商、传播渠道提供了肥沃的土壤，大大繁荣了科普市场。在科普的形式和社会化局面上，创新创造技术集群建设也面临着科普技术手段的快速推进及社会化科普产业的兴起。在技术上，智能智慧立体化等技术出现；在产业上，科普也成为国家创新创业发展的支撑。

（四）科普面临着人类命运共同体建设国际化的需求

习近平总书记提出生态文明建设与人类命运共同体建设理念，生态文明

建设中的高端科技资源成果引领着全球的行动，科技资源的科普化同样承载着中国方案、中国智慧的传播。

六　北京地区高端科技资源科普化配置面临的问题

结合新时代新形势，高端科技资源科普化推动国家创新发展氛围的进一步凝练，使科学精神和科学文化进一步引领社会发展的前进方向。

（一）需要提升高端科技资源科普化内容设施配置的覆盖面、渗透度与影响力

高端科技资源科普化内容设施配置的覆盖面、渗透度与影响力仍显不足，在高端科技资源的使用和表达上，没有整合的各类智慧型科普信息资源数据平台；科普的资源集成交叉创新体系和协调机制不太健全，资源持续利用、多元化发展延展不够；独立品牌的科普影响力还较弱，科普的覆盖面、渗透度与影响力有限，缺乏深入持续的延展力度；独立创新视野不足，在科普表达方式上，科学与文化艺术的融合延展不够，高端科技资源科普化的生活社会落点不能完全到位。

（二）需要加强高端科技资源科普化制度政策配置的创新性、有效性、前瞻性

高端科技资源科普化制度政策配置的创新性、有效性、前瞻性略显不足。在制度、组织、队伍建设上，重科研轻科普，还没有有效的制度安排，科研科普的散点辐射功能不够；科学教育与各类学校的对接机制还未完全形成，培养高素质创新人才的能力水平有限；多元化的新媒体科普组织和人才短缺，组织机制传统显得固化；科普队伍专业科普人员少，科研参与科普还不够，创新能力不足；对公众关注的热点问题和前沿科学技术最新进展的快速响应需进一步提升；研究生科普志愿者队伍机制还未完全形成有效制度；科普工作激励机制略显乏力，评价制度还不健全。

七　北京地区高端科技资源科普化配置未来发展路径

高端科技资源科普化围绕科普的核心问题全面提升公民科学素质，在交叉和集成创新的引领下，推进科普在维护科技创新社会生态体系中的作用。坚持目标导向和问题导向相结合，坚持守正和创新相统一，围绕平台、品牌、队伍的建设，在科普影响力、创新发展潜力、科普表达新方式和落点、科普工作激励机制等方面制定未来发展目标。

在方法上系统规划，通过智能智慧技术的应用，达成长远稳定的资源集成；在科学共同体中、在青少年和公众中，通过科普理论的支撑、科普表达方式的创新、科普的交叉融合、科普与文化的渗透，通过出版物、教育实践过程、科普报告及活动的展现，在科学文化和精神引领下，与国家需求联系，与人民生活需求联结，与青少年人才培养联结。在国际化构建人类命运共同体中做出高端科技资源科普的贡献。

（一）引领前沿科技社会氛围，加强高端科技资源科学普及工程

依托北京地区各类高端科技资源前沿科技成果及平台资源，提升科技工作者社会责任意识，在科学技术的前沿领域科普化。围绕国家及北京地区战略发展，推进生态文明建设普及教育、乡村扶贫提智提志普及教育、创新创造技术的科学教育、健康教育的普及发展等。在面向世界科技前沿、面向国家重大需求、面向国民经济主战场、面向人民健康上，形成高端科技资源科普化教育工程。包括高端原创科普图书、科普作品、科普视频的创作，科普展品的开发，高端前沿专题科普讲座、科普活动的开展，前沿科技科普展览的展陈，专题科技展厅展馆的建设等。

（二）激发青少年创新活力，推进高端科技资源科学教育工程

针对青少年的特点及青少年的成长历程，高端科技资源科普化将对青少年的科学教育起到引领作用。高端科技资源科普转化更加有利于实现对青少

年科技教育的三个功能，即开拓青少年的科学视野，提高青少年的科学素质，启迪青少年的科学灵感①。围绕国家科技创新发展需求制定科普规划总目标：在科学教育上下功夫，以培养青少年科学兴趣、启迪青少年科学灵感为主导，以引导青少年热爱科学、投身科学为主线，以北京地区高端科技资源为基础，与国家可持续发展紧密连接的学科开展科学教育工作，包括在科学态度、科学精神、科学文化上的规范创新，形成青少年人才培养教育工程。

注重科学实验设计和科学探究能力，引领培养青少年科学兴趣，启迪科学灵感，形成一批具有科学家潜质的青少年群体。研究编写科学教育大纲，加强科学教育教程教案的编写，包括科学研究过程到科普实践过程、科学教育工程模式和科学文化价值观的融入。搭建人才培养的创新桥梁，构建科学教育资源数据和表达平台。在科学研究过程到科普实践过程中，注重科学落点的形成及好奇心的引导。在科学教育工程模式中，通过科学家进校园，形成科学课程集成规划；通过青少年走进实验室，推进科技创新素质训练；通过科学考察，体验科学实践过程；通过科学探索实验室的建设，搭建培养平台；通过科学教育教程教案的编写，支撑创新训练；通过科技活动和科技文化艺术的融合，达到文化价值的渗透；通过人才选拔，对接招生，发挥科学教育资源平台的效用。

（三）挖掘科学家精神力量，引领公众科学文化生活工程

深入挖掘底蕴深厚的科学文化和科学家爱国奉献的典型事迹素材，大力弘扬科学精神和新时代科学家精神，构建科普和科学教育的文化生态，在社会上，形成科学创新价值驱向氛围及科学教育社会文化氛围。通过播发科学种子，展现科学人生，激发科学生活。组织开展科学文化论坛，策划专题讨论会，开展科学与文化结合的实践主题活动，以及新媒体科学与文化（包

① 姜联合等：《青少年阶段科技创新人才早期培养问题探讨》，刘燕华主编《新模式与人才培养》，人民日报出版社，2012，第323～330页。

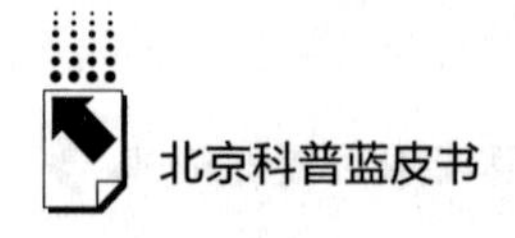

含传统文化）融合的定向推送等；推动科学文艺形式的科普作品的创作和发展，包括影视形式的科幻作品、动画作品等。在自然生态文化教育上与人民的生活、生存、生命健康相结合，包括中华传统文化的教育，使科学文化艺术有效结合。形成公众科普文化生活工程，涌现一批传承科学家精神和科学精神，科学创新价值和科学文化、传统文化融合的作品，以及科学文艺形式的科普作品。

（四）推进人才队伍建设，创新科普表达手段

加强高端科技资源科普化人才队伍建设，创新科普表达手段，使高端科技资源科普化形成从资源交叉集成创新体系到精细化分类传播体系，再到信息平台多元展现体系的多元链条。在内容和形式的配置上，一要形成国际化的双向发展，注重科学精神和工匠精神的精进，提高能力水平；注重传统文化精神的智慧向国际化渗透。二要在科普的表达方式上创新发展，精进科普目标群体和落点，通过高端科技资源科普文化的创作、智慧智能展品的表达、教育教程落点的启发、主题科普活动的举办、科学精神传承传播的多媒体覆盖等，形成公民科学创新的氛围；青少年价值趋向改变；使科普作为生活方式呈常态。三要推进媒体化的横向传播，形成科普资源 + 专业媒体制作的滚动式覆盖传播。

推动高端科技资源科普化人才队伍的建设，强化高端科技资源科普化人才的培养培训；构建标准化、规范化，分类评价、激励晋升体系；制定科普人员职称管理办法，分类评价、联合使用；突出科普在社会生态体系中的引领作用，使科学普及与科学技术成为创新发展的两翼。

（五）提炼科普实践经验，创新科普理论的研究

集成高端科技资源科普化实践经验，深入探讨基于高端科技资源科普化实践基础上的科普理论研究，顶层设计科普理论规划，整合人才资源，把脉科普发展方向。

针对高端科技资源的科普政策、科普基础设施、科普人才队伍、科学传播、科普活动、科普国际合作等问题开展专题研究。

（六）探讨共建共享工作机制，推进高端科技资源科普化进程

加强政府统筹协调，建立北京地区高端科技资源科普化共建共享体系、经费配套机制、政策法规体系，支持科技资源科普化项目研究及持续发展力度，为高端科技资源科普化能力建设提供实践基础、理论支撑，进一步推进高端科技资源科普化进程。

参考文献

[1] 习近平：《在全国科技创新大会上的讲话》（2016年5月30日）。

[2] 姜联合：《从科学研究成果的归属看科学传播的实践与本质》，中国科普研究所编《中国科普理论与实践探索》，科学普及出版社，2013，第120~125页。

[3] 中华人民共和国国家发展和改革委员会：《中共中央关于制定国民经济和社会发展第十四个五年规划和二〇三五年远景目标的建议》（2020年11月30日）。

[4] 习近平：《在科学家座谈会上的讲话》（2020年9月11日）。

[5]《十九届五中全会会议公报》（2020年10月29日）。

[6] 联合国教科文组织：《世界科技报告》，1995。

[7]《国家十三五科技创新成就展》，《光明日报》2021年10月21日。

[8]《北京地区单位主持完成的64项科技成果荣获国家科学技术奖》，科学网，2021年11月3日。

[9] 中国科学院—科学研究，www. cas. cn/kxyj/，2021年10月31日。

[10] 中科院科技创新发展中心—科学研究先导专项（京区），www. bjb. cas. cn，2021年10月31日。

[11] 姜联合等：《基于大科学装置科普功能开发应用的实践探讨》，《今日科苑》2019年第10期，第10~15页。

[12] 孙文静、高畅：《北京科普高质量供给研究》，北京市科技传播中心编《北京科普发展报告（2019~2020）》，社会科学文献出版社，2021，第59页。

[13] 姜联合：《高端科技资源科普化能力建设实践探讨》，中华人民共和国科技部政

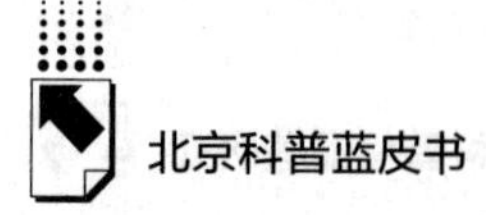

策法规司编《国家科普能力建设研究论文集》，文汇出版社，2013，第225～229页。

[14] 姜联合等：《青少年阶段科技创新人才早期培养问题探讨》，刘燕华主编《新模式与人才培养》，人民日报出版社，2012，第323～330页。

体制机制篇

System and Mechanism Reports

B.5

“十四五”时期北京科普发展规划的重点与意义解读

滕红琴　龙华东　王　伟　祖宏迪*

摘　要： “十四五”时期是北京落实首都城市战略定位、加快建设国际科技创新中心、把科技自立自强作为发展的战略支撑、构建新发展格局的关键时期。当今世界百年未有之大变局加速演进，国际形势日趋复杂，环境和挑战都有新的变化，科技创新与科学普及承担着重大历史使命与责任。本文围绕《北京市“十四五”时期科学技术普及发展规划》有关内容，回顾北京“十三五”时期科普事业发展情况，分析北京科普工作面临的形势与挑战，阐述“十四五”时期北京科普事业的发展目标、重点工程和现实意义。

* 滕红琴，文学学士，编辑，北京科技创新促进中心农业农村科技部部长，主要研究方向为科技政策与创新战略、科技传播与科学普及、科技志愿服务等；龙华东，北京市科委、中关村管委会文化科技处（科普处）副处长；王伟，北京科技创新促进中心科技融媒体部副研究馆员，主要研究方向为科技传播、科普管理与科普政策；祖宏迪，首都师范大学在读博士生，北京科技创新研究中心副研究馆员，主要研究方向为科技教育、科普研究、科学传播、科技管理。

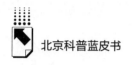

关键词： “十四五”科普规划　科普形势　国际科技创新中心

为推动北京科普事业发展，提升公民科学素质，营造创新文化氛围，2021 年 12 月，北京市科普工作联席会议办公室印发实施了《北京市“十四五”时期科学技术普及发展规划》（以下简称《规划》），回顾了“十三五”时期北京科普工作总体情况，明确提出了“十四五”时期北京市科普工作的基本原则、发展目标和重点任务。通过《规划》实施，使科普工作者、科研人员、社会公众等全面了解和把握北京科普工作的新形势和新要求，形成部门合作、市区联动、社会参与的科普工作合力。

一　“十三五”期间北京科普事业发展情况

“十三五”期间，北京科普工作以提升全民科学素质、加强科普能力建设为目标，以完善科普工作体制机制为重点，不断加大科普基础设施建设力度，优化创新文化生态环境，激发创新创业活力，科普事业发展成效显著。北京公民科学素质水平从 2015 年的 17.56% 达到 2020 年的 24.07%，实现了高位增长，位居全国前列，为北京建设国际科技创新中心奠定了坚实的基础。

（一）以人民为中心的科普理念进一步凸显

“十三五”期间，依托北京科技周、北京科学嘉年华等开展了一系列品牌科普活动，北京地区共举办科普（技）讲座和展览 29.45 万场（次）、参加人数 15.2 亿人次，分别比“十二五”增加了 0.97 万场（次）、13.08 亿人次。科普工作面向人民需求，决战脱贫攻坚，实施科技扶贫工程，开展实用技术培训，促进了乡村特色优势产业发展。完善应急科普机制，构筑科普战“疫”防线，创作和配发科普视频、科普文章、疫情防控指引、应急防控科普书籍等，为疫情防控出答案、出方法。

（二）社会化大科普格局基本形成

科普工作体系不断拓展延伸，推进科普资源优化配置和开放共享，各类科普场所百花齐放，提质增效，有效引导和带动了全社会参与科普，形成了部门联席、市区联动、专家协作、社会参与的工作体系。2020 年，北京地区面向公众开放的科技馆、科学技术博物馆、青少年科技馆（站）等科普场馆 126 个，建筑面积在 500 平方米以上的科普场馆建筑面积 134.06 万平方米，每万人拥有科普场馆建筑面积 612.36 平方米，分别比 2015 年增加了 10 个、17.98 万平方米、77.54 平方米。

（三）科普发展支撑能力显著增强

科普经费投入稳定增长，“十三五”期间，北京地区全社会科普经费筹集额合计 126.36 亿元，人均科普专项经费的年平均值达到 51.552 元，分别比“十二五”期间增长了 19.67 亿元、7.5 元。2020 年科普人员队伍不断壮大，北京地区拥有科普人员 5.66 万人，每万人拥有科普人员 25.84 人，分别比 2015 年增加了 0.84 万人、3.6 人。

（四）科普供给质量和水平得到提高

拓展各类科普传播渠道，促进了图书、影视产品等原创科普内容开发与推广传播。“十三五”期间，北京地区科普图书期刊发行总册数 4.03 亿万册，比“十二五”期间增加了 0.67 亿万册；电视台电台播出科普（技）节目播出时长、科普音像制品数量、科普类网站和微信公众号等科普媒体数量均位居全国前列。

（五）科普社会影响力持续增长

推动京津冀科普协同发展，组织京津冀科普之旅、职工职业技能大赛等科普活动取得显著成效。京津冀科学教育馆联盟联合长三角科普场馆联盟、粤港澳大湾区科技馆联盟开展对话与合作。北京科普工作积极融入全球创新网络，受新冠肺炎疫情影响，2020 年举办国际科普交流活动 129 次，相比 2015 年场次大幅减少，但充分采取线上手段，参加人次 163.4 万人次，远超 2015 年的 2.24 万人次。

二　北京科普工作面临的形势与挑战

“十四五”时期是北京落实首都城市战略定位、加快建设国际科技创新中心、把科技自立自强作为发展的战略支撑、构建新发展格局的关键时期。北京坚持首善标准，瞄准世界一流，力争率先建成国际科技创新中心，为实现高水平科技自立自强和建设科技强国提供有力支撑。在此背景下，北京科普事业发展面临新的形势和挑战。

第一，面对世界百年未有之大变局、中华民族伟大复兴全局、国内国际双循环相互促进的新发展格局带来的新形势新挑战，科普工作必须具有国际视野、国际境界、国际胸怀，不断提高人民思想道德素质、科学文化素质和身心健康素质，培养具有爱国情怀、科学精神和具备科学素质的新时代公民。

第二，新时期人民对美好生活的需求不断增长，科普工作必须把满足人民群众对美好生活的需求作为新目标和新发力点，着力提升人民的学习能力、职业能力、生活能力和可持续发展能力，不断探索和创新科普工作的新模式、新内容、新形式、新载体，持续提供优质的科普公共产品与服务。

第三，首都“四个中心”功能建设、“四个服务”水平提高的发展需求，要求科普工作必须服务于城市战略定位的新要求，立足首都功能优化、城市品质提升，围绕生态环境改善、食品安全保障、智慧养老助老、数字经济标杆城市建设等方面，推动城市科普生态圈的构建。

第四，新一轮科技革命与产业革命带来新变化，科普工作必须成为科技创新的基础支撑力量，以更新理念、创新机制为重点，深度融入创新创业创造生态，围绕创新创业主体的科普需求，推动基础前沿、关键技术等高端科技资源科普化，培育创新文化，服务经济发展。

第五，北京建设国际科技创新中心，科普工作的基础性支撑作用必须加强，如落实“科学普及与科技创新同等重要”的协同发展机制，进一步推动城乡区域科普均衡发展，加快生态涵养发展区、城市发展新区以及农村科普工作发展，加强科技创新和文化资源科普化等。

三 “十四五”时期北京科普工作的发展目标

科普是一项利长远打基础的社会系统工程，需要全社会共同努力。特别是在新发展阶段、新发展理念、新发展格局下，科技创新与科学普及承担重大历史使命与责任，必须深入贯彻落实习近平总书记关于科技创新与科学普及“同等重要”的指示，不断增强科普工作的质量和水平。《规划》提出，到2025年建成与国际科技创新中心相适应的首都特色科普事业发展体系，保持科普能力全国领先地位，推动提升公民科学素质接近或达到全球科技创新中心城市水平。

（一）公民科学素质水平持续增长

2025年公民具备科学素质的比例达到28%左右，科学精神在全社会广泛弘扬，形成一批服务经济社会发展的高素质创新大军。

（二）科普治理新格局逐渐形成

吸引鼓励社会多元主体参与科普，形成政府部门、高校院所、企业、社会组织等高效协同的科普治理体系。

（三）科普支撑能力得到新提升

2025年人均科普专项经费达到70元，万人拥有科普人员数量达到38人，每万人拥有科普场馆建筑面积达到700平方米，每万人拥有展厅面积360平方米。

（四）科普实施途径实现新拓展

科普活动专业化、品牌化、多样化全面提升，新一代信息技术与科普新

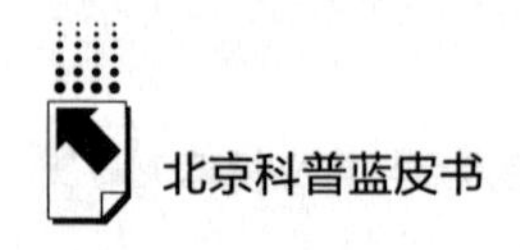

媒体、融媒体、全媒体建设深度融合，线上云展厅、科普中央厨房集成分发体系基本建成。

（五）科普供给质量取得新发展

科普产品供给能力不断提升，科幻产业集聚区初步建成，科普文创、科普旅游等具有高科技特征、高附加值的“科普+”产业实现优质发展。

（六）科普协同发展迈上新台阶

京津冀科普交流与合作不断深化，区域辐射带动能力持续增强，科普国际化程度显著提升，全球科普资源利用和配置能力持续增强。

四 “十四五”时期北京科普工作的重点工程

“十四五”时期北京科普工作实施五大重点工程，主要内容如下。

（一）全民科学素质提升工程

科学素质是公民素质的重要组成，通常是指公民了解基本的科学知识，掌握科学方法，树立科学思想，崇尚科学精神，并具有一定的能够运用科学解决现实问题、参与公共事务的能力。公民科学素质是实施创新驱动发展战略的基础，是提升综合国力和竞争力的必然要求。《规划》提出实施包括青少年、农民、产业工人、老年人、领导干部和公务员等重点人群科学素质提升行动，以深化重点人群科学素质提升为抓手，推动公共科普服务能力加强，带动公众科学素质全面提升。

（二）科普供给能力提升工程

科普供给能力提升工程包括高端科技资源科普化行动计划、科普资源创新行动计划、科普活动品牌建设计划、实施“科普+”产业、高水平科普人才队伍建设计划、社会科学普及计划，进一步提升科普资源的开发、利用、共享，科普产品的创造、传播、应用，科普市场的培育、拓展等方面的能力，提供更多的满足公众需求的科普产品和服务，实现社会效益和经济效益的双赢。

（三）科普基础设施提升工程

科普基础设施是科普工作的重要载体，是科普公共服务的重要平台，具有比较鲜明的公益性特征。实施科普基础设施提升工程，主要包括构建现代化科普场馆体系、推进科普基地创新发展、支持特色科普场所建设、提升基层科普服务水平、加强应急科普能力建设。公众可以通过各类科普设施，参与常态化、社会化、持续性的科普活动。

（四）科学传播智慧化提升工程

主要包括科普信息化智慧升级、丰富科普信息化应用场景、打造数字化科普新平台、构建智慧化全媒体科普传播新格局。鼓励大数据、人工智能、虚拟现实等技术在科普中的应用，搭建数字化科普资源开放平台，丰富拓展科普的渠道和形式，建立公众线上线下参与互动机制。开辟和壮大科普线上传播渠道，充分利用新媒体和新技术手段，鼓励引导网络直播、短视频、公众号、微博等科普传播方式健康发展。

（五）首都科普影响力提升工程

主要包括促进京津冀科普工作的协同创新、资源整合与开放共享，围绕城市科技、创意设计等领域开展科普主题活动；推进北京与长三角地区、粤港澳大湾区等地区加强科普合作，带动和支持对口支援帮扶协作地区科普事业发展；拓展国际科普交流合作，搭建常态化科普国际交流合作平台，加强北京与共建“一带一路”国家、北京国际友好城市科普交流合作。加强与国际科普研发机构合作，加强科普人才国际交流与培养。

五　当今时代做好科普工作的重要意义

在我国，科普具有鲜明的政治性、公益性、先进性和群众性。第一，我国的科普工作是党和国家领导下的科普事业，其政治性体现了与国家法律法规和大政方针密切相关，是实施创新驱动发展战略和科教兴国战略的重要手段，是提高人民科学文化素质，建设世界科技创新强国、推动经济发展和社会进步的重要保障；第二，科普的公益性体现在科普承担提高公民科学素质的职能，必须突出社会效益，坚持政府主导、社会支持、资源共享、普惠大众的原则；第三，科普的先进性体现在传播先进科学技术知识和成果，传递科学思想观念和行为方式，破除谣言，消除迷信，引导人民群众崇尚科学精神、加强理性质疑、勇于探索创新，构建创新型城市和学习型社会，推动社会主义现代化建设；第四，群众性是指科普应当采取公众易于理解、接受、参与的方式，举办经常性、社会性、群众性的科普活动，突出公众与科学的互动，成为科学与公众之间的桥梁。

随着新一轮科技革命和产业变革加速演进，创新引领、驱动转型、助推高质量发展的主导作用更加凸显。“十四五”时期我国进入了实现第二个百年奋斗目标的高质量发展阶段，加强科学素质、科学普及工作对科技创新尤为重要。习近平总书记的多次讲话明确提出要准确把握科技创新与发展大势、普及科学知识和提高科学素质的要求。北京建设国际科技创新中心，在很大程度上取决于自主创新能力，除了硬件条件外，创新人才的培养及创新文化塑造等软实力也是关键所在。科普工作是一项基础性、全民性工作，没有全民科学素质普遍提高，就难以建立起庞大的高素质创新大军，科普与科技创新是水与舟的关系。“十四五”时期北京科普工作应把握以下几方面。

（一）坚持与时俱进，适应新时期科普工作发展需要。

科普工作要贯彻习近平新时代中国特色社会主义思想，落实“科技创新、科学普及是实现创新发展的两翼，要把科学普及放在与科技创新同等重要的位置”的指示精神，体现和强调新时期科普工作的新方向、新目标和新内容。一要把满足人民群众对美好生活的需求作为新目标和新发力点，不断提高人民思想道德素质、科学文化素质和身心健康素质，培养具有爱国情怀、科学精神和具备科学素质的新时代公民；二要服务于北京城市战略定位的新要求，为建成国际科技创新中心，为建设国际一流的和谐宜居之都提供坚实的社会基础；三要成为科技创新的基础支撑力量，以更新理念、创新机制为重点，注重培育创新文化，服务经济社会发展。

（二）坚持党的领导，强化培育和践行社会主义核心价值观。

站在新的历史起点上，科普工作与党领导下的科技创新事业同步开展、相互促进，必须筑牢党领导科普事业发展的思想基础，培育和践行社会主义核心价值观，新时期科普事业的可持续发展也只有在党中央和各级党委的科学决策与领导下，在各级政府大力推动下才能实现。

（三）突出公益属性，推动科普供给改革，提升科普供给能力。

科普是面向全体公众的公益性事业，具有普惠性、群众性、经常性的特点，应持续加大对科普的关注与投入。同时，要推动科普供给侧改革，积极培育和发展科普产业，注重市场机制的重要作用，有效运用北京的市场和人才优势推动科普供给改革，提升科普产品与服务的供给水平。

综上所述，《北京市“十四五”时期科学技术普及发展规划》为北京科普事业发展绘制了新的发展蓝图，是对科普工作的规划引导和理论支撑，能更好地激励广大科普工作者奋发有为，更好地动员全社会力量参与科普，对助力实施创新驱动发展战略具有重要意义。科普工作需要政策、理论与实践相结合，在实际工作中不断去总结、去提炼，推动科普事业创新与发展，实现科普理论和实践的新飞跃。

B.6
北京市科普基地管理制度及发展现状研究

王 伟*

摘 要： 科普基地是北京发展科普事业的重要力量，是弘扬科学精神、普及科学知识、传播科学思想和科学方法的有效载体。北京市科委、中关村管委会与北京市科协共同印发实施了《北京市科普基地管理办法》，对北京市科普基地的申报条件、管理运行和支持服务等方面作出新部署、提出新要求，北京市科普基地迎来新发展。本文结合《北京市科普基地管理办法》及典型性科普机构案例，分析北京市科普基地历史演变、管理制度和运行模式，对北京市科普基地建设与发展提出对策建议。

关键词： 科普基地 管理办法 管理制度

一 北京市科普基地的发展历程

北京市科普基地的建立是贯彻落实《中华人民共和国科学技术普及法》《北京市科学技术普及条例》等科普政策法规的创新举措，有利于凝聚首都科普资源、调动社会力量开展科普工作，扩展了公众获取科普服务的渠道和范围，对提升市民科学素质、持续推动科普事业健康发展发挥了重要作用。

* 王伟，北京科技创新促进中心科技融媒体部副研究馆员，主要研究方向为科技传播、科普管理与科普政策。

2007 年，北京市科委发布了《北京市科普基地命名暂行办法》（京科社发〔2007〕501 号），该办法是国内首次按照功能分类方式进行科普基地命名的办法，该办法的出台与实施，使科普基地命名成为北京市科委每年开展的一项制度化、规范性的科普管理工作。

2014 年，北京市科委、北京市科协共同正式发布《北京市科普基地管理办法》（京科发〔2014〕189 号），该办法自 2014 年 5 月 8 日起实施，《北京市科普基地命名暂行办法》同时废止。科普基地命名正式由无期限改为有期限，三年为期，考核合格继续颁牌，不合格取消科普基地命名。

北京市科普基地的发展历经十余年，累计命名科普基地 419 家，覆盖全市 16 个区，北京市逐步形成了以专业场馆为龙头，自然科学与社会科学相互补充、综合性与行业性协调发展、门类齐全的科普基地发展体系。同时，科普基地在发展过程中也存在科普能力参差不齐、区域发展不均衡、科技属性有待提升等问题，不能完全适应北京建设国际科技创新中心的新形势。

2021 年 8 月 2 日，北京市科委、中关村管委会与北京市科协印发实施了《北京市科普基地管理办法》（京科发〔2021〕74 号）（以下简称《管理办法》），该《管理办法》对科普基地申报条件、命名评审、管理模式等作出修订，旨在完善管理措施，提升科普服务水平。

二　北京市科普基地的管理制度

北京市科普基地是指在北京市行政区域内，由政府、事业单位、企业、社会组织兴办，面向社会开放，在科学传播、科普创作、科普活动、科普展教品开发、科普知识培训等方面发挥引领、带动和辐射作用的场所或机构，应代表行业领域科普工作较高水平，是科普工作的重要阵地。《管理办法》规定，北京市科普基地由北京市科委、中关村管委会与北京市科协共同命名，其申报途径有两种，一是各区科普行政主管部门、区科协负责辖区内市科普基地推荐申报，二是北京市科普工作联席会成员单位结合各自职责推荐申报。

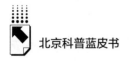

通过对《管理办法》修订完善，力求进一步解决科普基地的科普能力参差不齐、专业人才缺乏、资源信息不对称等问题。一方面，突出科普基地应该在各行业领域发挥标杆、示范、引领的作用；另一方面，加强对科普基地日常管理，及时掌握科普基地运行、对外开放、功能履行等情况，加强风险防控，形成动态化管理与退出机制。

目前，北京市科普基地采取了市区两级相关部门明确分工、共同管理的方式。一是北京市科委、中关村管委会和北京市科协每年组织一次市科普基地命名申报工作，对 3 年有效期满的市科普基地组织复核，复核通过的可继续命名为市科普基地，有效期 3 年；二是各区科普行政主管部门、区科协负责对辖区内市科普基地进行属地化管理，建立常态化检查机制，发现不符合条件的应将有关情况向北京市科委、中关村管委会及时反馈；三是北京市科委、中关村管委会和北京市科协组织复查，如情况属实，相关市科普基地进行整改，整改期为一年，整改期间不得以市科普基地名义对外开展工作。

科普基地的服务方式更加多元化，一是北京市科委、中关村管委会和北京市科协创造有利条件，支持市科普基地的科普能力建设、人才培养、科技资源科普化等工作；二是组织讲座、培训、学习交流等活动，协调专家、媒体等社会资源为市科普基地提供服务，组织市科普基地参加国家、市级科普活动；三是根据市科普基地的实际需求和条件，支持市科普基地高质量发展，向国家有关部门推荐申报国家级科普基地。鼓励和支持北京市科普工作联席会成员单位培育和支持本行业、本领域科普基地创建。各区要结合实际，参照本办法培育和支持区科普基地创建，制定区级管理办法。

三　北京市科普基地的现状分析

2021 年 9 月，按照《北京市科普基地管理办法》（京科发〔2021〕74 号），北京市组织开展了 2022 年度北京市科普基地申报工作。新的科普基地将更好地发挥创新示范作用，是实施创新驱动发展战略、实现高水平科技自立自强，促进科技资源科普化、提升公民科学素养、营造国际科技创新中心建设创新文化氛围的重要举措。

（一）科技场馆类科普基地

从属性上看，申报单位本身应具有科技创新的属性，一是从事科研活动的创新主体，如高校、科研机构、科技企业等；二是从事科技资源科普化开发、转化、传播、服务的科普主体，如综合类科技馆、行业科技馆、科学类博物馆、科研属性的医院、科学主题公园等机构。

从内容上看，场馆内的科普设施、展品及科普内容应与科技相关，以通俗易懂的方式展示科技创新成果和科学技术知识，让公众了解科学原理，掌握科学方法，传达鲜明的创新意识和科学精神。

从技术上看，场馆内能充分运用如 8K、AR、VR、裸眼 3D、人工智能、仿真交互等新技术和展览展示手段，能够代表先进的科技场馆展示水平。

（二）科普研发类

从属性上看，科普研发类可以是从事基础研究、前沿科学、应用技术等研究的科研机构，有明确的科研方向和任务，能够把本领域的科研成果转化为科普产品；也可以是专门从事科普产品研发的专业科普机构。

从内容上看，科普产品研发方向，应与《“十四五”北京国际科技创新中心建设战略行动计划》等科技发展战略任务方向一致，能够围绕能源、物质、空间等重点学科领域，人工智能、光电子、区块链等优势领域，疫苗和抗体药物、集成电路、新材料、智能制造、机器人等技术推广应用，研究开发相关内容的科普产品。

从技术上看，科普产品研发应充分利用现代科技手段、多媒体、声光电以及创意设计形式，使科普产品的外形美观、呈现方式生动多样，并能清晰演示展品所蕴含的科学知识、科学原理和科学方法。

（三）科技传播类

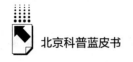

从属性上看，科技传播类基地虽然不要求具备广电、新闻出版等主管部门批准的传媒资质，但必须具备专门从事科技传播内容策划、制作、编辑等工作的部门和专职人员，具有固定科技栏目或版面。

从内容上看，一是突出原创能力，必须是原创科普图文、原创科普图书、原创科普音频视频，不是转发、转载、加工等其他机构的内容；二是突出科技内容，传播内容必须与科技创新、科学知识、科技成果等密切相关。

从渠道上看，在广播电视台、B 站、快手、抖音、头条等主要媒体平台进行推广传播，具有广泛的社会影响力。

总的来看，北京市科普基地更加突出“科技”属性，有利于北京实现科技资源科普化、“高精尖”科技成果加速推广普及、前沿科学技术知识传播扩散和国际科技创新中心建设，为科普事业发展带来了新的活力。

四　对北京市科普基地的发展建议

北京是全国科技资源最丰富的地区之一，也是高校、科研院所、科技企业等最为集中的城市。如何有效吸引与调动各方资源，形成合力，让更多的高校、科研院所、科技企业等创新主体以及专业科普机构参与科普基地建设，对形成与北京建设国际科技创新中心相适应的科普基地发展模式尤为重要。

（一）加强科普基地的开放管理

科普基地是面向社会开展经常性、群众性科普服务的场所，是传播科学知识、培育创新意识、推广科技成果和新技术新产品的渠道。科普基地要利用自身条件，因地制宜，借助线下与线上相结合的方式最大限度地“引进来”和“走出去”，推动科普资源开放共享，确保科普基地发挥应有的社会效益和科普示范效果。在科普基地建设中，须制定专门的管理制度和开放措施，并向公众明确开放时间和预约方式等。同时，科普基地的主管单位应在财力、人力和物力等方面为科普基地的开放管理提供必要支撑，将科普基地开放列入年度工作计划进行规范管理。

（二）提升科普基地的展教能力

当前，科普基地在发展建设过程中缺乏创新意识和创新措施，以及科普理论与实践创新的深层次研究。有些科普基地仍缺少前沿性、代表性、互动性的科普展品，科普设施更新较慢，对科技资源没有进行通俗易懂、鲜活生动的科普转化，科普内容与最新科技成果结合度不够，没有充分吸收和运用先进展示技术手段开发创作科普产品。要改变这种现状，应该依托北京丰富的科技资源优势，组织科研人员、科普专家以及相关专业人员联合开发新的科普软硬件设施，运用大数据、数字技术、仿真技术、虚拟现实等展示技术，将科学与文化、历史、艺术等元素融合在一起，这些能够扩展科普展品内容，提升展示手段，增强科普的吸引力和感染力，加强公众对科技的深层次认知，进而提升科普基地研发与展教能力。

（三）优化科普基地的服务功能

青少年是科学技术的未来，培养和激发青少年的探索欲和创造力，为国家科技创新人才队伍培养更多后备力量，科普基地是最有效的平台之一。目前，我国学校科学课程由于设施、场地、专业人才等因素影响难以单独完成青少年科学素养培养的目标。因此，科普基地可通过设计一系列丰富有趣的科技活动、课程等引导青少年创新。首先，建议通过财政经费支持有条件的科普基地开发科学课程并为学生提供免费服务，科学思维和创新意识需经常性、持续性地培育，鼓励科普基地与学校建立长效合作机制，每年辅助学校完成一定学时的校外科学课程；其次，科普基地充分利用公众的闲暇，开发以家庭为单位的科普服务形式，通过举办科普讲座、培训、竞赛、体验等多种活动，让家庭全体成员积极参与，“在休闲中科普”“在娱乐中学习”，提高家庭的整体科学素养，并对青少年科学素养产生长期的潜移默化的影响。

B.7
北京青少年科普工作的创新路径探索

王睿奇　周笑莲*

摘　要：　青少年是开展科普工作的重要受众群体，青少年的科学素养水平直接关系国家创新人才培养的质量和科技创新发展的水平。本文从北京青少年科技活动和科技场馆等方面，综合介绍北京青少年科普工作的现状。从青少年科普工作的主体、形式、资金和评估等方面，与国外青少年科普工作进行对比，并结合国外青少年科普工作的优秀经验和成功案例，在北京市推进“双减”工作的背景下，探索出适合北京青少年科普工作的创新路径，为提升北京青少年科普工作的创新性和国际性提出建设性意见。

关键词：　青少年科普　科普活动　双减　创新科普

一　引言

习近平总书记在科学家座谈会上指出，“好奇心是人的天性，对科学兴趣的引导和培养要从娃娃抓起，使他们更多了解科学知识，掌握科学方法，形成一大批具备科学家潜质的青少年群体”①。为落实这一重要指示，需要面向青少年开展科学普及工作，大力弘扬科学家精神，培育一代有理想、

---

* 王睿奇，硕士，北京科技创新促进中心科技融媒体部馆员，主要研究方向为科技传播与科技政策研究；周笑莲，北京科技创新促进中心科技融媒体部研究实习员，主要研究方向为科普宣传与影像宣传。

① 习近平：《在科学家座谈会上的讲话》（2020年9月11日），人民出版社，2020，第13页。

敢担当、勇创新的新人。少年强则科技强，科技强则中国强。激发青少年科学兴趣，培养科技后备人才，是不断增强国家科技竞争力的基础。为更好助力北京国际科技创新中心建设，提升北京市科普工作能力，促进科普资源向社会开放共享，应推动科普事业发展，面向公众开展群众性、社会性和经常性的科普活动，特别是针对青少年的校内科学教育和校外科普活动，共同筑成青少年科学素质培养工作的平台。按照《北京市“十三五”时期科学技术普及发展规划》和《北京市“十四五”时期国际科技创新中心建设规划》相关任务的统一部署，北京市青少年科普工作不断丰富工作载体、积极创新工作形式、提升工作效果。通过开展形式多样、内容丰富的活动，大力普及科学知识、传播科学思想、弘扬科学精神，进一步提高了广大青少年的科学素质，在全市营造知科学、学科学、用科学的良好氛围。

二　北京青少年科普工作的实践与探索

青少年科普工作的开展主要以科技场馆为载体，以科普活动为主体，以科技竞赛为引导，优化青少年科技创新教育资源，培养青少年的科技创新精神。北京市充分发挥科教阵地和社会科普功能，按照“搭建平台、资源共享”的原则，依托多方资源，全面开展以普及科学知识、弘扬科学精神、培养青少年创新精神和实践能力为重点的青少年科普工作，形成崇尚科学、鼓励创新、勇于实践的良好氛围。由于新冠肺炎疫情的影响，线下科普活动受到一定的冲击，线上科普活动逐渐增多。在“疫情不解除，科普不掉线”原则的指导下，北京市需要不断在青少年科普的新型工作模式中探索实践。

（一）北京青少年科普活动概况

如表 1 所示，2019 年北京地区共成立青少年科技兴趣小组 3791 个，比 2018 年增长了 3.75%；举办科技夏（冬）令营 1461 次，与 2018 年基本持平。2019 年青少年科技兴趣小组参加人次为 254326 人次，比 2018 年减少了 17.39 万人次；科技夏（冬）令营参加人次为 271743 人次，比 2018 年增加了 7.84 万人次。

数据显示，北京青少年科技兴趣小组举办次数虽然小幅度增加，但是受疫情和举办时间等因素的影响，参加人次有明显的减少；科技夏（冬）令营举办场次虽变化较小，但参加人次大幅增长，从侧面反映出青少年更集中于假期参加科普活动。

表 1　2018～2019 年青少年科普活动开展情况

活动类型	举办次(个)数			参加人次		
	2018 年	2019 年	增长率(%)	2018 年	2019 年	增长率(%)
青少年科技兴趣小组	3654	3791	3.75	428270	254326	-40.62
科技夏(冬)令营	1431	1461	2.1	193315	271743	40.57

资料来源：《北京科普统计（2020 年版）》。

图 1 显示，2019 年青少年科技兴趣小组参加人次较多的为区属单位和市属单位，分别为 208628 人次和 30856 人次，占北京地区青少年科技兴趣小组参加总人次的 82.03% 和 12.13%；中央在京单位青少年科技兴趣小组参加人次从 2018 年的 180149 人次减少为 14842 人次。

图 2 显示，北京地区成立青少年科技兴趣小组数量较多的是西城区、朝阳区、海淀区、丰台区、顺义区和东城区，占北京地区成立青少年科技兴趣小组总数的 85.10%，共吸引 20.90 万人次参加，占参加科技兴趣小组总人次的 82.17%。

2019 年举办科技夏（冬）令营活动次数较多的是中央在京单位和区属单位，分别为 719 次和 594 次，占北京地区举办科技夏（冬）令营活动总数的 49.21% 和 40.66%；市属单位举办科技夏（冬）令营次数从 2018 年的

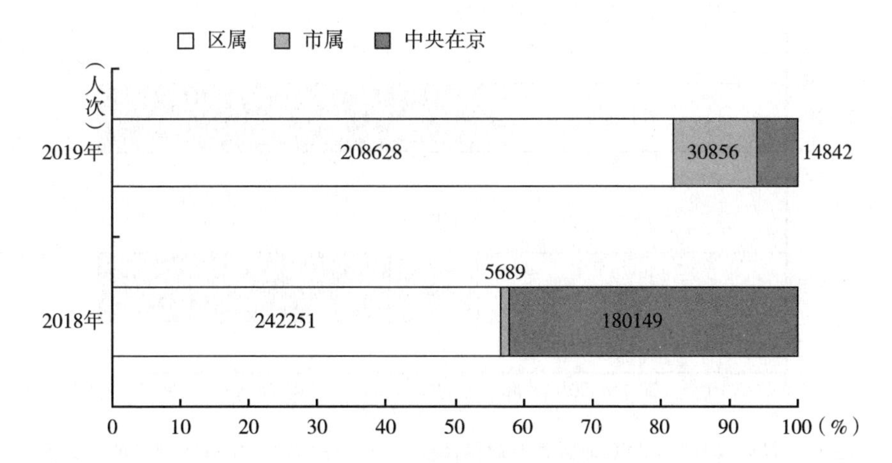

图1　2018～2019年北京地区各层级青少年科技兴趣小组参加人次及所占比例

资料来源：《北京科普统计（2020年版）》。

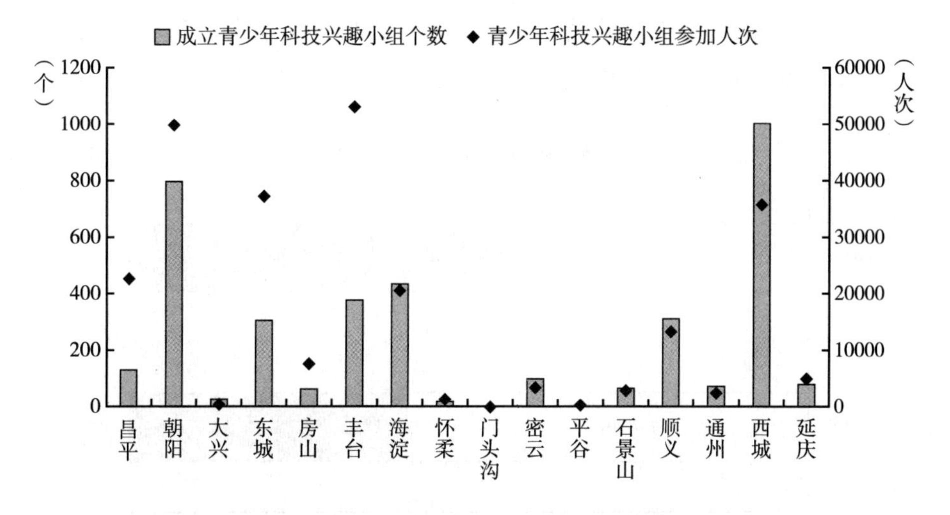

图2　2019年北京市各区青少年科技兴趣小组数量及参加人次

资料来源：《北京科普统计（2020年版）》。

179次减少到了2019年的148次（见图3）。

根据图4，2019年北京地区参与科技夏（冬）令营活动人次较多的是中央在京单位和区属单位，分别为133790人次和124104人次，占北京地区

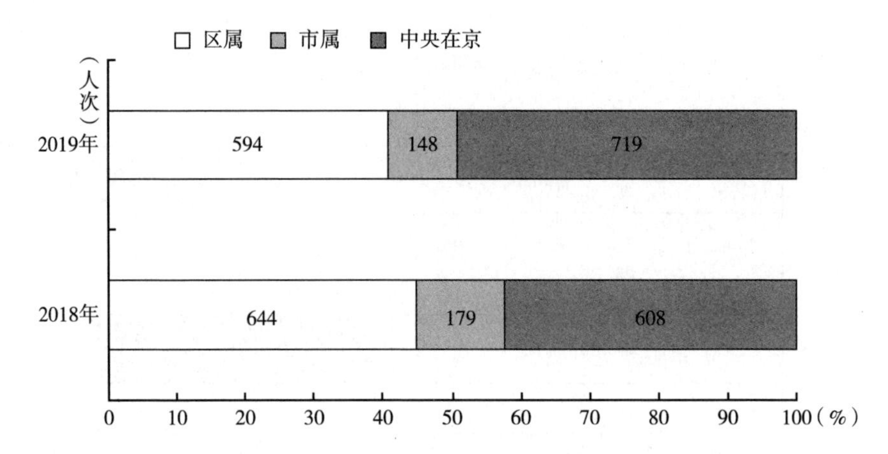

图3　2018～2019 年北京地区各层级科技夏（冬）令营活动举办次数及所占比例

资料来源：《北京科普统计（2020 年版）》。

参与科技夏（冬）令营活动总人次的 49.23% 和 45.67%；市属单位参与科技夏（冬）令营活动的人次为 13849 人次，比 2018 年减少了 7733 人次，所占比例由 2018 年的 11.16% 减少到了 5.10%。

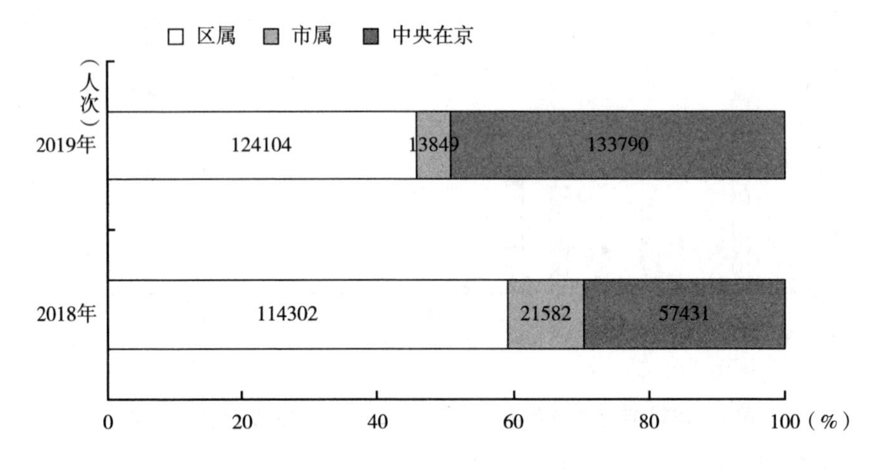

图4　2018～2019 年北京地区各层级科技夏（冬）令营活动参与人次及所占比例

资料来源：《北京科普统计（2020 年版）》。

图 5 显示，从各区来看，2019 年北京地区科技夏（冬）令营举办次数较多的是海淀区、西城区、怀柔区和朝阳区，分别为 540 次、342 次、151

次和129次，总计占北京地区科技夏（冬）令营举办总次数的79.53%；科技夏（冬）令营参加人次最多的区是海淀区、丰台区、怀柔区和西城区，分别为123504人次、36987人次、35027人次和19598人次，总计占北京地区科技夏（冬）令营参加总人次的79.16%。

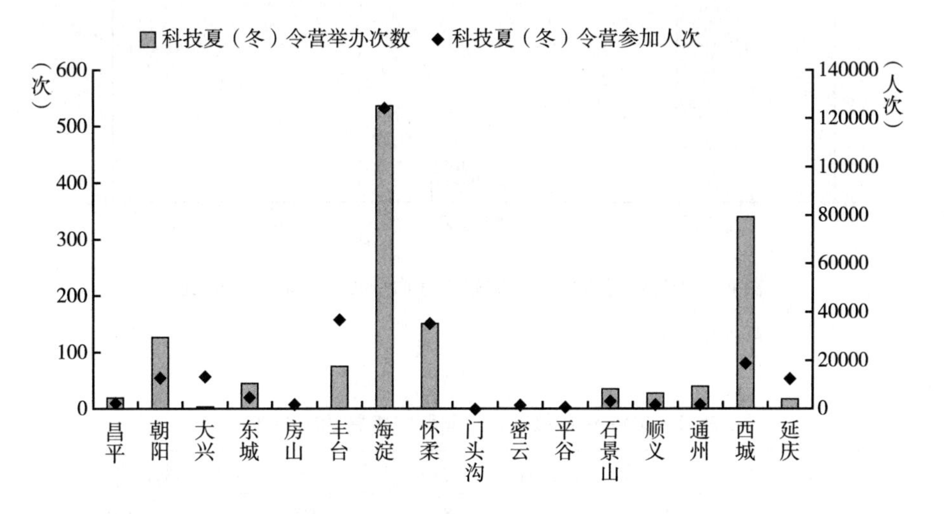

图5 2019年北京地区各区科技夏（冬）令营举办次数和参加人次

资料来源：《北京科普统计（2020年版）》。

（二）青少年科技场馆

截至2019年底，北京共有建筑面积在500平方米以上的青少年科技馆站14个，全部青少年科技馆站建筑面积合计61074.78平方米，展厅面积合计8400平方米，参观人数共计234410人次，平均每万人拥有青少年科技馆站建筑面积28.36平方米；2019年青少年科技馆站展厅面积占建筑面积的比例为13.75%（见图6）。

2019年各级别的青少年科技馆站分布情况如表2所示，92.86%的青少年科技馆都是由区属单位建设的。区属单位青少年科技馆站平均建筑面积4513.44平方米，平均展厅面积507.69平方米；平均每馆年吸引公众参观4954.62人次。

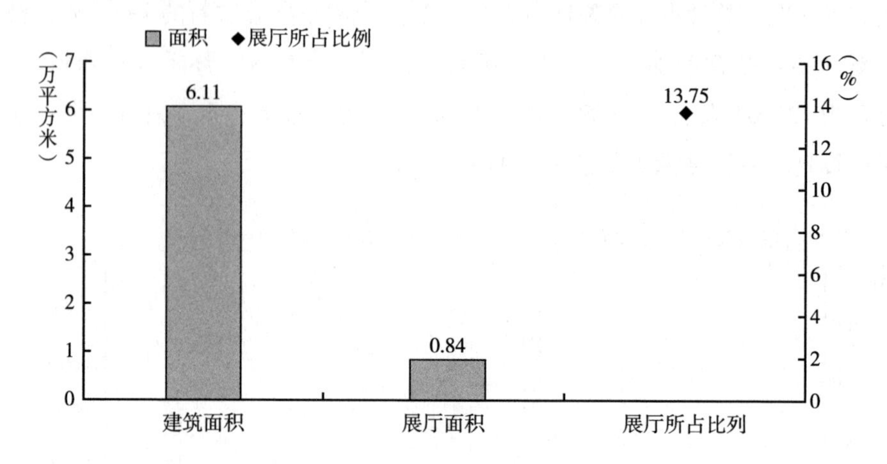

图 6　2019 年青少年科技馆站展厅面积占建筑面积的比例

资料来源：《北京科普统计（2020 年版）》。

表 2　2019 年各级别青少年科技馆站的相关数据

单位级别	青少年科技馆站(个)	建筑面积(平方米)	展厅面积(平方米)	参观人数(人次)
区属	13	58674. 68	6600	64410
市属	0	0	0	0
中央在京	1	2400	1800	170000
合计	14	61074. 68	8400	234410

资料来源：《北京科普统计（2020 年版）》。

目前北京地区青少年科技馆站在各区分布呈现不均衡状态。图 7 反映出北京地区青少年科技馆站在 16 个区的分布情况：2019 年，在北京地区的 14 个青少年科技馆站中，丰台区、东城区、西城区、海淀区 4 城区共有 10 个，占北京地区青少年科技馆站总数的 71. 43%；朝阳区、怀柔区、石景山区、平谷区 4 个区分别只有 1 个青少年科技馆站；房山区、通州区、顺义区、昌平区、大兴区、门头沟区、密云区、延庆区 8 个区青少年科技馆站建设数量为 0。

图 8 显示北京市青少年科技馆站建筑面积、展厅面积及每万人拥有展厅

面积各区分布，西城区、海淀区的建筑面积具有显著优势，丰台区、西城区和平谷区的展厅面积相对较大，平谷区和西城区每万人拥有展厅面积优势较为明显。除西城区外，其他各区的建筑面积、展厅面积均需进一步增大。

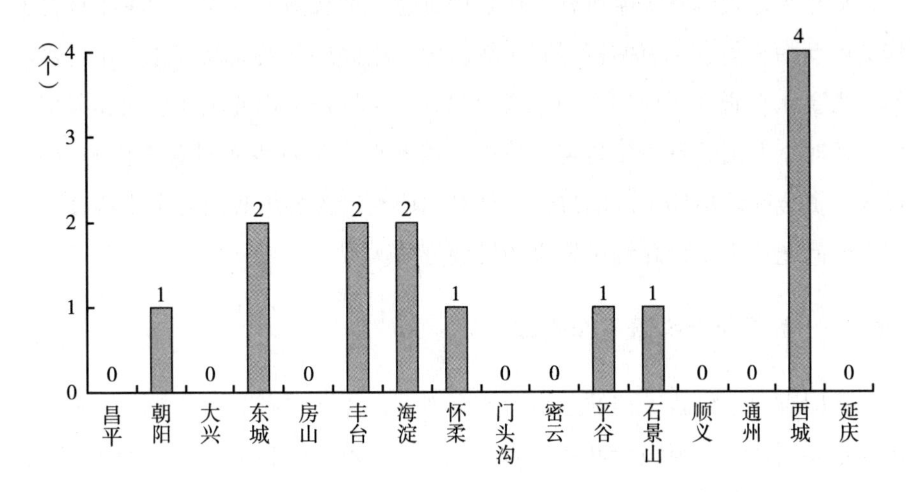

图7　2019年北京地区青少年科技馆站的各区分布

资料来源：《北京科普统计（2020年版）》。

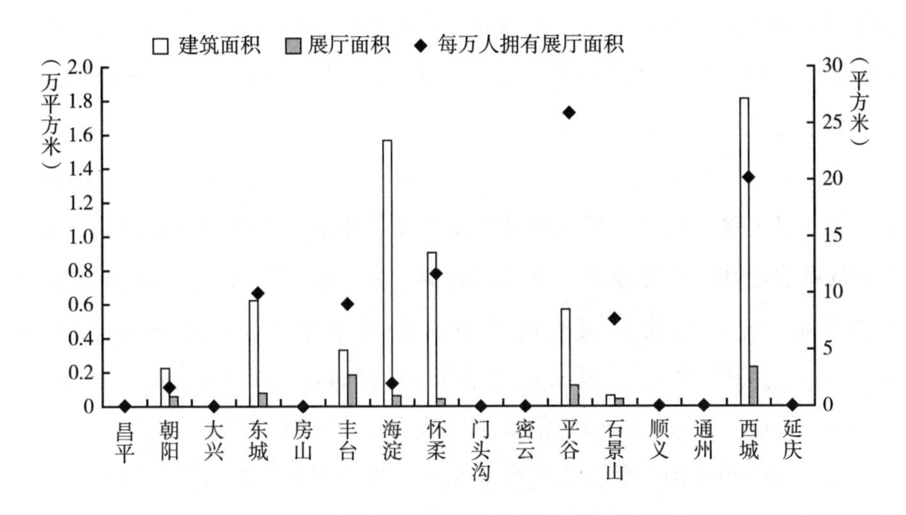

图8　2019年北京地区青少年科技馆站建筑面积、展厅面积及每万人拥有展厅面积各区分布

资料来源：《北京科普统计（2020年版）》。

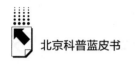

三　中外青少年科普工作对比

近年来，我国青少年科普工作发展迅速，增长潜力巨大，青少年科普工作的创新面临前所未有的机遇和挑战。为了更好地开展北京市青少年科普工作，需要认真研究国外典型国家或组织青少年科普工作的优秀模式和典型案例，及时掌握国际青少年科普工作的前沿经验。从青少年科普工作的主体、形式、资金和评估四个维度进行中外对比研究，挖掘出我国青少年科普工作存在的问题和不足，总结出未来的发展方向。

（一）青少年科普工作主体

我国青少年科普工作的主体以政府为主，各级政府部门是青少年科普工作的主要设计者、组织者和执行者。如，从2001年开始举办的全国科技活动周的主要举办单位是科技部联合多部委。随着科普相关法律法规的颁布与实施，我国青少年科普工作的主体也越发多元。部分教育、科技类的企业开始逐渐重视青少年科普工作，非营利性社会组织逐渐增多，高校、科研院所更积极主动地参与青少年科普工作，如南京大学积极举办科普进社区的活动，北京大学成立科普小组等。

国外青少年科普工作的主体多样化特征明显，非营利组织占主导地位，青少年科普工作已形成市场化和社会化共同运作的科普联动发展格局，政府并不具备决定性的主导作用。以美国为例，联邦政府没有设置专门的科技行政管理部门，在科技领域的任务由国家科学基金会（National Science Foundation，简称NSF）、国家航空航天局（National Aeronautics and Space Administration，简称NASA）、能源部、商务部等分头承担。美国国会明确要求这些部门和机构担负相关的科普职责，政府主要负责监督其科普工作的实施。NSF科普计划支持的项目中有专门针对青少年科普工作的内容，比如“探索与新发现校外中心”计划，目的是为初高中生创造丰富独特的课外及周末科技活动，培养学生的科技素养。NSF要求，此类项目不能是学校正规课程的延伸，而是要探索新的教育内容和策略，激发学生对科学研究和科学发现的兴趣，引导学生在未来从事科技职业。

根据欧洲科学传播活动白皮书的调查，欧洲“科学传播活动的组织和管理者十分多元化，有政府组织，也有非政府组织，还有地方政府和大学”。这些机构包括：国家、地区或市一级的政府主体，大学、研究机构、科技馆、科学中心或自然类博物馆等非政府主体，半营利性私人机构，非营利性组织，学会、协会等。① 各个国家的不同科技活动，举办主体侧重有所不同，与科技活动起源和社会性质有较直接的联系。以科技节为例，欧洲科技节的组织者中属于非营利性组织的占半数以上（52.9%），研究机构、大学及科技馆等占22.7%，当地政府部门占17.1%，各类研究协会占7.3%；北美科技节组织者中，研究机构或大学和博物馆是科技节的主要组织者，前者占44.4%，后者占38.9%，非营利性组织占11.1%，当地政府部门占5.6%；亚太地区，尤其是亚洲大国或科技强国，由于文化使然，科技节的组织者一般为当地政府部门或政府部门支持下的公立博物馆、大学等，占71.4%，其他性质的组织者占28.6%。②

目前，中国青少年科普工作的主体还是以政府为主，多样化特征仍有待加强。随着经济发展模式的转变和青少年科普需求的不断增长，仅仅依靠政府开展青少年科普工作已不能满足社会日益旺盛的需求，高校、科研院所、企业、基金会和各种类型的非营利性组织等需要继续加大参与力度，更好地推动我国青少年科普工作的开展。

（二）青少年科普活动的形式

青少年科普工作的主导内容即科普活动，我国的青少年科普活动形式一般包括科普展览、科普讲座、科普竞赛、科普国际交流、青少年科技兴趣小

① European Science Events Association. Science Communication Events in Europe [M]. EUSCEA, 2005: 11.

② 金莺莲：《全球科技节的兴起原因与发展策略分析》，《科普研究》2018年第4期，第74~83页。

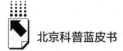

组、科技夏（冬）令营等。① 如，全国科技活动周期间，举办形式多样的科普活动和科普展览，活动形式尝试融合科学性、艺术性和趣味性，以此提升公众参与的兴趣。

国外青少年科普活动主要包括科学工作坊（Hands - on Workshops）、科学秀（Shows）、互动活动（Interactive Events）、展览（Exhibitions）、技术展览会、科技交流会等。② 国外青少年科普工作的主要宣传者和传播者更多样化，很多专业学者和研究专家参与其中。比如英国诸多著名科学家会在圣诞节期间，登上国家电视台为青少年演讲；美国会在“爱因斯坦日”期间，对物理学家进行现场访谈，展示以黑洞和引力波为灵感的舞蹈等③。随着中国特色科技馆体系的建设、完善和发展，重大科普项目不断推进，全国范围将涌现出更多丰富多彩的科普活动。

比较而言，国外的青少年科普活动形式更侧重于互动体验，而中国的青少年科普活动则侧重知识的介绍和讲解，缺乏互动体验。青少年科普活动的形式并没有真正做到以受众为中心，没有完全从青少年的角度进行活动设计，导致参与感缺乏，被动教育的特征明显。国外的青少年科普活动年龄区分度较明确，科普活动设计具有较强的针对性和指向性，而中国目前的青少年科普与成人科普的活动形式区分度不够明显，缺乏趣味性和科学性的有效结合。国内的青少年科普活动原创性有待提高，应进一步提升原创科普作品的数量和质量，如纪录片、科普动画、科普漫画、科普读本、科普节目和科普短视频等，逐渐形成我国青少年科普活动的特色。

（三）青少年科普工作的资金来源

青少年科普工作的资金来源形式与其工作主体的性质密不可分，因此我

① 任鹏：《中外科普活动比较研究》，《今日科苑》2020 年第 5 期，第 39 ~45 页。

② 任鹏：《中外科普活动比较研究》，《今日科苑》2020 年第 5 期，第 39 ~45 页。

③ Grimberg B I, Williamson K, Key J S. Facilitating scientific engagement through a science - art festival ［J］. International Journal of Science Education, Part B, 2019, 9 (2): 114 - 127.

国青少年科普工作的资金以政府财政拨款为主，同时有捐赠、少量商业赞助等其他来源。我国青少年科普工作的资金来源结构比较单一，多元化筹资机制尚未完全建立，企业参与科普活动的积极性和活跃度不高，青少年科普事业中社会力量投入少。现阶段我国在组织科普活动时，大型活动往往由相关单位的工作人员临时抽调或兼职组成组委会，很多科普活动还没有形成稳定的组织机构和工作团队。比如北京科技活动周资金的主要甚至唯一来源就是政府拨款。

国外多样化的工作主体使得其青少年科普工作的资金来源也相对多样，既有来自政府的财政支持，又有丰富的社会捐赠，包括各类企业、基金会和个人等的赞助。美国的一些科普协会、学会等组织，其资金来源包括捐赠、政府拨款（主要来源）和其他资金（其他政府机构、公私营公司、零售、特许经营和许可收入）。英国自然历史博物馆（Natural History Museum）大部分资金来源于政府拨款、彩票和基金，其次是各种商业经营性收入，尤其是博物馆文化产品的开发与经营逐渐成为其重要的经济来源，还有一部分来自各界捐款。多样化的资金支持使国外青少年科普工作的资金更为充沛，工作积极性更高。如美国国家科学基金会为了办好科学节，与拜耳公司、IBM公司、福特汽车公司等大型企业建立了长期合作伙伴关系，获得了大量的科普活动资金支持。

（四）青少年科普工作的数据统计和效果评估

由于资金来源多样，国外一些国家会着重增加对工作实施效果的考评，很多大型青少年科普活动都有综合评估环节。由于政府是大部分青少年科普活动的主办方，通常会有对应的工作总结报告，而非系统性的第三方评估。

国外对于青少年科普工作的评估，一方面需要评估活动的影响及其效果，另一方面组织方需要向出资方说明活动资金的用途和使用效果，这对于科普工作的长期良性发展有着重要意义①。如爱丁堡国际科学节每年活动结

---

① 任鹏：《中外科普活动比较研究》，《今日科苑》2020 年第 5 期，第 39 ~ 45 页。

束后会形成年度总结回顾手册（Annual Review），对当年科学节的整体情况进行回顾和评估，包括科学节总裁的年度报告（Directors Report）、节日亮点（Festival Highlights）、教育和宣传（Education and Outreach）、特殊项目（Special Project）、未来项目（Future Project）、财务（Finance）等内容，会在官网上面向全社会公开①。

相对国外比较成熟的第三方评估来说，我国科普工作总结的评估方和组织方没有进行分离，难以客观全面地评价工作的效果和影响，对于工作中存在的问题和不足可能存在避重就轻的现象，对于青少年科普工作的改进和优化难以提供有针对性的意见和建议。随着我国科普活动国际化进程的不断推进，科普工作对第三方评估的需求也越来越旺盛，未来我国将继续完善科普活动实施效果的评估体系。

四　双减政策下的青少年科普

根据《“十三五”国家科技创新规划》、《关于进一步减轻义务教育阶段学生作业负担和校外培训负担的意见》和《未成年人科学素质行动》的要求，要全面压减作业总量和时长，减轻学生过重的作业负担，以促进学生全面发展、健康成长。对优质课外教育供给而言，加强科技创新教育提升科学素质，拓展校外青少年科技教育渠道，鼓励青少年广泛参加科技活动，将科学精神融入课堂教学和课外实践活动，也面临更高的要求。

针对不同层次和学习状况的学生，不同年龄、性别、生活环境的青少年对科普教育的兴趣有很大差异：年龄越小，兴趣越浓，但难以持久；年龄越大，兴趣越小，但会不断提出问题。男生喜欢动手操作，女孩子对色彩更敏感。城市青少年热衷高科技展品，农村青少年可能更喜欢贴近生活的展品。在了解不同青少年群体特质的基础上，应充分发挥家庭和社区在科普宣传中对青少年的独特影响。

① 任福君等：《科普活动概论（修订版）》，中国科学技术出版社，2020，第113～114页。

学校是开展各类科普活动和科学教育的中心，而校外各科普机构、科学社团、社区也发挥了不可替代的作用。在学校教育方面，重视幼儿科学启蒙培养，延展小学科学课程教材、完备中学科学教具，积极完善推广适应孩子们各年龄段的综合性科学课程，顺应其认知发展。在科学课程设计方面，要提供完备的“探究式”环境，将青少年视同专业科研人员，为其提供从知识获取到实验验证，再到知识发现的全环节培训；在科普图书、科幻著作方面，要提供更多立足前沿科学发展成果、能够激发想象力和创造力的产品。

（一）多种形式激发青少年科学兴趣，发展青少年科学思维能力和创新能力

北京市一直致力于开展各类科技节、科学营、科技发明制作等科学教育活动，落地开展了多种形式的科技比赛，搭建平台营造热爱科学的氛围，将科技活动与科普教育紧密结合，推行多元化全方位一站式学习。如以“以好奇为指引，助教育之未来”为主题的2021年中国科幻大会“青少年科普科幻教育专题论坛”，国内知名院校校长和特级教师代表及来自教育、创作、出版、科研领域的众多专家学者、优秀教育工作者齐聚一堂，围绕“中国青少年科普科幻教育”主题进行深入的交流与探讨。论坛的承办方之一《科学故事会》还推出了延伸活动——“365好奇芯计划”，为广大青少年提供大量优质的科普科幻实践活动机会。中科院第十七届公众科学日，各个研究所结合自身研究特色，组织开展有趣好玩的科普活动，让青少年感受科学的魅力；北京某科技有限公司立足北京，利用航天育种资源优势，开展了青少年科普研学活动，向北京市中小学生传播航天知识，提高科学素养、增强科学精神；正在建设中的怀柔科学城聚集了一批大科学装置，个个堪称“国之重器”，来自怀柔区的中小学生得以率先近距离接触；北京地区2020年全国科普微视频大赛，中国科学院高能物理研究所《大国重器系列青少年科普》受到广泛好评。

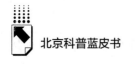

（二）多种模式发掘青少年创新理念，培养青少年进阶创新能力

北京市育才学校、首都师范大学附属中学将创新人才培养融入教育实践，率先在中学开展创客教育，培养学生的创新意识，让创新精神深层融入日常生活和成长环境中。通过精彩纷呈的研学活动，与学校课程相辅相成，让青少年建立正确的科学思想、掌握基本的科学方法并提升科学素养，用他们自由放飞的活力和特有的想象力，零距离接触科技创新的奇妙世界。北京青少年科技中心利用各类校内外资源，通过后备人才早期培养计划平台、“大手拉小手”科技传播行动、青少年机器人竞赛、青少年科学工作室等项目，选拔一批中学生进入相关重点实验室亲身体验科研过程，感知科学精神，促进青少年科技教育的内外衔接，建立与专家的有效联动，以期进一步探索培养科技创新人才模式。

（三）多种计划贯穿青少年常规教育，开启冬奥培育模式

全面实施《北京 2022 年冬奥会和冬残奥会青少年行动计划》，联合北京市体育局、北京市教委、河北团省委等多部门，协同推进奥林匹克青少年公众参与。石景山区电厂路小学、京源学校小学部等作为国家体育总局授牌的“冰雪学校”，为推动冬奥文化和冰雪运动进校园，开展了奥林匹克教育普及、志愿服务、课程研发、传承计划等 9 个教育计划，带动广大学生热爱奥运、参与奥运、支持奥运。做到了冬奥知识 100% 进校园、全区中小学生每人掌握 1 到 2 项冰雪运动技能，孩子们不出校门或者在周边学校就可以体验到冰雪运动的乐趣。

（四）多种平台发展教育资源，深化整合青少年创新阵地

教育是一项系统工程，不仅要抓好学校这个教育主阵地，也要用好非学科类校外教育资源。科普场馆既是优质教育资源的生产和整合平台，又是提供教育服务、培养创新人才的重要场所，是社会教育的重要阵地，需要加以积极运用。科普场馆拥有丰富的教育资源，在开展社会教育方面具有独特优

势。以北京市东城区青少年科技馆为例，近年来积极推动“学校进场馆”和“场馆进校园”，除了固定的展览，还筹办众多的短期科普和科技文化活动，定期在科普报告厅、4D 动感影院为青少年提供多样化的科普服务。如设立青少年发明创造成果展厅，将青少年发明创造成果集中进行展览，既增加了科技馆的展品数量，又增强了青少年发明者的荣誉感，极大地激发了青少年学科学、用科学、发明创造的积极性，成为学校教育的有益补充。

五　增效的创新路径选择

建立青少年科普工作社会化格局是推动当下科普工作的根本所在，建立健全并持续推动社会力量参与，完善相关科技教育长效机制，营造青少年科普寓教于乐氛围，拓宽创新科普教育形式，进一步助力青少年科普工作创新发展。

鉴于北京市青少年科学素养现有水平以及建设国际科技创新中心的需要，根据《青少年科技素养提升计划调研报告》，非正式环境下的科技教育可以极大地丰富学生接触科学技术的方式，通过联合场馆、媒体、非政府组织的高质量介入，让非正式环境成为连接学生个人经验和课堂正统科学知识之间的“第三空间”，充分发挥非正式环境下的科技教育在培养学生自主探索、独立思考的能力以及求真务实、批判质疑等科学精神方面的独特优势。引导和培养青少年的科学兴趣，使其了解和掌握科学知识与方法，弘扬和传播科学精神，运用科学分析和判断事物，提高解决实际问题的能力，这几个方面是全面提高青少年认识科学、参与科学创作深度和广度的重点。

（一）发挥青少年科技特色学校的示范性作用

根据科技特色学校建设指南，建设科技特色学校能够较大程度地发展科学教育，提升青少年的科学素质水平。建设科技特色学校不仅需要有系统的校本课程体系、强大的师资力量，而且需要充分利用本地的科技教育资源，发展丰富多样的科技课外活动。主动对接国家、市级青少年科技赛事平台，将日常教学、科普活动有机结合起来，除了课内和定期开展科技活动外，还需要设计一系列丰富有趣的课程来引导创新。在条件允许的情况下，配备先进实用的科学装置硬件设备；设立科技创新选修课，根据青少年的兴趣喜好设立各式各样的科普类研究互动小组，带着问题，打破局限，主动钻研；在校演播室、媒体影音室、宣传栏等地宣传科普知识、提供科普服务、筹办科技活动，培养和激发青少年的好奇心，提升其探索精神、创新能力和合作意识。

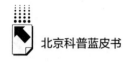

（二）扩大馆校结合中“馆”的内涵

创新体系建设、优化合作机制，既关注知识传播，又注重精神启迪，既脚踏实地实践馆校活动，又打开眼睛看国内外优秀成果经验。促进学校科技教育和校外科普活动有效衔接。除近距离感受科技馆、博物馆等传统科普空间，开展科技节、科学营、科技发明制作等科学教育活动外，进一步拓展适合青少年的科普公众号、国家重点实验室、市内研究院所等成为新的学习空间，大力开展资源共享相辅相成的科普活动科技展览，线上线下相结合，满足青少年日益旺盛的个性化需求。鼓励“馆”走入中小学校，或是把学校以及学校附近的社区变成场馆；鼓励青年科学家、科普大V、热衷于科普事业的志愿者走入学校进行科普工作。进一步在“校”内和“馆”内形成相信科学、参与科学、热爱科学的科学文化，培养青少年在科学知识中遨游的良好习惯。

（三）注重青少年心理健康知识的宣传与普及

目前，很多家长对孩子的科技兴趣和创新能力培养缺乏足够的重视，缺乏正确价值观的引导。这一现象导致孩子沉迷于手机游戏，严重影响身心健康。要加强家庭和社区间科技教育的指导和支持。青少年是科普重要的受众群体之一，目前我国科学文化知识的传播在吸引青少年参与的线上渠道建设方面以及新媒体的运用上依然欠缺。而“两微一抖”以及“哔哩哔哩”网站等青少年喜欢聚集的平台，其科普内容和资源又相对缺乏。相关部门应当主动引导此类平台加强科普内容与资源建设，拓宽科普渠道，创新传播手段。

（四）紧密联系北京市科普基地，使科普教育事半功倍

将科普基地作为青少年科普教育的第二课堂和实验室，寓教于乐，让科普教育工作事半功倍。在寒暑假期间，为青少年夏（冬）令营举办大型科普展览，进行科普报告、讲座、培训、影视观看和开展实验等，让青少年能够系统地了解某个主题的科学知识。搞好硬件环境建设的同时，软环境建设也需要很好地配合，科普教育水平和拓展开发能力同步提升，激发青少年高昂的热情，指引他们走近科学、探究科学、理解科学。积极推动科普基地为中小学生举办科普知识讲座、赠送科普展品读物，开展中学生进科普基地等活动，组织科技工作者与青少年开展面对面的互动交流。

（五）开展国内外优秀科普读物简介、展演展示活动

相较于国外非常热烈的科学共同体氛围，虽然国内在此领域有了比较大的推动，但占据主流的依然是国外引进的科普书籍及高清科普纪录片，国内大量成果未成功转化成优秀的科普作品。开展国内外优秀科普读物简介、展演展示活动，扩大科普创作内容资源的共享范围，编制符合青少年身心发育特点、简明生动的科普音像传播物就显得尤为重要。例如科幻科普文学天然属于青少年，青少年头脑敏锐，想象力丰富，对前沿科学知识信息充满好奇，可以天马行空地吸收与改造，具有非凡的思维创新力与文学创造力。我国科普作家在科普经验方面的积累暂时还没有国外优秀的知名专家多，投入的精力也有限，不能一人分饰文字作者、专家顾问、美工、摄影摄像等团队任务，这极大地影响了科普创作热情和创作门槛；也缺少足够的科普资源支撑，没有国外那么高度的职业化。相较于国外一些地方可以免费提供专门的科普图片和科技影像素材，北京应依托现有资源，在着力推出优秀国产原创科普作品的同时，尝试建立青少年科普信息资源库，提升北京市青少年科普工作的国际影响力。

六 结语

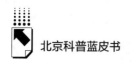

青少年科普教育是新形势下保障国家人才创新能力和科技竞争力所必须重视的基础性工程，2021 年是“十四五”的开局之年，针对青少年科普工作，更应加强薄弱环节，稳中求新地开展科普工作，为普及科学知识、推进文明建设、构建和谐社会做出贡献。关注青少年的健康成长，培养青少年的创新思维，充分发挥学校、家庭和其他科普组织的协同教育作用，多方联合起来扩大整体优势，提高整体效果，共同推动北京青少年科普工作的高质量发展。

参考文献

[1] 任鹏：《中外科普活动比较研究》，《今日科苑》2020 年第 5 期，第 39 ~ 45 页。
[2] 任福君等：《科普活动概论（修订版）》，中国科学技术出版社，2020，第 113 ~ 114 页。
[3] 金莺莲：《全球科技节的兴起原因与发展策略分析》，《科普研究》2018 年第 4 期，第 74 ~ 83 页。
[4] Grimberg B. I. , Williamson K, Key J S. Facilitating scientific engagement through a science - art festival [J] . International Journal of Science Education, Part B, 2019, 9 (2): 114 ~ 127.
[5] European Science Events Association. Science Communication Events in Europe [M] . EUSCEA, 2005: 11.

智慧传播篇

Wisdom Communication Reports

B.8

疫情防控背景下新媒体科普传播的探讨

李丰华　周一杨　刘　俊　张克辉*

摘　要： 新冠肺炎疫情防控常态化背景下，新媒体成为公众获取信息的主要渠道。将深奥晦涩的健康科普知识，通过各种形式的新媒体渠道广泛地传递，使民众能够理解并掌握防疫知识，成为当前工作的重中之重。本文将结合微信、微博、抖音、B站等新媒体平台上的案例，论述疫情防控背景下科普传播的新变化、新要求，梳理新媒体科普传播的特征与问题，提出新媒体科普传播在新形势下的价值取向。

关键词： 新媒体　科普传播　渠道建设

---

* 李丰华，硕士，北京科技创新促进中心科技融媒体部馆员，主要研究方向为科技传播及科技舆情研究；周一杨，北京科技创新促进中心科技融媒体部副研究馆员，主要研究方向为科技传播与普及；刘俊，北京科技创新促进中心科技融媒体部编辑，主要研究方向为科技传播及新媒体研究；张克辉，北京科技创新促进中心科技融媒体部助理馆员，主要研究方向为科技传播与普及。

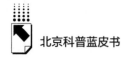

新冠肺炎疫情的发生、健康科普知识的缺乏给公众带来极大的心理压力，也给科普传播带来巨大挑战。微信、微博、抖音、B 站等各新媒体平台利用文字、图表、动画、视频、直播等多种形式向公众科普疫情方面的知识，对安稳民心以及提高公众对科学知识的兴趣都起到了积极的作用。运用新媒体进行科普传播，要始终关注其本质要求，优化内容呈现，鼓励公众参与，搭建多元渠道，不断转变科普思维，与时俱进，使科普不断迸发新的生机与活力。

一　疫情防控背景下科普传播的新变化、新要求

当前，国家对于科普工作的重视，公众对于科普信息的需求，以及信息传播技术的迭代更新，给科普传播带来了新的生机和希望，多元主体共同擘画科学传播发展图景。

（一）社会条件：国家决策部署

1. 科普和科学素质建设的根本遵循和关键指引

习近平总书记指出："科技创新、科学普及是实现创新发展的两翼，要把科学普及放在与科技创新同等重要的位置。没有全民科学素质普遍提高，就难以建立起宏大的高素质创新大军，难以实现科技成果快速转化。"这一重要指示精神对于新发展阶段科普和科学素质建设高质量发展来说，意义重大深远。为贯彻落实党中央、国务院关于科普和科学素质建设的重要部署，依据《中华人民共和国科学技术进步法》《中华人民共和国科学技术普及法》，落实国家有关科技战略规划，国务院 2021 年 6 月 3 日印发《全民科学素质行动规划纲要（2021～2035 年）》[①]，为推进全民科学素质建设工作提供了重要指引。

---

① 《国务院关于印发全民科学素质行动规划纲要（2021～2035 年）的通知》（国发〔2021〕9 号）。

2. 政府在新冠肺炎疫情应急科普中的作用凸显

党中央、国务院明确要求加强应对疫情科普工作。2020 年 1 月中旬，中共中央总书记、国家主席、中央军委主席习近平对新冠肺炎疫情作出重要指示，要求加强有关政策措施宣传解读工作；中共中央政治局常委、国务院总理李克强作出批示，要求及时客观发布疫情和防控工作信息，科学宣传疫情防护知识[①]。

各级政府第一时间动用行政力量，紧急抽调选派专家团队开展应急科普工作，进行权威信息发布、政策与科技知识点解读、应急决策咨询等。国家卫生健康委员会及北京市等地发布的防控指南中，陆续为公众科普新冠病毒有关知识、科学合理佩戴口罩、新冠疫苗研发进展、权威科学家对新冠疫苗的解读等知识。同时还制作防疫手册、科普短视频、公益广告等，在社区、公交、地铁、机场等公共场合进行投放，帮助民众了解疫情科普知识，传播效果显著。

（二）公众层面：诉求和素养发生变化

1. 公众对于“科普传播”的期待愈加紧迫

信息迭代频繁的移动互联和自媒体传播时代，公众对于未知、真实信息的依赖比以往任何时代都更引人关注。新冠肺炎疫情发生后，全国处于特殊的封闭环境，使社交媒介传播空前加速，也让公众对准确、权威的外界信息有着更为迫切的需求。特殊的媒介生态与疫情环境，使公众对于“科普传播”的期待也愈加紧迫。2020 年 2 月，人民网研究院等发布的《新型冠状病毒肺炎搜索大数据报告》显示，公众对于新冠病毒、新冠肺炎相关信息的搜索和浏览日均超过 10 亿人次。这从正面反映出公众对于新冠肺炎疫情防控科普信息的强烈需求。公众高度关注疫情进展及防疫知识，如收快递会感染病毒吗、如何区分流感和肺炎、口罩不必一次一换等。

---

① 赵正国：《应对新冠肺炎疫情科普概况、问题及思考》，《科普研究》2020 年第 1 期。

2. 公众数字媒介"使用沟"趋于缩小

伴随着智能手机的普及和信息基础设施覆盖率的提高，以及在相对封闭的疫情环境中，线下物理社区等人际传播场域的效力大减，公众数字媒介使用率越来越高，各年龄段群体之间的数字媒介使用鸿沟也在缩小。第 47 次《中国互联网络发展状况统计报告》调查结果显示，截至 2020 年 12 月，20～29 岁、30～39 岁、40～49 岁网民占比分别为 17.8%、20.5% 和 18.8%，50 岁及以上网民群体占比从 2020 年 3 月的 16.9% 提升到 26.3%，由此可见，互联网用户逐步向中老年群体渗透[①]。

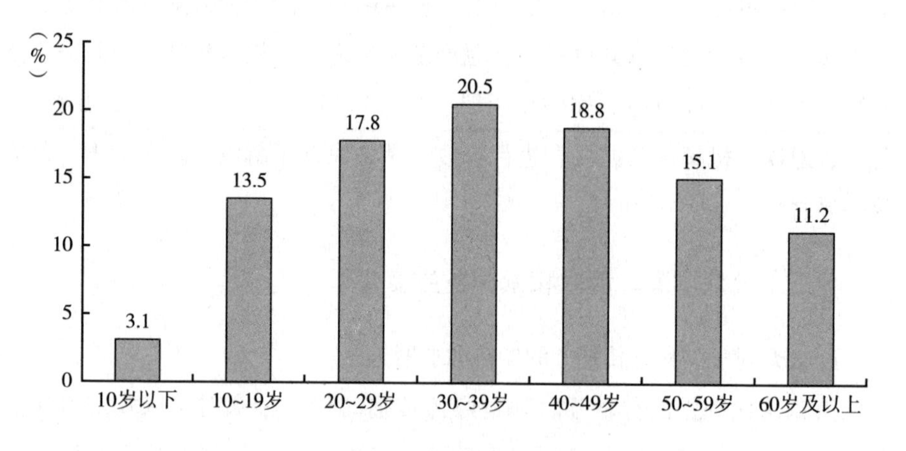

图 1　网民年龄结构

资料来源：第 47 次《中国互联网络发展状况统计报告》，2021。

（三）技术支撑：新媒体顺势而为

新媒体具有海量性、互动性、多元化、个性化等特性，这些特性弥补了传统科普传播信息容量小、互动性不强、形式相对单一等不足，给新形势下的科普传播带来了机遇。

① 中国互联网络信息中心：第 47 次《中国互联网络发展状况统计报告》，中国网信网，http：//www. cac. gov. cn/2021 -02/03/c_ 1613923423079314. htm，2021 年 11 月 10 日。

1. 新媒体已成为公众获取信息的主要渠道

《中国新媒体发展报告（2020）》分报告《2019 年中国网民新闻阅读习惯变化的量化研究》问卷调查结果显示，新媒体已经成为公众获取信息的主要途径。其中，微信、抖音等社交媒体是获取信息最重要的新媒体平台，微信是用户最多、最广泛的信息来源平台。

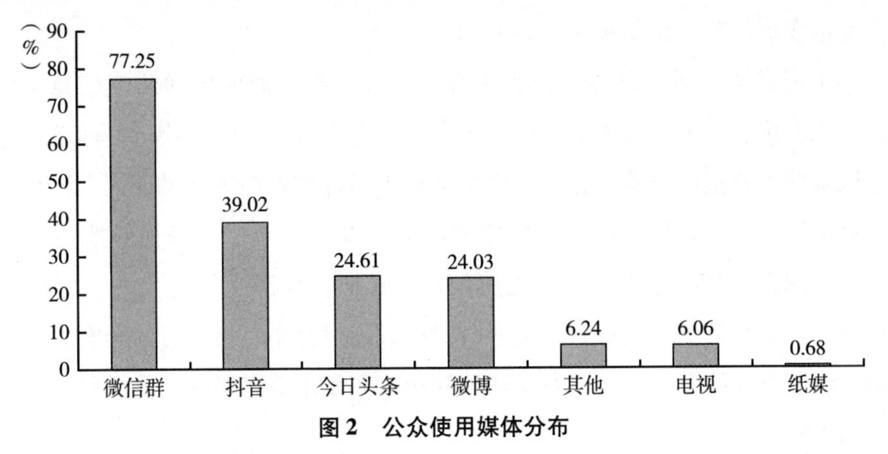

图 2　公众使用媒体分布

资料来源：《中国新媒体发展报告（2020）》，社会科学文献出版社，2020。

疫情的发生使公众更加倾向于使用互联网，公众上网意愿、上网习惯加速形成。互联网在信息公开方面具有天然优势，微信、抖音等新媒体传播渠道在疫情期间得到充分的利用。公众通过微信、抖音等网络平台，及时了解外界信息、获取疫情知识，参与互动和交流。互联网既及时满足了公众对信息的诉求，也有助于缓解疫情带来的焦虑。

2. 短视频和直播逐渐成为科学传播的有效途径

数字媒体时代，短视频以其信息传播的即时化、内容呈现的人格化、隐性知识的显性化与复杂知识的通俗化这些自身独特的媒体特征，逐渐受到了科学工作者的关注。利用信息化手段促进科学普及工作已成为常态，科普短视频成为人们了解科学知识的重要媒介[①]。科学知识与短视频的结合打破了

① 王艳丽、钟琦、张卓、王福兴：《科普短视频对知识传播的影响》，《科技传播》2020 年第 11 期（上）。

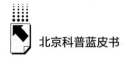

科学普及和公众理解之间的壁垒，越来越多的人开始参与到科学知识的生产与创作中。短视频为科学传播的生动化与普惠化发展创造了可能性，让科学知识可以惠及更多人，短视频逐渐成为科学传播的有效途径。

疫情期间，直播也呈现出迅猛发展的态势。今日头条、抖音等平台直播新型冠状病毒肺炎多学科论坛，钟南山、张文宏等专家共同向数百万网友分析疫情发展态势，讲解疫情科普知识。

主流媒体和网络媒体充分利用直播功能，第一时间传递防疫信息。例如，火神山、雷神山医院建设时，网友们“云监工”，新华社、央视新闻等主流媒体以直播的方式，让网民们成为重大事件的参与者、见证人，满足了公众沉浸感、互动性的需求；身处现场的网友，也通过开辟视频账号等形式，在网上分享自己真实的所见所闻所感；而不少医生纷纷化身“网红”，在抖音、快手等平台上进行健康科普直播，通过分享自己切身的居家隔离经历，与网友在线互动，分享科学防疫知识，实现了消解疑惑、传播科学知识的积极效果。①

二　新媒体科普传播的特征与问题分析

本节内容选取北京地区典型科普媒体账号“我是科学家 iScientist”和“中科院物理所”为例来进行说明。从传播学 5W 理论视角出发，本节将逐一分析新媒体科普的传播主体、传播内容、传播渠道、传播对象、传播效果等内容，梳理科普传播的特征与存在问题。

（一）传播主体

“我是科学家 iScientist”是由中国科学技术协会主办，“中科院物理所”则由科研机构中国科学院物理研究所主办，这两大账号主体保障了科普信息的专业性和权威性。

---

① 于越：《后疫情时代如何做好健康科普新闻宣传》，《新闻文化建设》2021 年第 11 期。

（二）传播内容

“我是科学家 iScientist”秉承“我是科学家，我来做科普”理念，旨在向公众传播科学精神、科学思想和科学方法，以及最新科研成果。在传播内容方面，努力兼顾科普信息的严谨性和表达方式的亲和力，以受众情感为载体，来强化科学知识的传播。

通过表 1 可以看出，“我是科学家 iScientis”微信公众号 2020 年年度热门文章前十名中，前五名都是跟新冠肺炎疫情科普相关，这契合了疫情期间公众对于新冠肺炎有关知识的现实需求，体现了科普内容的实用性，也达到了良好的科普效果。另外，热门文章前十名中原创文章只有两篇，占 20%，说明该公众号内容原创力量不足，缺乏可持续发展的动力。

表 1　“我是科学家 iScientis”微信公众号 2020 年年度热门文章排行榜 Top10

主题	文章标题
医学	震惊!!! 300 万中国父母不戴口罩！北大教授竟然这样说!!
医学	新型冠状病毒从何而来？疫情将会如何发展？
医学	14 天锁定新型肺炎元凶背后,是 14 年的技术竞赛
医学	新型冠状病毒包含艾滋病毒序列？是科学家蓄意改造的吗？
心理学	“当初我也给祖国捐款了,为什么现在要被骂千里投毒呢?”
物理学	每个摊煎饼的大妈,都是隐藏的流体力学专家
生物学	同一个直播间,为什么杨幂像“被迫营业”,金婧却获好评？
生物学	《细胞》封面:跑步短短 10 分钟,全身变化这么多！斯坦福研究详解运动带来的改变
生物学	世界上唯一实现 100%“一夫一妻”的动物:它们活成了彼此的真・另一半
生物学	没有多巴胺的一天,我都经历了什么?

“中科院物理所”在内容选题上，主要聚焦前沿物理科学与微观的生活知识。前沿物理学知识是其科普的核心内容，这主要是依托其丰富的团队资源和知识背景，为受众提供了深度的科学知识。“中科院物理所”的科普文章和视频多是贴近生活的趣味科普，体现了科普内容的接近性、有用性和有趣性。

表2中，“中科院物理所”微信公众号2020年2月14日推送的原创头条文章《物理定律告诉你：表白可能巨亏，分手一定血赚》，文章以理性思维，用物理公式和定理探讨了感性的爱情话题。该文章阅读量10万+，在看数9000，迅速“出圈”。不仅在2020年度热门文章中位列第一，在“中科院物理所”公众号所有推送的文章中也占据榜首。

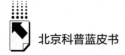

表2　“中科院物理所”微信公众号2020年年度热门文章排行榜TOP10

主题	文章标题
物理学	物理定律告诉你:表白可能巨亏,分手一定血赚
化学	塑料垃圾入侵人体全过程曝光
物理学	震惊！昨天你们立起来的扫把,甚至真的惊动了NASA
物理学	怎么科学解读闪电鞭？年轻人我劝你耗子尾汁,好好反思
地理学	套娃吗？你先看这个岛中湖中岛中湖中岛
物理学	我们被小学课本欺骗了多少年？
医学	15年前那场轰动电竞世界的瘟疫,惊动了美国CDC,还发了顶级期刊
化学	几十年间虐杀数代人,如今却要靠它在夏天“续命”
地理学	今天出门别忘了带个漏勺,因为十年一遇的金边日环食它来了
综合	自从用专业知识改了情侣名,女友再也不逼我秀恩爱了

此外，“我是科学家iScientis”微信公众号热度第一的文章《震惊!!!300万中国父母不戴口罩！北大教授竟然这样说!!》阅读量是8.3万，而“中科院物理所”微信公众号热度第十的文章《自从用专业知识改了情侣名，女友再也不逼我秀恩爱了》阅读量依然是10万+，“我是科学家iScientis”微信公众号的科普传播力相对弱些，内容选题等方面的能力有待提升。

（三）传播渠道

“我是科学家iScientist”开设的新媒体渠道有微信公众号、微博、抖音、B站等。“我是科学家iScientist”微信公众号于2018年6月22日由“果壳科学人”全面升级后正式运营，旨在通过科学家的讲述和对于最新科研成果的解读，把科学家的思考方式、最新科研进展与公众生活可能产生关联的那一部分传达给公众。“我是科学家 iScientist”微博于2018年6月23日由“果壳科学人”微博全面升级后运营，粉丝量130万。“我是科学家 iScientist”抖音号自2018年11月入驻至今，发布9条作品，粉丝量46人。“我是科学家 iScientist”B站账号2019年2月开通至今，拥有粉丝2.4万，发布视频184条。

“中科院物理所”开设的新媒体渠道有微信公众号、抖音、B站等。“中科院物理所”微信公众号开设于2014年11月，该公众号日推，保障运营更新的持续性。由于B站上“中科院物理所”的ID被抢注，只能改名“二次元的中科院物理所”，“二次元的中科院物理所”2019年3月入驻B站，拥有170万粉丝。视频中，中科院物理所的学生和老师，用生活中常见的物品为大家展示如何做小实验，深受网友喜爱。虽然“中科院物理所”微信公众号和“二次元的中科院物理所”B站已成为物理知识科普中一股不可或缺的力量，但是其抖音号的科普能力却相对弱势。“中科院物理所”抖音号从2018年8月开通至今，拥有185万粉丝，更新视频时间不规律，有时一天更新两条，有时几个月才更新一条。另外，“中科院物理所”没有开通相关微博账号，在微博这一重要舆论场上严重缺位。

通过以上分析可以发现，两个账号主体的各新媒体渠道皆发展不均匀，传播整合力和影响力都有待提升。

（四）传播对象

整体来说，“中科院物理所”面向人群主要为喜爱物理知识的青少年、大学生以及研究生。相比较之下，“我是科学家 iScientist”目标受众并没有那么精准，传播对象更宽泛些，倾向于热爱科学知识的网民。《2019～2020中国社媒App企业白皮书》数据显示，2019年微信公众号用户年龄向30岁以上人群偏移；2019年微博用户中，19岁至30岁的年轻用户群体占56%；2020年B站用户年龄以24岁及以下为主，占67.7%；2020年抖音用户整体年龄分布较为平均①。由于不同年龄段的用户媒体接触和使用偏好不同，每个新媒体渠道的传播对象也不尽相同，因此，在进行科普传播时，需要“因地制宜”，针对不同渠道的不同用户群体，提供不同的内容，形成多样化、个性化的科普。

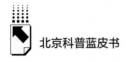

（五）传播效果

本文所考察的传播效果，主要是指各渠道发布文章或者视频的阅读数（点赞量、播放量）、在看数、点赞数、评论数和转发数等。

“我是科学家 iScientist”微信公众号日推，每次推送一篇或者两篇文章，发布时间规律性不强。以 2021 年 11 月 1 日至 11 月 7 日一周的数据为例，该公众号共发布文章 7 篇，其中头条文章平均阅读数为 1.1 万，文章平均阅读数达 1 万，传播效果一般；而且其文章互动回复率只有 0.8%，这样的互动质量将大大降低其传播力和影响力。“我是科学家 iScientist”微博拥有粉丝量 130 万，发布微博总数为 5406 条，微博总转评赞数为 29.5 万，每条微博的平均转评赞只有 55，可见粉丝数固然是科普的基础条件，却不是影响传播效果的关键因素。“我是科学家 iScientist”抖音号入驻三年多的时间里，只发布 9 个作品，粉丝量只有两位数，视频作品点赞量只有个位数，有些形同虚设。“我是科学家 iScientist”B 站共发布视频 184 个，获赞数总量为 8588，每个作品的平均点赞数只有两位数，未能创造预期的科普传播效果。

“中科院物理所”微信公众号保持日推，每次推文 4 篇，常见发布时段在 10 点到 16 点之间。以 2021 年 11 月 1 日至 11 月 7 日一周的推送数据为例，该公众号共发布文章 28 篇，其中头条文章平均阅读数达到 5.4 万，文章平均阅读数达 2.3 万，取得了良好的传播效果。B 站“二次元的中科院物理所”自入驻以来，共发布视频作品 661 个，以 2021 年 11 月 1 日至 11 月 7

① Meltwater 融文：《2019～2020 中国社媒 App 企业白皮书》，搜狐网，https：//www.sohu.com/a/439003421_120331922，2021 年 11 月 13 日。

日一周的数据为例，共发布 8 个视频，视频平均播放量 2.8 万，传播效果相对来说不错。“中科院物理所”抖音号从开通至今，共发布 95 个作品，多数视频获赞量只有三位数，评论只有两位数，相对其微信公众号和 B 站账号，其抖音号的科普传播效果欠佳。

三　新媒体科普传播的价值转向

媒介革新和需求转变必然要求科普传播实现转型升级，现代科普应把科普内容从显性的科技知识层面扩展到隐性的科学方法、科学思维、科学精神等文化层面，主要途径则是鼓励多元主体参与科学，通过打造新型传播渠道来提高传播的科学性、专业度和影响力。

（一）优化传播内容，凸显科学文化价值

科技给人类社会带来的影响是全方位的，科普不应该仅仅停留在器物层面，更要引导公众加强对科学文化、科学精神等层面的关注力度。

1. 关注公众需求，紧扣热点设置议题

科普与用户需求、时事热点联系越紧密，传播效果越好。在议题选择方面，要结合公众不同阶段对科普知识的所需所求。比如，2020 年 1 月至 3 月，新冠肺炎疫情发生初期，公众需要了解病毒病原知识、病毒传播相关知识、自我防护知识、科普辟谣等知识。4 月武汉解封、疫情舒缓以后，公众注意力开始转向新冠疫苗及药物研发进展、专家对新冠疫苗的解读等内容。目前，虽然公众对新冠肺炎有关科普知识依旧关注，但公众的关注重心已经偏移。因此，除了要做好疫情方面的科普，也要适时满足公众对其他科学知识的需求。“中科院物理所”微信公众号推送内容也紧跟时事热点，有针对性地回应用户的疑惑，解决当下的科普痛点。如 2021 年 8 月 1 日，公众号推送了《要想水花压得好，你得……》，从物理学的角度分析了奥运健儿们压水花的原理、技巧等知识，契合了当下用户的科普需求。

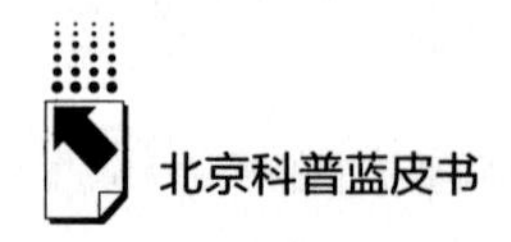

2. 从显性知识扩展到隐性文化，趋向二阶传播

北大教授刘华杰提出了二阶科学传播理论：“一阶科学传播是指对科学事实、科学进展状况、科学技术中的具体知识的传播；二阶传播指对科学技术有关的更高一层的观念性的东西的传播，包括科学技术方法、科学技术过程、科学精神、科学技术思想、科学技术之社会影响等的传播。”[①] 当下科学传播内容不应再单纯以科学知识、数据和技术手段为主，而是要注重科学精神、科学思想、科学方法等文化价值方面的信息。科学对社会的从属性，就决定了在建构科学知识时必须以社会文化背景为基础。科学精神普及应成为工作重点，注重从科学文化（方法、思想、精神和道德）角度去理解科普。王绶琯院士认为，科技知识普及不过是生产力层面上的“十年树木”，而科学精神传播则是人文意义上的“百年树人”，科普工作应有更宽广的视野、更博大的胸怀、更有效的手段[②]。

（二）关注传播对象：鼓励公众参与科学

用户是互联网思维的核心，新媒体传播主体和用户之间，既是科学知识传播共同体、情感交流共同体，也是价值判断共同体。从用户的需求出发，让用户直接参与到内容生产和传播中来，构建一个“以用户为核心”的生态，科普才能更有生机和活力。

1. 提高互动频率，增加用户黏度

据清博指数数据，“中科院物理所”微信公众号的微信传播指数 WCI 基本保持在 1200 以上，而“我是科学家 iScientis”微信公众号的微信传播指数 WCI 在 700～1200。“中科院物理所”微信公众号文章互动回复率约为 6%，而“我是科学家 iScientist”微信公众号文章互动回复率约是 0.8%，互动率低、缺乏与用户的有效互动，导致关注度降低，也是其 WCI 较低的因素之一。重视与用户的交流互动，对用户留言积极回复，加强沟通交流、

① 巅峰科技讲坛：《新媒体环境下，科学传播的概念以及特点》，百度，https://baijiahao.baidu.com/s?id=1710322317635204140&wfr=spider&for=pc，2021 年 11 月 14 日。

② 蒋丹：《“互联网+科普”系统演进与模式构建研究》，南京信息工程大学，2020。

互动互信，拉近与用户的距离，提高用户的参与性和互动性，激发公众参与科学的热情，给科普传播带来新的活力。

2. 普及参与理念，鼓励平等对话

科学传播界很多人认为，科学传播的第一个阶段为公众科学素养，第二个阶段为公众理解科学，而第三个阶段为科学界与公众对话模式的公众参与阶段。[①] 如今我国的科学传播也存在逐步向"对话模式"过渡和演化的趋势，公民开始参与到科学议题的决策过程中。科普新媒体应改变以往的单向传播模式，普及"公众参与科学"理念，促进科学对话，为公众提供参与科学议题对话的场域，为公众参与科学讨论赋权和赋能。事实上，不少热点新闻的标题都带有明显的用户参与标志，例如"#春节期间如何预防新冠肺炎#""#就是爱科普#"等，用户可以通过点击话题链接观看与主题相关的内容并参与互动。

从本质上看，"互动""参与"映射着公众在科普传播中角色嬗变的演进过程。提升公众在科普传播的"互动"程度，可以调动公众学习科学知识的积极性，"参与"则是在"互动"的基础上，让公众逐渐成为科普传播的发声者，在全社会形成讲科学、爱科学、学科学、用科学的良好风尚。

（三）夯实科普渠道：构建媒体矩阵，提升传播力

以传播科学文化为己任的科技传播在新媒体环境下如何更好地发挥其新功能，需要不断地摸索和探讨。

1. 强化培养与供给、提供人才保障

《全民科学素质行动规划纲要（2021～2035 年）》指出，将加强专职科普队伍建设，建立高校科普人才培养联盟，加大高层次科普专门人才培养力度，推动设立科普专业。[②] 人才是一切战略得以实现的保障和基础，科普传播也需要人才。

---

① 李大光：《科学传播的重要阶段：公众参与》，《民主与科学》2016 年第 1 期。

② 新华社：《加强高层次科普人才培养 我国推动设立科普专业》，中国政府网，http://www.gov.cn/zhengce/2021-07/07/content_5623086.htm，2021 年 11 月 17 日。

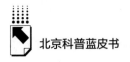

科普人才队伍建设是科普事业发展的基本保障，科普事业的良好发展、科普工作的有效开展，离不开科普人才队伍的有力支撑。科普是需要专业技能的一个领域，需要重视对科普人才的培养。因此，要大力培养既懂科学知识又会抓特点，既能将专业科学知识通俗化，又懂得新媒体传播规律的科普专业人才，使新媒体科普专业化、科学化，最大限度实现高效传播。同时，建立健全科普人才培训、考核、激励等机制，为科普人才供给提供全面保障。

2. 加强联动传播，催生矩阵效应

做好新时代新形势下的科学传播，需要加强媒体矩阵建设，实现科学知识的差异化传播。应根据不同新媒体平台的特点，进行适配性的内容创作与分发，形成多样化、差异化的媒体矩阵生态，使多平台的整合联动效果达到最优化，扩大科学传播的广度、力度与深度。

针对同一科普内容，结合不同平台的特色经过包装后发布，在不同的新媒体平台间实现资源共享，通力合作、高效协同，形成“一次创作、多次开发、全媒体呈现、跨终端传播”的矩阵效应和传播合力。例如，可以利用微博设置热点话题，动员网友留言积极参与；利用抖音、快手等短视频平台，制作趣味科普短视频，对抽象知识进行具象呈现；同时还可以利用 B 站等内容平台进行直播，实现科学传播的实时互动。

另外，还要加强对外联动生产与交互传播，比如 B 站“中科院物理所”与“盗月社食遇记”联合创作的《和科学家吃饭有多难？我感觉我中文不大行》，视频播放量超过 300 万，点赞量达到 12 万，弹幕 2 万条，交互传播效果良好；还有跟“中科院大气物理研究所”“新华社”“我们的太空”等联合创作的《我兄弟昨天被雷劈了》，视频播放量达到 278 万，点赞数达到 24 万，分享到朋友圈的转发数接近 2 万，该视频传播范围广，传播速度快，成功“出圈”成为爆款作品。

四　结语

新媒体为科学传播开辟了新的途径，事实证明，微信、微博、抖音、B

站等平台的确为科学传播提供了巨大的促进作用，新媒体科普愈加普及，传播效果方兴未艾，不过在借助新媒体渠道开展科学传播时，依然存在一些问题，如何才能更高效更优质地开展科普工作，是值得每一个科普传播者不断去思考和探索的问题。同时，我们也要认识到科学发展对于新媒体技术的反作用，要扬长避短，充分利用科学对新媒体的正效应，正确引导公众，促进科普的健康发展。随着科学的不断发展，技术的不断进步，将会有更多科普问题出现，作为科普传播者，要学会对即将可能出现的问题未雨绸缪、提前谋划。

参考文献

[1] 罗湘莹：《科普类自媒体科学传播的创新策略——以“中科院物理所”微信公众号为例》，《青年记者》2021 年第 16 期。

[2] 刘杨、吴玉莹：《基于微信公众号的科普信息移动化传播策略研究——以“我是科学家 iScientist”为例》，《新闻爱好者》2021 年第 4 期。

[3] 金荣莹：《基于新冠肺炎疫情的应急科普——以北京自然博物馆为例》，《科技智囊》2021 年第 2 期。

[4] 汤书昆、樊玉静：《突发疫情应急科普中的媒体传播新特征——以新冠肺炎疫情舆情分析为例》，《科普研究》2020 年第 1 期。

[5] 唐绪军等：《新媒体蓝皮书：中国新媒体发展报告（2020）》，社会科学文献出版社，2020。

[6] 钟琦等：《中国科普互联网数据报告 2020》，科学出版社，2021。

[7] 人民网研究院、百度：《新型冠状病毒肺炎搜索大数据报告》，人民网，http：//media. people. com. cn/n1/2020/0201/c40606 - 31566638. html，2021 年 11 月 10 日。

[8] 丁伟：《新媒体内容生产和传播的六个趋势》，《网络传播》2019 年第 12 期。

B.9

北京大运河国家文化公园创建中数字科普的展示与传播研究

张春芳*

摘　要： 数字科普是北京大运河国家文化公园建设的重要内容，大运河丰富的历史文化为数字科普的开展提供了多维度的内容支撑。但从现实实践的角度来看，数字科普在北京大运河国家文化公园建设中仍缺乏整体规划、内容创意提炼、内容科普与传播技术的双向赋能，以及内容传播的权威性、准确性等问题。破解这些问题需要从多层面予以推进，主要体现在完善顶层设计，制定数字科普的专项规划；加强内容研究，提炼适宜数字传播的创意；推动跨界融合，搭建多方互鉴的对接平台；强化科学指导，构建多媒体数字传播矩阵。

关键词： 大运河　国家文化公园　数字科普　传播

国家文化公园建设是新发展阶段文化建设的重要举措。2019 年，《长城、大运河、长征国家文化公园建设方案》出台，标志着我国国家文化公园建设进入了实质性阶段。国家文化公园承载着多项文化功能，如保护传承、休闲旅游、科学研究等，同时，以文化教育、科学研究为主要服务内容的科学普及也是不应忽视的内容。随着越来越多的科学普及与现代多媒体手段紧密结合，以多媒体为载体的科普传播应成为国家文化公园科普传播的重

* 张春芳，硕士，北京市通州区园林局城镇绿化服务中心工程师。

要内容。2021年北京市出台的《北京市全民科学素质行动规划纲要（2021—2035年）》明确指出要大力实施科普信息化提升工程，即“提升优质科普内容资源创作和传播能力，推动传统媒体与新媒体深度融合，建设即时、泛在、精准的信息化全媒体传播网络，服务数字社会建设”。因此，未来国家文化公园建设中不应忽视数字信息科普的传播。对于北京而言，北京大运河国家文化公园目前已完成规划，进入实施阶段。2021年北京市发布《北京市大运河国家文化公园建设保护规划》，借助北京大运河国家文化公园建设的契机，强化以大运河文化为核心的数字科普，能够为北京大运河国家文化公园建设提供重要的内容支撑，也有助于进一步推动大运河文化传播，丰富首都的文化科普内容，提升大运河文化的影响力。

一　北京大运河国家文化公园数字科普的内容支撑

北京大运河国家文化公园与数字科普的结合，是作为国际科技创新中心和全国文化中心城市定位的必然要求。一方面，国际科技创新中心需要文化内容场景的支撑，另一方面全国文化中心需要利用科技推动文化的创造性转化和创新性发展，这就意味着，北京大运河国家文化公园建设中的数字科普，为北京建设国际科技创新中心和全国文化中心提供了文化与科技融合的结合点。从整体而言，北京大运河国家文化公园的数字科普可以在以下内容板块方面进行设计。

（一）大运河文化带在国家“一盘棋”战略中的特殊性

大运河开凿有着深层次的历史原因，主要原因在于魏晋之后中国的经济中心南移。隋唐、明清之后，江浙地区成为国家财政的主要来源。因此，修凿大运河在国家“一盘棋”的战略中，就是平衡和统筹国家政治、经济、社会和文化发展的需要。“在早期历史中，北京（古称蓟城、幽州城等）只是作为边地城市而平平淡淡地存在，仅军事上具有重要意义，在经济上并无优势。但因为公元10世纪以后北方政治力量的迅速崛起，北京的政治地位陡然提升，而此时国家经济中心早已南移，这便拉大了地理上北方政治重心与南方经济重心的反差，其程度超过以往任何时代，而沟通政治重心与经济重心的大运河的地位也相应提升到历史的最高点。”① 大运河文化带在整个国家“一盘棋”战略中具有统筹社会发展的作用，但是大运河的这种统筹作用随着现代铁路、公路、民航等交通设施的快速应用而逐渐弱化，乃至消失。

功能消失并不意味着文化意义消亡。所以，北京建设大运河国家文化公园，在公园科普的内容设置与选择中，应充分借助多媒体场景展示、重现大运河对国家政治、经济、文化的统筹作用，全方位展示大运河文化带的特殊性，让更多的人认识了解大运河的历史与功能。北京是国家首都，北京大运河国家文化公园应充分利用北京多媒体平台集聚的优势，在国家文化公园科普中承载起宣传、展示整个大运河文化带的历史责任与使命。

（二）大运河北京段在大运河文化带中的独特性

大运河文化带跨越我国北京、天津、河北、山东等 8 个省市，由京杭大运河、隋唐大运河、浙东运河三部分构成，全长近 3200 公里。由于不同地域的差异，大运河文化带在每个省域以及节点城市的文化特性、文化功能并不相同。大运河北京段是大运河文化带的重要组成部分，作为大运河的北段终点，北京在整个大运河的发展中一直起着统筹整个大运河沿线南北经济、政治、城市的作用。如京杭大运河开通以来，运河沿线的城市，距离北京越近，在地理位置的定位上越能体现出以北京为统筹的性质。如淮安被称之为“北通涿郡之渔商，南运江都之转输”，徐州被称之为“通梁楚之道，诚南北之咽喉”，济宁被称之为“南控江淮、北接京畿”，聊城被称之为“漕挽之咽喉，天都之肘腋”，临清被称之为“实南北要冲，京师之门户”，德州被称之为“九达天衢，神京门户”，沧州被称之为“两京御道，九省通衢”，天津被称之为“南通江淮，北拱

① 唐晓峰：《京杭大运河何以成为经济大动脉》，《人民论坛》2020 年第 33 期。

神京”。这些城市的功能定位以北京为目标，充分展现出北京对大运河沿线城市的统筹作用。

北京在大运河沿线城市中具有的统筹作用，应是未来北京大运河国家文化公园建设科普传播的重要内容之一。尤其是在北京建设全国文化中心的过程中，彰显北京的全国文化中心地位应有出发点和落脚点，而北京大运河国家文化公园建设则为这个落脚点和出发点提供了选择。以现代数字科普的形式展现北京对大运河沿线城市的统筹作用，能为建设全国中心提供重要的支点。2021 年北京（国际）运河文化节系列活动的开展，已彰显出北京在大运河文化带中的统筹作用。

（三）大运河北京段对首都城市发展的支撑性

“漂来的北京城”这一说法在北京城市历史和文化建设中具有广泛的传播性，其本意是指元明清三朝修建北京城时，建设北京城的砖石木料都是通过大运河运抵北京的。“元明清三朝，京城上好的木料大都来自云贵川的深山老林；上好的砖石大都来自山东、河南、江苏等地……京杭大运河成为京城所需品首选的运输渠道。”① 这就意味着，大运河与北京城存在密切的关系，体现在城市、经济、社会、文化等多个领域，这些均可以作为北京大运河国家文化公园科普的重要内容。大运河对北京的支撑，已成为科普重点关注的内容。如 2020 年“京社科”推出的科普系列动漫短片《“风”从运河来》，通过“大运河造就了今天的烤鸭”“京剧也从运河来”“从运河漂来北京小吃”等节目，生动展示了大运河与北京的关系，集科学性、趣味性、故事性为一体。2021 年“北京文博”抖音号推出的《运河知多少》之“东城区”“通州区”“朝阳区”等系列节目，利用数字科普形式“讲好大运河故事”。

---

① 艾君：《探寻“漂来的北京”与“什刹海”之名来源》，《工会博览》2019 年第 23 期。

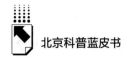

（四）大运河北京段风土文化的多元性

文化本身就是多元的，大运河全长约3200公里，时间跨度达2500多年，各地文化通过大运河在北京汇聚是不争的事实。北京大运河文化本身就是多元文化交织、交融的统一体。北京作为古都，有着浓郁的皇家文化；作为全国的文化中心，汇聚和融合着各地的地域文化；有着发达的商贸，有市井民俗文化。诸多文化类型在北京融合，从某种程度上讲，大运河文化连接着诸种文化，"北京大运河的兴衰始终与北京城市发展的轨迹协同，于是北京大运河文化作为北京传统文化的一部分不可避免地包含了皇家基因"①，承载着士大夫的文化追求，促进了沿线商业和会馆文化的兴起，带动了与运河漕运相关的信仰习俗。

北京大运河国家文化公园的建设中，以数字科普展示大运河文化的多元性，以数字内容的形式重现大运河的文化风韵，让大运河文化"活"起来。在运河科普中植入具有大运河特色的多元文化元素，能够让人们从更多样的层面认知大运河，促进大运河文化带文脉整体传承，增强公众对大运河文化带的认识和了解。

（五）大运河北京段水系闸坝的复杂性

大运河北京段的构成较为复杂，大运河北京段以白浮泉、玉泉山诸泉为水源，注入瓮山泊（今颐和园昆明湖），经长河、积水潭（今什刹海）、玉河（故道）、通惠河，最终流入北运河，涉及昌平、海淀、西城、东城、朝阳、顺义、通州等七个区，水文条件较为复杂，在工程技术上涉及水运工程、节制工程、闸坝工程、引水工程、蓄水工程等。这些工程中闸坝是运河文化的重要组成部分，"闸坝的发明，使得船只能够进入由人工控制的航行水系，并增加航行水道的水深，是运河工程体系中的重要组成部分，也往往

---

① 郗志群、匡清清：《北京大运河文化带文化遗产的代表性、多元性与整体性》，《新视野》2021年第2期。

标志着人工航道技术发展的不同阶段。”① 在所有的航道工程中，通惠河水闸体系具有代表性，元代郭守敬在通惠河设置“11 组 24 道闸的水闸体系”，沿用至明清两代。目前，二道闸、甘棠闸、杨洼闸段等仍在发挥作用。

因此，闸坝工程本身是大运河文化的重要历史遗产，加强大运河北京段水系闸坝的数字科普，是强化大运河文化对北京建设科技创新中心的有力支撑。在北京大运河国家文化公园科普工作的设置中，充分挖掘北京大运河的闸坝工程技术，以数字再现的形式复原、展示古代人民巧妙利用河湖水系、调控河流湖泊的智慧，能增强现代人们对大运河文化的了解和认知，也能够增强人们的用水、治水意识。2020 年北京市文物局在北京主办的“京杭对话”之“数字大运河：文化遗产的价值阐释与展示”主题论坛、“中国大运河（北京段）文化遗产数字化展示与遥感监测评估”等均涉及运河文化数字化问题。2021 年扬州中国大运河博物馆数字化沉浸式体验展，已体现出现代 VR 技术展示运河文化的可能性，这也为北京大运河国家文化公园开展数字科普提供了借鉴的案例。

（六）大运河北京段生物群落的多样性

在传统科普中，对生物群落的介绍展示历来是科普工作关注的重要内容。大运河北京段生物群落呈现出多样性的特征，如大运河森林公园的鸟类有鸿雁、凤头潜鸭、绿头鸭、赤麻鸭、白秋沙鸭、斑嘴鸭、普通秋沙鸭以及中华秋沙鸭等 20 种鸭科鸟类；观花类有碧桃、玉兰、丁香、海棠、芍药、月季等；观果类有桑葚、杏、蟠桃、柿子等；乔木类有杨树、柳树、槐树、梧桐、银杏等；灌木类有木槿、丁香、榆叶梅、迎春花、红王子锦带花等。运河中浮游生物种类繁多，“春季、夏季和秋季采集到的物种分别为 75 种、75 种和 56 种，密度平均值分别为 121.88 个/L、295.34 个/L 和

① 赵云、吴婷、李慧、罗颖：《大运河遗产会通河段的闸坝工程遗产》，《古建园林技术》2012 年第 2 期。

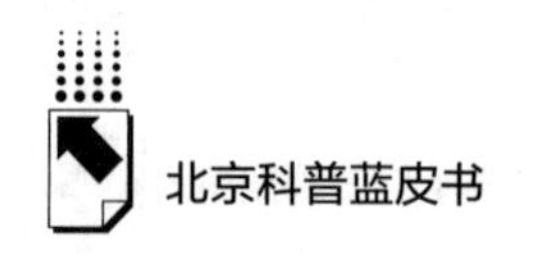

57.47 个/L”[①]。水生浮游生物的多样性，体现出大运河水系拥有一个复杂的生态系统。

北京大运河国家文化公园建设，在科普工作中加强对生物群落多样性的介绍和展示，一方面可以激发人们观察自然、热爱自然的兴趣，另一方面可以增强人们对生物多样性与环境生态复合体关系的认知。加强生物群落的科普应充分借助多媒体传播平台，如抖音、微信公众号等。如大运河森林公园中秋节“2021 爱绿一起”生态体验活动，开展的“天牛大魔王与肿腿小精灵——昆虫探索活动”“一个千古传颂的故事——蝶蛹生化”“生命因你而美丽——湿地导览活动”“你的天空如此美丽——湿地观鸟活动”等，充分与微信公众号相联系，吸引了众多中小学生参加，产生了良好的社会效果。

二　数字科普支撑北京大运河国家文化公园建设存在的短板

北京大运河国家文化公园，能够为数字科普的传播提供丰富的内容支撑，但从发展现状来看，仍存在一些短板，集中体现在以下方面。

（一）缺乏数字科普的整体规划设计

目前《北京市大运河国家文化公园建设保护规划》《北京市全民科学素质行动规划纲要（2021—2035 年）》《北京市大运河文化保护传承利用实施规划》均已发布实施，但科普活动的开展仍停留在进一步加强科普数字化进程的一般性论述中。习近平总书记指出：“科技创新、科学普及是实现创新发展的两翼，要把科学普及放在与科技创新同等重要的位置。”[②] 这也意味着，在国际科技创新中心建设和国家文化公园建设中，不应忽视科普传播

① 王汨、马思琦、徐宗学、殷旭旺：《北运河水系浮游动物群落多样性及时空分布研究》，《江西水产科技》2021 年第 5 期。

② 习近平：《为建设世界科技强国而奋斗——在全国科技创新大会、两院院士大会、中国科协第九次全国代表大会上的讲话》，《科协论坛》2016 年第 6 期。

工作的重要性。数字科普相较于传统科普而言，具有不受时间空间等条件限制、表现形式生动活泼、互动性和沉浸性强等特点，能够在宣传普及中有效地吸引受众，是数字化时代科普的主流。尽管国家文化公园整体规划、科学素质行动纲要等科普工作内容已有描述，但是对在北京大运河国家文化公园建设中实施数字科普仍然相对薄弱。“数字科普”与国家文化公园建设、科技创新中心建设之间并不是“分—总”关系，而是一个涉及全局的整体性问题，关系到北京科学素养的涵育，以及国家文化公园教育功能的发挥，具有不可忽视的意义。

（二）缺乏数字科普内容创意的提炼

北京建设大运河国家文化公园在数字科普的内容设计上，应有一个系统的、全面的规划。北京大运河文化带尽管在国家“一盘棋”战略、在整个大运河文化带中具有重要位置，以及对北京城市发展、风土文化、水文闸坝、生物族群等方面能够为数字科普提供丰富多彩的内容支撑，但在当下信息内容供给明显过剩，优质信息内容仍相对缺乏的背景下，需要对大运河文化的内容进行创意化提炼。目前，如抖音短视频平台上有一些 UP 主以大运河文化为题材，进行大运河文化的知识普及与传播，但内容较为零散，大都停留在风景介绍、观光体验等较为浅显的层面，大运河文化科普并没有形成一个具有影响力的品牌。

（三）缺乏文化科普与数字技术的双向赋能

数字科普本身是文化科普与数字技术二者融合的产物，但在现实的发展过程中，却面临着文化内容与数字技术二者不能相互赋能的状况。一方面，数字和网络传播技术的使用者尽管可以熟练地使用数字网络和现代多媒体手段，但是缺乏大运河文化的专业知识，使创作出的数字科普内容较为肤浅，偏重于摆拍、景物、景色等，创作的产品不能与大运河深厚的历史底蕴相契合；另一方面，熟知大运河文化的人大多年龄较大，在进行科普的过程中不能熟练运用现代传媒手段，且对多媒体传播的内容设计、方式等缺乏充分的了解。这就使文化科普与数字传播之间存在“专业隔阂”，二者不能进行有效的双向赋能。

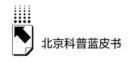

（四）缺乏数字科普内容传播的准确性和权威性

尽管近年来北京在推进科普信息化建设中取得了显著成效，但是面对国家文化公园这一新生事物，有关大运河文化数字化科普的准确性和权威性仍有待进一步提升。微信公众号等新媒体科学传播内容的科学性、准确性和权威性也有待提升。随着以手机为代表的移动媒体的发展，抖音、快手等利用短视频进行科普的 UP 主逐渐增多，但是从现有数字科普来看，科普文本多为网络软文，在如何利用微信、短视频进行科学传播，并在传播中如何确保传播内容的科学性和权威性，仍没有引起足够的重视。

三　提升北京大运河国家文化公园数字科普的对策与建议

基于以上梳理出的相关问题，为更好地实现北京大运河国家文化公园创建中数字科普的展示与传播，提出以下建议。

（一）完善顶层设计，制定数字科普的专项规划

在北京大运河国家文化公园的整体推进中，应注重国家文化建设与地方规划的有机衔接。鉴于国家文化公园在整体文化建设中，具有彰显国家民族精神、传承优秀传统文化、提升公共文化空间品质、提供文化休闲娱乐等功能，因此，充分利用数字传播手段开展各类科普活动，应从顶层设计出发，制定数字科普的专项规划，充分发挥国家文化公园的宣传、教育和服务功能，真正把国家文化公园作为数字科普的应用场景。数字科普专项规划，应从实施主体、承载平台、展示内容等层面，对数字科普与大运河国家文化公园的关系进行系统设计，力求最大限度地把大运河国家文化公园作为数字科普及其相关产业的应用场景，发挥大运河国家文化公园的国民教育和知识普及的功能。

（二）加强内容研究，提炼适宜数字传播的创意

数字科普需要内容支撑，站在科学研究服务国家战略的角度，应从社会科学和自然科学两个领域加强对大运河文化的整体、系统挖掘。在研究中，尤其应从国家“一盘棋”的角度，加强对北京大运河文化在中华文明整体进程中作用和意义的阐释，挖掘大运河在推进国家统一、区域协同、技术发展、文化交流以及生态保障等层面的价值，把北京大运河文化与当代国家战略、文化自觉与复兴以数字科普的形式充分展示出来。同时，针对优质内容供给相对缺乏的问题，应着力根据短视频传播的特点、受众群体，选取既具有知识趣味，又富有传播力的内容题材进行深度挖掘。在此，需要特别关注的是，把大运河文化内容与数字平台进行结合的过程中，应注重打造富有魅力和亲和力的科普 UP 主，主题能抓住公众的盲点或痛点，表达诙谐幽默，通俗易懂，把大运河文化科普打造为国家文化公园建设中的一个品牌内容。

（三）推动跨界融合，搭建多方互鉴的对接平台

数字科普的制作与推广具有很强的专业性，因此以北京大运河文化为题材进行科普宣传，必须搭建跨界融合的发展平台，使科普内容的供给者和科普宣发的平台能够有机衔接，使二者之间形成“双向赋能”。北京大运河国家文化公园必须具有大宣传大科普格局，推动大运河文化科普的专业化和社会化。随着北京市大运河国家文化公园的建设逐步实施，未来科普活动开发的内容会更加精彩，应加强与各部门、学校和媒体的联动，把有关大运河的科普文化知识利用现代传媒渠道传播给公众，提升国民的文化素养。北京市大运河国家文化公园应积极与主流媒体、新媒体以及科普活动企业进行多方联动，形成全社会参与大运河文化数字科普的整体格局。要像维护公园运营一样精心开展国家文化公园的科普工作，实现常态化推进，使更多公众通过数字多媒体渠道认知大运河文化的相关知识。

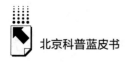

（四）强化科学指导，构建国家文化公园专属数字传播体系

为了充分利用大运河文化资源开展数字科普活动，避免微信、微博、抖音、快手等自媒体平台对资源的重复利用和无效推广，建议开设一个专属统一的“北京大运河国家文化公园科普”多媒体账户，打造一支专业的科普队伍，构建科普知识传播的共享数字平台；整合北京的人才优势，形成名家引领、公众参与和媒体推广的数字科普传播格局，提炼名家金句，以短视频的形式对大运河文化开展宣讲阐释；引入高校公开课，依托国家和北京市的各类社会组织，开展“线上 + 线下”相结合的科普活动，推动有关大运河文化的科学知识在大众之间传播。

B.10

新媒体手段促进科普知识传播路径研究

侯昱薇　李 茂*

摘　要： 研究新媒体科普传播，探究新媒体手段促进科普知识传播路径，对于科普高质量发展构建大科普工作新格局，具有重要的理论探索和实践指导意义。本文在相关领域研究回顾的基础上，系统分析新媒体科普的内涵与特点，深入剖析新媒体促进科普知识传播的基本路径。结合新时期新媒体技术平台的演进、科普工作格局的变化，指出未来新媒体手段促进科普知识传播的主要路径，并提出了相应的对策建议。

关键词： 新媒体　科学普及　知识传播

一　引言

习近平总书记指出："科技创新、科学普及是实现创新发展的两翼，要把科学普及放在与科技创新同等重要的位置。"[①] 科技成果的高效率转换，要求一支庞大的高素质创新大军，而创新人才的储备，离不开全民科学素质的普遍提高。因此，科学普及具有极其重要的战略地位，是我国创新体系建设中不可或缺的一步，它与科技创新相互促进，共同推动我国创新发展。

---

* 侯昱薇，博士，北京市社会科学院市情调研所助理研究员，主要研究方向为科技创新；李茂，博士，北京市社会科学院市情调研所副研究员，主要研究方向为互联网经济。

① 习近平：《为建设世界科技强国而奋斗——在全国科技创新大会、两院院士大会、中国科协第九次全国代表大会上的讲话》，《人民日报》2016 年 6 月 1 日。

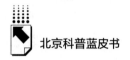

自《中华人民共和国科普法》《全民科学素质行动计划纲要（2006—2010—2020年）》颁布实施，特别是党的十八大以来，利用新媒体开展科普工作取得了显著成效：新媒体科普产品丰富、形式多元，新媒体科技传播能力大幅提高，科普信息传播渠道不断拓宽，科普信息化水平显著提升，为科普现代化建设提供了有力支撑。当前，新媒体技术正在加速演进升级，以数字化、网络化、智能化为标志的新媒体技术对信息的生产、传播、分配、反馈和传播效果产生了前所未有的重大影响。深入研究新媒体科普传播，探究新媒体手段促进科普知识传播路径，对于科普高质量发展，构建大科普工作新格局具有重要的理论探索和实践指导意义。

新媒体科普一直是学术界高度关注的问题，相关研究成果也比较丰富。于立志、张丙开等人（2015）通过问卷调查，研究了安徽省公民科学素质的总体水平，并对科学知识传播的方法和路径进行了分析，研究指出电视是科学普及的重要载体，互联网在科普中发挥的作用越发重要。徐静休、朱慧（2018）以科普新媒体“科普中国”和“果壳网”在科普传播方面的成功经验为研究对象，结合新媒体科普传播存在的问题，就新媒体时代如何提升科普传播效果提出了建议。赵文青、崔金贵、张向凤（2019）分析了科普期刊探索知识付费模式的必要性和紧迫性，并以“丁香医生”新媒体矩阵为研究对象，研究了其知识变现的机制和路径。张燕翔等（2020）较为系统、深入地探讨了新媒体科普创作的几个主要方面，并就科普内容多媒体创作和传播提出了建议。王沛然、李华英、华巍（2021）从学术期刊知识传播角度切入，系统考察了新媒体在学术期刊知识传播中的三种典型形式，并分析了新媒体对学术期刊知识传播的影响。虽然截至目前研究新媒体科普的相关成果较多，但直接研究新媒体手段促进科普知识传播路径的仍然欠缺，尤其是在信息技术日益加速变革的背景下对未来新媒体促进科普知识传播路径变化的专题性研究不足、研究不够深入。

本文在充分学习借鉴已有研究成果的基础上，系统回顾新媒体科普的内涵与特点，深入分析新媒体促进科普知识传播的基本路径，重点结合当下信息技术演进的趋势，提出未来新媒体促进科普知识传播的路径变化和发展方向，这将进一步丰富新媒体科普研究深度，为提升科普信息化水平、促进科普高质量发展、构建大科普工作格局提供研究依据和重要参考。

二　新媒体科普的内涵与特点

（一）新媒体的涵义

新媒体（New Media）属于一个较为宽泛的概念，在不同时期与不同发展阶段具有不同的含义。学术界对它的定义很多，有的专家认为新媒体是以计算机信息技术为基础，并被其深刻影响的新形态媒体；有的专家认为新媒体是媒体形态在数字信息时代的创新，具有较强的互动传播特征；还有的专家认为新媒体是基于数字技术、网络技术及其他现代信息技术和通信技术，具有互动性、融合性的介质形态和平台。从这些定义可以看出，新媒体与现代信息技术，特别是互联网技术有着紧密的内在联系。

在分析新媒体的涵义之前，有必要厘清“新”和“媒体”的界定范围。对于前者，我们认为新是相对于当下而言的。如果从历时态的角度来看，有些旧的概念和事物在某一个时期反而呈现出崭新的面貌。对于后者，我们认为媒体就是信息扩散转移的途径与平台，能够为信息的扩散转移提供物质基础、基本条件和基础设施的就可以被称为媒体。纵观媒体平台的历史，媒体的发展可以划分为以下三个阶段：一是平面媒体，主要包括印刷类、广电类和展示类媒体，如我们熟知的书籍、报纸、杂志、海报等；二是电波媒体，主要包括广播类、电视类媒体；三是网络媒体，主要包括网络搜索平台、网络社交、移动客户端等。据此，我们认为新媒体是指在新的技术支撑体系下（现代信息技术、现代网络技术）出现的媒体形态。在具体分类上，新媒体可细分为门户网站、搜索引擎、虚拟社区、电子邮件/即时通信、博客/播客、微信公众号/微信朋友圈、网络文学、网络动画、网络游戏、电子书、网络杂志/电子杂志、网络广播、网络视频、手机短信/彩信、移动报纸/出版、移动电视/广播、数字电视、IPTV、移动电视、楼宇电视等。

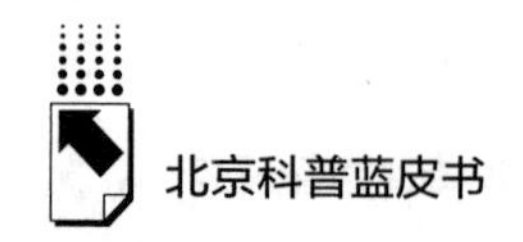

根据 Lister 等（2009）的观点，新媒体主要具有以下特征：一是数据性（Digital），新媒体的内容和形式都可以转化为信息数据进行传播；二是互动性（Interactive），新媒体最大的特点在于改变了传播链条的单向性；三是超文本（Hypertext），新媒体传播可以融合多种形式，可将文字、图像、语音等信息表现形式融合在一起，传播效果更强；四是虚拟性（Virtual），新媒体使得传播活动从现实平台转移到以网络为基础的虚拟的电子空间，使得真实世界和虚拟世界界限模糊起来；五是网络化（Networked），新媒体传播呈现出网络化传播态势，传播格局分散多元，某一节点控制信息传播全局的能力不断削弱；六是模拟性（Simulated），新媒体与现实世界保持着紧密的联系，它是现实世界在网络空间的折射。①

（二）新媒体科普的内涵

科学普及是指相关主体为了提升社会公众的科学素质，促进社会公众精神物质全面发展，进行新知识、新技术、新理念的传授、教育与传播，推动科学研究成果不断转化和投入实际应用，为经济社会发展与科学事业进步提供良好的物质环境和精神保障。不仅如此，科普还是科技创新的重要前提和基本保障，是科学进步的主要动力。因此，新媒体科普指的是依托全新媒体平台和媒介形式，开展新知识、新技术、新理念的传播，通过各种方式促进全民科学素质的提升，促进各类创新成果转化与应用。

需要指出的是，新媒体科普也是不断发展的事物，其内涵和外延随着新媒体和科普事业的变化而变化。在不断的迭代升级过程中，新媒体科普以易于接收、主体间性强、知识扩散面广、精准投送、性价比高等特点，极大地改变了已有的科普传播模式。

（三）新媒体科普的特点

相较于传统科普，新媒体科普无论在内容形式、内容流向还是实施途径

① Martin Lister 等：《新媒体批判导论》，劳特利奇出版社，2009。

方面，都有较大的创新。新媒体科普的特点主要有以下几点。

一是打破了科普活动的时空障碍。与传统科普相比，新媒体通过全新的技术手段，依托信息平台向受众传播知识和理念，消弭了受众在传统媒介获取信息的时空界限，受众可以通过电脑、移动终端或者其他网络终端获取科普知识。与此同时，科普主体也彻底摆脱了时空束缚，可以实现跨地域、跨时段、跨平台的全域科普传播。可以说，新媒体科普改变了传统科普产品的生产模式，实现了传播路径和传播方式上的创新，为科普工作注入了活力。

二是实现了科普的交流互动。传统的科普工作是单向维度的：科普主体传授讲解，科普受众接受学习。在这种模式下，科普活动的效率有限，交流互动较为匮乏，极大地阻碍了科普工作向纵深发展。采用新媒体手段开展科普活动后，受众可以自主地选择、接收信息，可以根据自身需求获取有用的科学知识，及时反馈知识学习中遇到的问题和困惑，大大地提高了科普主体和受众之间的交流程度，系统解决了传统科普单维度传播、存在时滞和主体间性不足等缺点。

三是改变了科普的单一形态。在传统科普工作中，科普内容只能通过有限的形式传播，影响力水平不高。在新媒体技术的加持下，科普产品和服务将多种表现形式融为一体，实现了信息表现的多元化，增加了趣味性和可理解性，提高了受众的学习意愿和领悟能力。根据抖音平台官方统计，截至2021 年 8 月，抖音上的知识创作者超 1 亿，包括百位专家学者；知识视频超 10.8 亿条，累计播放量超 6.6 万亿、点赞量超 1462 亿、评论量超 100 亿、分享量超 83 亿，这些成绩的取得与新媒体科普形式的多样性有着密不可分的关系。①

也要注意到，新媒体科普有着以上诸多特点特性。相对于传统科普，新媒体科普产品的质量、科普活动的保障和科普活动的开放性等方面还存在着较多短板与漏洞。在实际中一些人打着“科普”的旗帜，利用新媒体做包

① 《抖音搞科普，不再走老路子》，环球信息网，https：//www. me89. com/9018. html，2021 年 12 月 7 日。

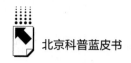

装，大肆“戏说”“恶搞”科技知识和科学理念，有一些科普主题为了吸引人们的注意、获取利润，歪曲科学知识、曲解科学原理，不少伪科学产品就是通过新媒体途径进行传播的。因此，要正确认识新媒体科普的特征特点，在深入认识科普工作本质特性的基础上利用好新媒体这一有力武器。

三　新媒体促进科普知识传播的基本路径

利用新媒体手段促进科普知识传播是今后一段时期科普工作的必然趋势和基础方法，充分发挥新媒体的特点开发科普产品、提供科普服务是科技工作者必须面对的课题。

（一）提升科普主体的范围和能力

科普主体（包括科普工作者和科普机构实体）是科普信息的制作者，是产品与服务的创造者，为了保证知识的真实性和有效性，就必须扩大、提高科普主体自身科技视野和科普能力。

首先，扩大了科普主体规模与范围。在新媒体时代，人人都是自媒体，人人都可以成为科普活动的主体。一方面，新媒体释放了科普主体的主观能动性；科普主体可以通过新媒体了解受众的需求和意见，并有针对性地开发科普产品和提供科普服务。另一方面，新媒体扩大了科普主题的范围，在信息时代任何有志于科普事业的个人、组织和单位都可以通过新媒体途径开展科普活动，使科普活动从精英主导转向普罗大众主导；不仅如此，在新媒体时代，每一个科普主题都可能成为一大群粉丝的关注主体，成为一群人的中心，科普中心的范围又进一步扩大了。例如，科学传播公益团体“科学松鼠会”就利用新媒体推出了泛科技主题网站果壳网，从而吸引、团结和培养了一批优秀的科学传播人才。①

其次，以新媒体平台推动科普能力建设。新媒体平台充分发挥先进科普

① 罗子欣：《新媒体时代如何创新科普》，《光明日报》2014年1月18日。

工作主体的作用，发挥他们的带动、凝聚和辐射效应，提升科普工作主体的能力，带动更多的科普工作者投身科普。利用新媒体平台开展培训，建设一支高素质的科普队伍，强化科普人力资源积累。通过新媒体平台设立“科普把关人”，确保传播内容的科学性和权威性，切实提升科普知识传播的广度、深度、速度、精度和强度，提高科学普及的质量。借助新媒体平台激励广大科技工作者，尤其是一线科技工作者的责任感、使命感，激发科普创作的活力，投身科普创作，壮大科普创作队伍，建设科普工作可依靠的中坚力量。不仅如此，新媒体平台可以联合广大科普主体共同开发产品和服务，创作出更多富有新时代特点、满足人民群众需求的科普新作品。

最后，以新媒体为纽带加强同行交流。一方面，新媒体技术与平台可以为广大的科普主体交流沟通创造条件，特别是在当前新冠肺炎疫情防控常态化的时代背景下，通过新媒体技术和平台开展科普主体之间的交流学习就更加必要，也为更大范围内形成科普工作的合力提供了更加宽广的舞台；另一方面，广大科普主体创新形式，以新媒体平台为基础开展科普活动，在社区科普、农村科普、科技助力精准扶贫等方面为广大群众提供更多的机会。在此基础上，新媒体平台还可以与科普日、科普节等重要科技节点贯穿融合，以灵活多样的方式组织科普力量开展系列科普活动。

（二）提高科普产品服务的质量和水平

新媒体时代强调“内容为王”，新媒体科普的开展更加依赖产品服务的质量和水平。优质的产品服务是吸引受众，提升传播效果的关键之所在。

第一，促进知识内容从科学普及向素质提升转变。在传统科普时代，科普产品和服务在内容上侧重于基本科学知识普及和基础技能培训，与社会经济发展衔接不够紧密，对经济社会发展的支撑作用不够明显。随着新媒体科普的不断发展，科普内容逐渐从知识普及向素质提升转变，并将更加注重倡导科学精神，强化价值引导。例如，一些针对青少年的科普网站逐渐侧重于青少年科学素质提升和好奇心、创新力的培养；一些头部短视频平台侧重科学理念的传播，倡导科学生产生活，理智面对各类科技谣言；一些党政干部网络学习客户端在课程设计上聚焦加强科学精神、科学思维、科学方法培养，全面提升领导干部的科学决策能力和治理水平。

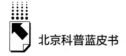

第二，改进科普活动的参与度与互动度。当前的新媒体科普平台普遍注重受众的互动程度，广大社会人士不再是信息单向度的接受者，也不仅仅是接受科普服务，而是共同融入整个科普知识传播的过程中。作为科普知识传播的代表性网络平台，“知乎”在互动环节的设计上就最大限度地鼓励参与和互动。除了传统的在线问答解惑、社区讨论以外，该平台还开设了直播平台，鼓励各个领域的专业人士开展“圆桌讨论”、“连麦交流”、线上问答等活动，为网络科普贡献才智和力量。①

第三，优化科普知识表现形式。在现实的科普实践中，一些抽象、晦涩的科学原理和科学精神难以通过单一的形式去理解。在新媒体技术的帮助下，可以综合使用多元的表现形式，不同信息载体（听觉、视觉、触觉乃至嗅觉）的优势会被集中放大，使科普信息中晦涩难懂不便于直接被理解的内容具有了全新的直观形象的表达方式。当前热门的“AR”“VR”“MR”② 技术进一步提升了科普表现形式，该技术指借助计算机及传感器技术创造出全新的人机交互体验，通过视觉、听觉、触觉等感官的模拟，让使用者如同身临其境，可以及时、没有限制地观察体验三度空间内的事物，使科普产品具有前所未有的交互性、沉浸性等特点。

（三）拓展科普信息传播的渠道与途径

新媒体平台形式多样、渠道众多，多样化的传播渠道与途径使信息有效地传输。对于广大受众群体来说，他们拥有更多的选择去遴选自己需要的科学知识和信息。

第一，建立“一对多”的传播渠道。科普网站、微博号、微信号、短

---

① 《玩转知乎系列指南——直播篇》，知乎，https：//zhuanlan. zhihu. com/p/136717804，2020年4月27日。

② “AR”全称 Augmented Reality，涵义为增强现实（扩充实景）；“VR”全称 Virtual Reality，涵义为虚拟现实；“MR”全称为 Mixed Reality，涵义为混合现实（混合实景）。

视频等新媒体科普活动通过这种途径实现传播。由于面对大量的受众，这种传播方式注重科普内容的科学性和表现形式的易理解度，重视科普内容和民众需求准确对接，强调科普人员和受众的互动交流。这方面的典型代表有“中国科普网”、各大科普博主的微博和微信公众号等。

第二，建立“多对多”的传播渠道。微信群、科普论坛、线上研讨会等新媒体科普活动通过这种途径实现传播。总体上看，这种传播方式强调思想的交流和观念的碰撞，用户规模有限，但互动交流程度更高。内容上则是以一些科技细化领域知识为主，强调前沿性和前瞻性。这方面的典型代表有知乎网开设的“圆桌论坛”“食品科普论坛”。

（四）实现科普知识的受众细分和精准推送

传统媒体科普是单向度的过程，难以面对受众实现科普知识的客户细分和精准推送。而在新媒体时代，这种局面有了较大的改观。通过新媒体用户终端的信息，有效制定个性细分和精准推送方案，提高了科普传播效力。

第一，利用全新技术进行受众细分。利用大数据、云计算、人工智能等技术，结合新媒体后台的用户数据，通过各个层面的数据信息对用户或者产品特征属性的刻画，对这些特征分析统计挖掘潜在价值信息，清晰地勾勒出一个用户的信息全貌，较为全面地掌握用户的个性化需求，实现受众细分。在此基础上，制定有针对性的传播方案，更好地满足用户的需求。从目前情况来看，各大科普网站都已经采用这种“用户画像”（有的又称为“用户标签”）技术进行受众细分，制定差别策略，以提升用户黏性和日均访问量。

第二，根据受众细分实现精准推送。在受众细分的基础上，新媒体平台通过智能化信息传播手段，实现用户需求的精准供给，极大地降低了用户获取信息的时间成本，为科普活动提供了高效平台。从实践情况来看，现阶段各大主流新媒体科普平台的推送算法日渐完善，精准推送的范围更广，受众更多。信息定制化、资讯分众化已经在科普信息传播领域得到了较广泛的应用。

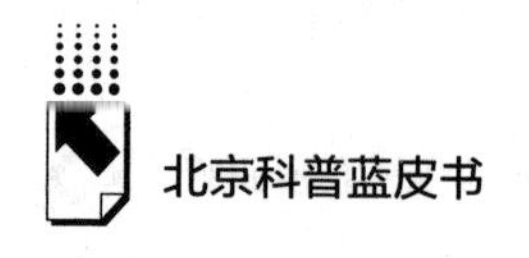

四 未来新媒体促进科普知识传播的路径演变

（一）未来新媒体的演进

新环境、新技术、新需求不断推动新媒体的发展与改变。未来新媒体将呈现出不断升级演进的态势，主要表现在以下几个方面。

一是智能水平加速提高。媒体和大数据、人工智能技术、区块链技术、边缘计算、云计算等技术的结合已经较为成熟，形成了一系列具有商业应用价值的新媒体产品和服务。智能推荐、语音识别、语义分析、智能传感器等技术的应用正在重塑信息生产和传输的各个环节。今后一段时期，各大新媒体平台将以智能技术应用为抓手，加快自身升级演进速度。新媒体智能化水平的提高将使优质内容要素集聚，形成规模效应。与此同时，新媒体智能化应用程度加深使内容更具影响力，传播效果显著提升。

二是媒体融合深度推进。在前一个阶段，媒体融合还处在简单的“做加法”阶段，即“互联网+”阶段，以传统媒体+互联网的单向融合形式为主，如报纸+互联网，广播、电视+互联网等，传统媒体大都只在内部设置电子版媒体模块。未来，媒体融合将从简单的“做加法”向“促革新”转变，全媒体传播模式将成为主流，媒体横向连接将会进一步推进，各层级媒体间协同高效的合作关系将向纵深发展。

三是用户中心和用户参与愈加重要。在未来新媒体环境下，“以用户为中心”的传播理念将贯穿到产品和服务设计生产传播反馈的全过程中。新媒体传播将会满足受众越来越精细、个性化的需求，内容制作和表达形式上也将着重考虑用户的个性使用和私密诉求。不仅如此，未来新媒体将更加强调受众、用户的参与性。利用高参与度，推动媒体的关注量增长，吸引用户的注意力，进而实现显著的商业价值。

除上述趋势之外，内容付费、社交化产品、跨文化交流都是今后新媒体升级演进中呈现出的显著特征，将对未来新媒体发展格局构成重大而又深远的影响。

（二）科普工作格局的变化

首先，科普工作的基本理念进一步完善。当前，科普工作的核心理念正发生着根本变化，科普工作者逐渐认识到，简单的传授知识技能，无法很好地将科学精神和创新精神普及全民，科普工作的重点，应着眼于科学观念与科学精神的树立、培育全民创新精神和营造科技创新的社会氛围，科普供给侧改革力度将会加大。今后的科普工作将以价值引领为主要目标，通过各种方式和途径弘扬科学精神，帮助广大群众形成理性思维、行动的基本逻辑和基础模式。

其次，科普工作的方式进一步改善。科普工作方式从过去的数量粗放型转变为内涵集约型，通过具有知识性、趣味性和人文性的科普，以更加人性化、平民化、生活化的姿态去面向大众、贴合大众。采用各种方式方法，正确引导广大群众，让他们体会到科学观念的正确性和科学思维的现实指导意义。

再次，科普工作的协作进一步提升。科普工作主体众多、结构复杂，既有各级研究机构组织，又有致力于科普事业的个人群体等，在以往的工作格局中这些主体由于种种原因常常不能形成合力，“各自为战”的态势还很明显。未来，相关部门将加强制度创新与制度供给，进一步完善现有工作机制，形成高效合理的科普管理模式，极大地提高科普工作的效率。

最后，科普工作的创新进一步加强。创新既是科普工作的目标，也是科普工作自身需要达到的标准。要以创新和发展的眼光看待科普工作，不断保持自身内容的更新、模式的创新和思想的发展，时刻跟进科技前沿发展，将创新贯穿到科普工作的全过程全链条。突出科普的思想创新、制度创新、机制创新，推动内容创新、方式创新、活动创新、传播创新、资源管理创新和运行机制创新等，营造干事创业的良好环境。

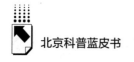

（三）未来新媒体促进科普知识传播的路径演变

新时期，科普工作与新媒体的结合越发紧密，前沿技术应用和全新平台建设将使科普知识传播呈现出更高质量、更高效率、更加精准的态势。

一是提高科普产品内容质量。借助全新技术应用和信息平台，科普产品的内容制作将实现用户生产内容（UGC）向专业团队生产内容（PGC）相结合①，不断提升科普信息内容质量。传播内容更加侧重于专题专项科普和科学素质提升，前者针对对经济社会发展有着重要影响的新科技、新领域精心设计讲解内容，讲求传播效力；后者有针对性地向特定区域、不同群体（如科学素质薄弱地区，如青少年、农村居民、产业工人、党政人员等）普及科学知识与科学方法，训练科学思维，提高分析问题的能力。

二是促进科普平台建设水平上一个新台阶。打造科学权威、有价值引领和责任担当的头部科普新媒体平台，利用品牌效应广泛地聚集社会各界力量共建共享，统筹推进内容、专家、团队等资源的汇聚和运用，开拓推进品牌、渠道、活动等矩阵建设。与此同时，利用平台吸引聚集科普主体，形成一支规模可观、结构合理、各有侧重、规范发展的科普人才队伍。

三是提升科普活动互动度。新媒体科普活动应进一步弘扬“开放、共享、协作、参与”的互联网精神和互联网思维，注重“用户体验”和需求导向。科学认识全新媒体技术应用场景，加大技术应用开发力度，重点开发“元宇宙”、脑机交互等科普产品服务，推动泛在、精准、交互式的科普服务成为现实，使科普活动更加高效快捷，充满乐趣。

四是加快科普设施更新换代。利用新媒体技术和平台的移动性、开放性，加速科普类基础设施（包括软件和硬件）的建设和更新，从数量、质量两方面，增强科普基础设施的建设布局，为科普公共服务的全面发展和高效发挥提供基础保障。借助新媒体技术建设流动科技馆，有效解决薄弱地区

---

① UGC 是 User Generated Content 的简称，就是用户生成内容，即用户原创内容，用户将自己原创的内容通过互联网平台进行展示或者提供给其他用户。而 PGC（Professionally Generated Content）指的是专业生产内容。

科普资源不充足的问题。利用新媒体技术，加大科普展品和教具研发力度，全面改善科普硬件条件。

五是建立科普成效监测评估体系。通过新媒体科普平台，建立常态化、科学化的科普检测评估体系，收集、存储、处理科普活动基础信息，围绕国家科普相关政策的执行，重大科普项目、活动的实施，科技创新主体和成果科普的效果等内容，开展常态化监测评估服务，为科普事业战略决策提供参考。

六是加大对外交流力度。利用新媒体的开放性，本着构建人类命运共同体的基本原则，加大我国最新科技创新成果在世界范围内的传播和共享力度，讲好中国科技创新故事，服务科技外交，为促进全球公众科学素质提升贡献中国智慧和中国力量。

五 结语

习近平总书记曾明确指出："要研究把握现代新闻传播规律和新兴媒体发展规律，强化互联网思维和一体化发展理念，推动各种媒介资源、生产要素有效整合，推动信息内容、技术应用、平台终端、人才队伍共享融通。"① 这一论断将是我国新时代利用新媒体开展科普工作的指导思想和行动指南，对于实现科普高质量发展，推动"大科普"格局形成具有重大战略意义。因此，广大的科普主体要切实提高政治站位，扩展思想视野，深刻领会习近平总书记的系列讲话指示精神，顺应新媒体内涵、手段、特点与演变，把握科学普及工作的历史性定位，从推动科技创新、社会进步和时代发展，实现中华民族伟大复兴的战略高度，制定科普工作计划，大力推进科普供给侧改革，优化产品内容与结构，提高科普服务数量和质量，推动科普工作高质量发展。

① 曹智、栾建强、李宣良：《习近平在视察解放军报社时强调 坚持军报姓党 坚持强军为本 坚持创新为要 为实现中国梦强军梦提供思想舆论支持》，《人民日报》2015 年 12 月 27 日。

参考文献

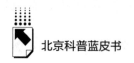

[1] 于立志、张丙开、黄银生等:《安徽省科普知识传播方法和路径的分析研究》,《湖南科技学院学报》2015 年第 10 期。

[2] 徐静休、朱慧:《新媒体时代提升科普传播效果的对策与建议——以科普新媒体“科普中国”和“果壳网”为例》,《传媒》2018 年第 18 期。

[3] 赵文青、崔金贵、张向凤:《科普期刊知识付费模式探析——以丁香医生新媒体矩阵为借鉴》,《编辑学报》2019 年第 3 期。

[4] 张燕翔:《新媒体科普概论》,中国科学技术出版社,2020。

[5] 王沛然、李华英、华巍:《新媒体出版在学术期刊知识传播中的应用路径》,《出版广角》2021 年第 14 期。

[6] 朱婷、仇上斌:《新媒体背景下医院健康科普宣传实践》,《江苏卫生事业管理》2021 年第 10 期。

[7] 周志颙、倪司琴、刘新梅:《新媒体传播下的校园科普推广对策研究》,《产业与科技论坛》2021 年第 18 期。

[8] 郝瑞林、张欢灵、和红梅等:《新媒体科普运用发展研究》,《科技传播》2021 年第 16 期。

[9] 陈颖娣:《新媒体环境下如何提升科普宣传的有效性》,《中国报业》2021 年第 16 期。

[10] 史玥:《新媒体技术在科普传播中的应用》,《天津科技》2021 第 6 期。

[11] 朱秋艳:《新媒体环境下公立医院健康科普的实践与思考——以北京安定医院为例》,《新闻研究导刊》2021 年第 9 期。

[12] 孙洛浦、刘纪达:《基于内容识别的政务新媒体消防科普特征研究》,《科技传播》2021 年第 8 期。

[13] 秦洪扬:《新媒体时代科普公益主题插画的制作研究》,《戏剧之家》2021 年第 10 期。

[14] 黄冰毅:《突发公共事件下新媒体渠道科普知识传播表现研究——以丁香医生发布的新型冠状肺炎疫情信息为例》,《情报探索》2020 年第 9 期。

B.11
北京网络科普内容传播现状与秩序治理研究

周 玥　王林生*

摘　要： 报告根据北京网络科普内容传播的发展情况，描述了网络科普内容传播的现状，总结出网络科普内容传播特征。结合北京网络科普内容传播实践，总结出北京在目前网络科普工作中的不足之处。从北京网络科普秩序的治理思路出发，对网络科普信息化建设、网络科普人才队伍建设、科普产业建设、网络科普传播谱系等方面提出有关建议，以加强北京科技创新中心建设，打造首都科普新名片。

关键词： 网络科普　科学传播　科普信息化

一　网络科普内容传播现状

中国科协公布的2020年十大事件中，“协同化科普助力全民科学素质提升”入选。据统计，2020年全国科普日开展各类科普活动3.7万项，线下活动参与超2亿人次，线上浏览超10亿次。科技部发布的2020年度全国科普统计数据显示，共建设科普网站2732个、科普类微博3282个、科普类微

* 周玥，中国社会科学院大学少数民族文学系硕士研究生，主要研究方向为文艺理论、文化研究；王林生，博士，副研究员，首都文化发展研究中心，主要研究方向为文化新业态、文化政策。

信公众号 8632 个。[1] 2014 年以来，北京坚持和强化“四个中心”功能建设，科技创新中心建设取得显著成效，2020 年北京市公民具备科学素质比例达到 24.07%，处于全国领先水平，进入高水平的发展阶段。这得益于互联网等技术的发展，以及后疫情时代的特殊背景叠加，网络已经成为科普的重要阵地，特别是在科普抗疫、助力疫情防控和生产中发挥了不可替代的作用。

（一）网络科普关注度大幅提升

随着我国综合国力的提升，互联网、移动端等新媒介的发展，科普政策的支持，网络科普的关注度大幅提升。微信、微博、抖音、快手、哔哩哔哩等各大平台多点开花。特别是在新冠肺炎疫情发生以来，互联网成为发布疫情情况、普及防护知识、及时辟谣等有关科普内容的重要平台。《微博 2020 用户发展报告》显示，在 2020 年疫情期间，微博成为疫情报道、疫情发布、疫情求助、疫情辟谣等内容的主要交流平台。除此之外，2021 年上半年微博热搜泛社会爆词 27 个，相比 2020 年下半年，泛社会爆词数量提升 9 倍。其中，“神舟十二号发射升空/神舟十二号发射圆满成功”位居热搜榜第一，祝融号火星车成功着陆当日，“祝融”也成为爆词，榜上有名。[2] 人们关注科技、社会等知识类新闻已经逐渐成为一种习惯。

（二）短视频成为重要传播形式

目前，网络科普内容主要依据图文、音频、视频、H5 等形式进行传播，为人们创造了获取知识的多重途径。在众多传播形式中，短视频已经成为网络科普的主要阵地。短视频已深度渗透到人们的日常生活中，数据显示，10 岁及以上网民观看短视频的比例为 90.4%，其中 50 岁及以上“银发 e 族”用户占比超 1/4。“银发 e 族”用户制作/发布短视频的用户比例达 30%。[3]

---

① 科技部发布 2020 年度全国科普统计数据：《科普工作经费为 171.72 亿元》，中国科普网，https://baijiahao.baidu.com/s?id=1717222766225962579&wfr=spider&for=pc。

② 《微博热搜榜趋势报告（2021·上半年）》。

③ 《2021 年短视频用户价值研究报告》，《中国广视索福瑞媒介研究（CSM）》。

就网络科普而言，短视频已经成为网络科普传播的重要途径。抖音发布《2021抖音自然科普内容数据报告》显示，过去一年抖音自然科普类视频累计播放近330亿次，环比增长44%，7亿人次为相关作品点赞，环比增长97%，短视频成为自然科普内容的重要传播形式。抖音万粉以上自然科普账号同比增加107%。B站曾携手中国科学院物理研究所、科普中国举办“科学3分钟——全国科普微视频大赛”，并于2021年设置知识专区，将科学科普纳入子门类。

（三）青少年为网络科普的主要受众群体

网络科普不仅内容涉及广泛，包含气象、生态、海洋、宇宙等自然科学，还包括生物、基因、神经、遗传、医学等生命科学以及科普辟谣等多方面内容。其受众群体也呈现年轻化态势。《抖音青少年模式数据报告》中显示，对于14岁的青少年来说，科学科普是最有吸引力的内容。故宫博物院、中国国家博物馆、陕西历史博物馆、中国科学技术馆和西安碑林博物馆分列青少年喜欢的博物馆前五名。在青少年最爱的视频合集TOP5的创作者中，首次出现了厦门科技馆的身影，其创作的“科学也是超能力”，收获了数十万的点赞。在最受青少年喜爱的创作者前十名中，我是不白吃、无穷小亮的科普日常、摩登大自然等8位科普相关的创作者入围。

（四）网络科普内容生产者逐渐多元化

由于科普内容创作需要以专业的知识背景为基础，本身为民众个体的加入设立了极高的门槛。网络科普的起步阶段，创作者多以官方为主建立自媒体，专业从业人员为内容生产或讲述者。以典赞·2019科普中国十大科普自媒体为例，以官方为主体注册的科普自媒体约占七成。如今，越来越多的个人科普自媒体进入人们的视野，并且获得了较好的反响。科普自媒体“无穷小亮的科普日常”以生物、植物鉴定为主要内容，其创作者为中国农业大学昆虫学专业硕士，同时也是《博物》杂志副主编、《中国国家地理》融媒体中心主任。截至2021年11月，他在抖音获赞突破1亿，吸引粉丝1955万。在B站获赞2600多万，同时与中国国家地理官方账号进行联动，取得了不错的关注度。汪品先院士开通B站账号，进行海洋科学普及，入驻B站仅三个月粉丝近百万。官方与个人同步发展，使网络科普内容生产者逐渐多元化，创造了良好的网络科普生态，推动了网络科普事业的繁荣发展。

表1　2019科普中国十大科普自媒体

典赞·2019科普中国十大科普自媒体		
名称	类型	内容
二次元的中科院物理所	bilibili账号	账号运营团队由物理所一线科研人员组成,除通过科普文章、短视频等形式传播科普内容外,他们还坚持每周固定时间在实验室进行科普直播。
中国天气网	微信公众号	截至2019年11月,订阅粉丝数超115万,已创作2800篇原创科普内容。
中国国家天文	新浪微博	已创办7年,截至2019年11月,粉丝数超200万,单条内容平均阅读量在3万以上,每天推送内容5条以上,其中原创内容超过2/3。
中国科技馆	快手号	创建于2019年,截至2019年11月,发布原创视频56部,粉丝数超过49万,视频播放量超过6000万人次,点赞数超过150万。
中国科普博览	抖音号	2018年7月创建,抖音号粉丝量46.9万,共发布抖音作品68个,原创率100%,所发作品累计点赞量66.9万,累计浏览量4308万。
中国消防	新浪微博	创建于2013年,以传递消防科学知识为理念,主要发布突发事件消防救援、消防业务、消防科普知识、消防员的生活等内容。
把科学带回家	微信公众号	建于2015年,用户数31.3万,账号至今发表文章1471篇,其中原创文章1077篇,单篇平均阅读量1.4万以上。
急诊夜鹰	新浪微博	创建于2012年,截至2019年11月底,微博粉丝数95.4万,微博年阅读数超过一亿人次,全网粉丝数超过140万。
量子学派	微信公众号	成立于2016年12月,账号粉丝数105万,发布文章335篇,其中原创268篇,占总文章数的80%,40%的原创文章阅读数超10万,文章总阅读数5818万,总转发数269万,文章总点赞数15万,平均每篇文章点赞数448个。
游识猷	新浪微博	"游识猷"是果壳网主笔颜园园的个人微博,粉丝数365万。

资料来源：中国科普网。

（五）科普向大科普过渡发展

自2006年中国科协年会提出“大科普”定位后，“大科普”概念得到了推广。近年来，随着科普工作的开展与深入，“大科普”得到了充分的实践与探索。科普由狭义的技术性、科学性知识普及，进行了科普对象、内容、形式的扩充，形成了大科普趋势。狭义科普领域得到充实与拓展，从航天、海洋、生物到日常身体健康等内容，既仰望星辰又触手可及。同时，人文社科领域也被包含在科普内，人文知识的普及与科学技术的普及成为大科普的两翼。2019～2021年典赞·科普中国十大网络科普作品比较分析，科普内容多样，形式以音视频、主题演讲、线上展览为主，人文社科类网络科普作品占比提升，出现了《紫禁城·天子的宫殿——地下寻真》、《八大作：官式古建筑营造技艺》、《这里是中国》、“每日红色地图”专栏、《100年，重塑山河!》等优质大科普内容。网络科普作品质量变好，形式创新，领域融合。

表2　2019科普中国十大网络科普作品

典赞·2019科普中国十大网络科普作品		
名称	类型	创作单位
《3分钟回答你对垃圾分类的所有疑问》	视频	中国科学院计算机网络信息中心、北京闪联传媒技术有限公司
《中国旱涝五百年》	H5	华风气象传媒集团中国天气网、国家气候中心
《中国稀土 点亮未来》	视频	中国稀土学会、中国科协信息中心
《百年孤独的阿尔茨海默症》	主题演讲	中国科学院计算机网络信息中心
《百变小加之小加向前冲》	视频	浙江省科学技术协会
《欧阳自远院士：我们为什么非要到月球的背面去》	视频	新华网股份有限公司
《科技向未来》	主题演讲	中央纪委国家监委网络中心
《科学榜样》	音频	中国科学技术出版社有限公司

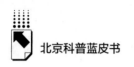

续表

名称	类型	创作单位
《美丽科学|中国动物：展现中国两栖和爬行动物之美》	视频	安徽新知数媒信息科技有限公司
《紫禁城·天子的宫殿——地下寻真》	视频	故宫博物院

资料来源：中国科普网，http：//www. kepu. gov. cn/www/article/5cf180294cfc4deebc7300bf4bf24a66。

表3　2020科普中国十大网络科普作品

典赞·2020科普中国十大网络科普作品		
名称	类型	创作单位
阿U抗疫科普	视频	杭州阿优文化科技有限公司
《八大作：官式古建筑营造技艺》	视频	故宫博物院
“大医精诚 无问西东——中西医结合抗击新冠肺炎疫情纪实展”	展览	中国科学技术馆
《科学的力量》	视频	中央广播电视总台纪录频道、中国科学院科学传播局、北京全景国家地理影视有限公司
“聊天儿”	图文	中国气象报社、新华网
“深海勇士号载人潜水器”	展览	中国科学院计算机网络信息中心、中国科学院深海科学与工程研究所
“首都科技创新成果展——人类与传染病的博弈主题展”	展览	北京科普发展中心、北京科学中心
《细胞总动员》	图书	中国科学院动物研究所
《这里是中国》	视频	星球研究所、中国青藏高原研究会
《中国大科学装置出版工程(第三辑)》		中国科学院

资料来源：中国科普网，http：//www. kepu. gov. cn/www/article/f4ce2d104e0a4130905b68e88f4a4f46。

表 4　2021 科普中国十大网络科普作品

典赞·2021 科普中国十大网络科普作品（公示）		
名称	类型	创作单位
“每日红色地图”专栏	图文	中国地图出版社有限公司
《100 年，重塑山河！》	视频	星球研究所
《芯片再难，有两弹一星难吗？》	视频	袁岚峰
《倪光南院士聊开源》	视频	中科海镁（北京）科技有限公司
“你好，月球丨我国首次月球采样返回任务”系列科普作品	图文、视频	中国宇航出版有限责任公司
《十问基因编辑（2 集）》	视频	中国作物学会、光明网
《儿童安全座椅保命实拍》	视频	北京果壳互动科技传媒有限公司
《中国空间站的天宫筑梦之路（系列视频）》	视频	北京空间飞行器总体设计部
颈腰椎健身操系列	视频	复旦大学附属中山医院、复旦大学医学科普研究所
《从新一代载人飞船到中国空间站三维动画系列》	视频	星智科创团队

资料来源：科普中国官方网站，https：//zt. kepuchina. cn/2021/dz1012/indexPC. html。

二　网络科普内容传播存在的问题

网络科普实践已经取得了一些成绩，网络科普格局初具规模。北京在国际科技创新中心建设中，更是在网络科普实践中发挥排头兵与先锋队作用。2020 年 9 月推出的“人类与传染病的博弈”主题展，引起 150 个团体、10 万余名观众、220 余家全媒体的关注，全网点击量累计超 7500 万，被评为“2020 科普中国十大科普作品”。[①] 2021 年跨年夜，举办了国内首个科技领域科学家接力演讲迎接新年的大型跨年活动。中科院院士薛其坤、王中林、

① 北京市科协：《打造首都科普新名片 促进首都科普新发展》。

金涌等 11 名科学家在北京电视台作了 3 个半小时的接力演讲，线上平台总播放量达到 608 万次，微博相关话题互动总量达到 3086.2 万人次，科学家演讲金句及视频在网络上持续传播，《人民日报》以“科普创新大有作为”为题发表评论员文章。[①] 但是网络科普中的乱象仍然不容忽视。

（一）伪科学网络谣言仍然存在

尽管科普辟谣在疫情期间对于缓解焦虑、稳定社会秩序等发挥了重要作用，但是“伪科学”谣言仍然肆意传播，特别是在医学健康、食品安全、科学等方面，出现了标题党、“伪科学”消费、养生保健类等科普乱象。互联网等科技的发展，使得造谣制作成本低，传谣速度快，谣言影响面广泛，微信、短视频平台、直播带货等成为谣言传播的主要阵地。《后疫情时代网络谣言治理社会价值研究报告》[②] 显示，百大网络谣言案例中，涉及新冠肺炎疫情、医疗健康、食品安全的数量超过七成，形成了内容形态伪装化、传播周期短频化等特质。混合型的、带自我更新能力的、动态演进的谣言对网络谣言治理提出了挑战。[③] 网络科普在提升公民科学素养、网络谣言治理、构建网络生态文明方面任重道远。

（二）网络科普有效供给不足

就目前网络科普内容来看，内容创作缺乏创新，内容输出方式出现同质化。对于人文艺术领域的形象化、故事化等讲述方式运用较少，缺乏吸引力。科普内容的纵深化发展还处于起步阶段，个性化、精准化内容创作缺乏，无法与需求匹配。就网络科普内容创作者来看，内容生产以官方为主，自媒体占比不高，科普效果分化较为严重，从事科普方面的专业人才缺乏。优质的网络科普内容传播需要过硬的专业素质、理性中立客观的立场、贴近

① https：//view. inews. qq. com/a/20210604A0A6PA00。

② 由复旦大学新闻传播与媒介化社会研究基地、光明网、腾讯较真平台、腾讯数字舆情部联合出品，https：//m. thepaper. cn/baijiahao_ 13611214。

③ 沈逸，复旦大学网络空间治理研究中心主任。

大众的话语方式、相关的传播技巧等全方位的综合素质，对于科普从业人员提出了新的要求。网络科普有效供给不足，网络合理需求无法得到满足，缺乏受众正反馈，导致网络科普内容创作积极性削弱，长期不利于网络科普环境的建立。

（三）科普理念与科普实践更新滞后

目前的网络科普内容主要集中在自然科学、生命科学、医疗健康、食品安全等狭义科普方面。对于人文社科领域的知识普及，在认知中仍未纳入科普这一领域，缺乏“大科普”意识。另外，在网络科普传播中，更多重视科学知识的传播与普及，在如何运用科学方法、突出科学思维方面，没有获得充分的认识与发展，科普理念与科普实践仍未突破知识搬运的一般框架。在科普实践中，缺乏线上与线下的有机联动，融而不和。同时，网络科幻作为网络科普的组成部分缺乏足够重视、缜密研究与优质供给。科学精神与科学思维才是提升公众科学素质，培养创新精神，营造科学理性的社会氛围的源头活水。

（四）“首都特色”有待进一步彰显

综合各项数据来看，优质网络科普内容传播自媒体以及网络传播内容的生产制作单位的所在地多数位于北京，凸显了北京的浓厚科技传播氛围。但对于北京专属的“首都特色”网络科普内容，仍需要进一步努力。围绕北京特色科技前沿、内涵丰富的人文历史景观、国内外会议与赛事活动等与北京高关联的科学成果以及相关话题，网络科普内容创作有待持续发力。没有整合有关网络成果以及科普规划，形成首都特色科普品牌与特色科普产业。

三　北京网络科普内容传播秩序治理

综合上述网络科普的现状与发展趋势，北京网络科普内容传播存在的普遍与特殊问题，综合《全民科学素质行动规划纲要（2021—2035 年）》《北京“十四五”时期国际科技创新中心建设规划》等政策的总体原则、指导思想、发展目标，应对北京网络科普内容传播秩序进行针对性治理，推动科学普及与科技创新两翼齐飞，助力北京国际科技创新中心建设。

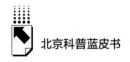

（一）紧扣北京中心工作建设

2014 年 2 月，习近平总书记考察北京时曾对北京的核心功能进行了明确定位，即全国政治中心、文化中心、国际交往中心、科技创新中心。北京网络科普内容传播应紧扣北京“四个中心”建设思路，并在相关领域为北京“四个中心”建设贡献力量。

在文化中心方面，深入大科普概念，围绕“一核一城三带两区”总体框架，以中轴线申遗保护行动计划、“三条文化带”保护传承利用建设、“三山五园”地区整体保护等为抓手，推动文化遗产保护活化利用，加强文物科技创新。推动社会科学科普，弘扬创新文化，增长文化知识，增强文化自信，以文化科普助力推动北京全国文化中心建设，推动文化与科技融合发展。

在科技创新中心方面，进行科普信息化提升，明确推动“科学普及与科技创新同等重要”的制度安排基本形成。通过全媒体科学普及，民众科学素质显著提升，使创新要素流动顺畅，制约科技创新的障碍进一步破除。助力“创新高地”建设实现新突破，“创新生态”营造形成新成效，“科学中心”建设取得新进展。

在国际交往中心方面，拓展国际创新合作新路径。在科技对外交流中，加强科普工作、普及教育、科学辟谣等方面的多方对话，加强国际科技创新中心虚拟展厅建设，拓展科普“走出去”的渠道和领域，开展国际化交流合作。积极融入全球科技创新网络，助力形成具有首都特色和首都水准的国际科技交流合作新格局。

（二）提升网络科普信息化

提升新媒体科普传播能力。在技术方面，推进网络科普与人工智能、大数据、区块链、虚拟现实等技术的融合。延伸受众感知，实现网络科普的场景化应用，推动传播方式升级。加强“首都科普”平台建设，充分利用已有科普资源传播网络平台。在内容生产方面，大力开发动漫、短视频、游戏等多种形式的网络科普作品。推动图书、报刊、音像、电视、广播等实现新媒体多渠道传播。实施科幻产业发展有关规划，聚焦新首钢高端产业综合服务区等重点区域建设科幻产业集聚区，推进科技网络传播与影视融合，搭建高水平科幻宣传网络平台，营造具有首都特色的科幻氛围。

（三）加强科普人才队伍建设

树立面向经济主战场、国家重大需求、人民生命健康、文化等重大题材的“大科普”创作观念。逐步推动科学传播专家团队建设成果线上转化。强化适应网络科普服务大众化、需求品质化、个性化的科普高技能人才培养建设。强化科普人才有关激励机制，实施繁荣科普创作资助计划，支持优秀网络科普原创作品。重视以“互联网＋”为基础的科普人才教育，加强媒体从业人员科学传播能力培训。

（四）加快健全科普产业

我国科普产业已初具规模，但是仍存在规模偏小、市场化程度不足、产业上下游未建立完善等问题。应依托数字网络技术发展成熟的契机，大力发展、健全科普产业，以有一定文化基础的科普内容和科普服务为核心，推动科普特别是网络科普的产业化发展，传播社会科学知识、科学思想、科学精神和科学方法。推动高等院校、科研机构、企业、政府等机构共同参与到科普产业中，在创新活动中发挥多主体相互关联作用，构建新时代科普创新网络。

（五）构建网络科普传播谱系

构建多主体、全场域的网络科普传播体系。通过与高等院校、科研机构、企业的沟通合作，使其在网络科普传播的各个环节发挥优势，初步形成网络科普传播谱系。引导主流媒体加大科技宣传力度，增加科普内容，增设科普专栏。促进媒体与科学共同体的沟通合作，增强科学传播的专业性和权威性。线上线下形成合力，并通过虚拟现实等数字技术实现“1 + 16 + N”发展体系场景延伸，实现科普数字化、智能化。

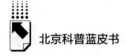

（六）打造首都科普新名片

依托北京加快打造全球数字经济标杆城市、提升智慧城市建设水平、构建公共卫生安全科研攻关体系、实施科技冬奥专项计划等契机，准确把握围绕北京特色科技前沿、内涵丰富的人文历史景观、国内外会议与赛事活动等与北京高关联的首都特色科学成果以及相关话题，在网络科普中融入北京特色标识。提升网络科普内容传播与北京的关联度、识别度。在加强北京科学中心建设中，打造首都科普新名片，树立首都科普新地标。

典型案例篇

Typical Cases Reports

B.12 北京应急科普工作路径探析

——以新冠肺炎疫情为例

郝琴 李杨 刘玲丽 张熙*

摘 要： 2020年初突如其来的新冠肺炎疫情，既是一场公共卫生领域的人民战争，也是一场全民科学素质的大考。科普作为提升公众科学素养的重要手段，健全完善应急科普体系势在必行。本文梳理总结北京地区疫情期间的应急科普工作现状和存在的问题，建议完善应急科普的体制机制、整体规划、资源平台建设和传播体系，促进应急科普在传播科学知识、消除谣言影响、引导社会舆论、稳定社会秩序等方面发挥重要作用，有力服务疫情防控和经济社会发展。

* 郝琴，硕士，北京科技创新促进中心文化科技与科普工作部（工业设计部）副研究员，主要研究方向为科技政策与科普研究、科普监测；李杨，北京科技创新促进中心文化科技与科普工作部（工业设计部）馆员，主要研究方向为科普管理；刘玲丽，北京科技创新促进中心文化科技与科普工作部（工业设计部）馆员，主要研究方向为科普管理；张熙，北京科技创新促进中心文化科技与科普工作部（工业设计部）助理研究员，主要研究方向为科普管理。

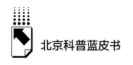

关键词： 北京 应急科普 工作路径

习近平总书记多次指出要把科学普及、科技创新放在同等重要的位置，党的十九大提出“弘扬科学精神，普及科学知识”。2020年，我国公民具备科学素质比例达到10.56%①，其中北京为24.07%，科普工作总体向好，成效显著。2020年，新冠肺炎疫情的冲击对科普工作提出更高要求。2020年，中共中央总书记、国家主席、中央军委主席习近平多次对新冠肺炎疫情防控工作作出重要指示，强调始终把人民群众生命安全和身体健康放在第一位，全面提高依法防控、依法治理能力，完善重大疫情防控体制机制②。这些重要指示批示和工作要求为有关部委、地方政府、人民团体等组织开展应对疫情科普工作提供了思想指引和根本准则。

国务院新闻办公室2020年6月7日发布的《抗击新冠肺炎疫情的中国行动》白皮书指出，中国“大力开展应急科普，通过科普专业平台、媒体和互联网面向公众普及科学认知、科学防治知识，组织权威专家介绍日常防控常识，引导公众理性认识新冠肺炎疫情，做好个人防护，消除恐慌恐惧”③。2020年3月2日，习近平总书记在北京考察新冠肺炎疫情防控科研攻关工作时强调指出，“人类同疾病较量最有力的武器就是科学技术”“坚持向科学要答案、要方法”。④ 应急科普作为创新发展的两翼之一，不但是科普工作的重要内容，其在应对突发公共事件中的作用同样十分关键。本文梳理总结北京地区疫情期间的应急科普工作现状，探索如何建立应急科普体制机制，积极开拓应急科普路径手段，不断完善科普应急体系，促进应急科普在传播科学知识、消除谣言影响、引导社

---

① 中国科协：《第十一次中国公民科学素质抽样调查结果》，2021年1月26日。

② 《习近平引领中国战“疫”以变应变》，央广网，2020年4月8日。

③ 国务院新闻办：《抗击新冠肺炎疫情的中国行动》白皮书，2020年6月7日。

④ 《为打赢疫情防控阻击战提供科技支撑——习近平总书记在北京考察新冠肺炎防控科研攻关工作时的重要讲话指明方向催人奋进》，新华社，2020年3月2日。

会舆论、稳定社会秩序等方面发挥重要作用，有力服务疫情防控和经济社会发展。

一　应急科普的内涵与特征

（一）内涵

关于应急科普，学者从不同角度进行解读。石国进（2009）认为应急科普指的是“应急条件下开展的科普活动。应急主要指应对公共突发事件的状态、过程或能力，包括对自然灾害和人为灾害等重大突发性事故的分析与处理。它是一种特殊的社会运动，渗透其中的科学传播具有不同于普遍社会意义上科学传播的构成要素”[①]。朱登科（2010）认为应急科普就是“针对突发事件，根据公众关注的热点问题而开展的科普活动”[②]。林兆斌（2011）则认为应急科普是“以政府为主体，以党政各部门和社会力量为连接线，并以事件发生地为依托，以突发公共事件为载体，全社会开展科普宣传工作，构筑全员共同参与的应急科普体系，平时宣传防灾减灾知识，事件发生后及时开展应急科普宣传”[③]。刘彦君（2014）认为应急科普是指“为了提高公众应对处理突发事件的科学意识及能力所开展的各种科普工作，不仅包括突发事件发生过程中开展的应急科普工作，而且包括常态生活中为了提高公众防范各种突发事件安全意识而开展的科技宣传工作”[④]。

综合各类观点，杨家英等（2020）将应急科普界定为“针对突发事件及时面向公众开展的相关知识、技术、技能的科学普及与传播活动，其目标是提升公众应对突发事件的处置能力、心理素质和应急素养，最大限度减少

---

① 石国进：《应急条件下的科学传播机制探究》，《中国科技论坛》2009年第2期。

② 朱登科：《突发公共事件中网络媒体应急科普的作用分析——以人民网、新浪网对汶川地震、甲型H1N1流感相关报道为例》，《科技传播》2010年第2期。

③ 林兆斌：《建立突发公共事件中应急科普体系的思考》，《中国科普理论与实践探索——公民科学素质建设论坛暨第十八届全国科普理论研讨会论文集》，2011。

④ 刘彦君、赵芳、董晓晴等：《北京市突发事件应急科普机制研究》，《科普研究》2014年第2期。

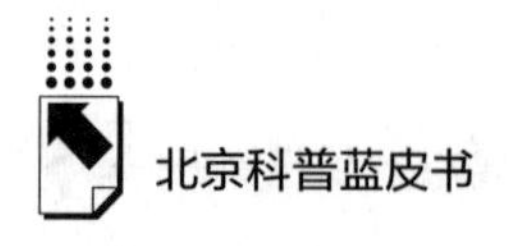

突发事件对人民生命健康、财产安全以及经济、社会的冲击”①。其中突发事件指“突然发生，造成或者可能造成严重社会危害，需要采取应急处置措施予以应对的自然灾害、事故灾难、公共卫生事件和社会安全事件”②，而我国2020年的新冠肺炎疫情就属于第三类公共卫生事件。

（二）特征

1. 准确性

应急科普的内容首先表现为与突发事件相关的知识和信息。在重大突发事件发生时，尤其是新冠肺炎疫情这样的重大公共卫生事件，流言、谣言会加剧焦虑与恐慌。因此，准确客观传递应急科学知识、方法和理念尤为重要。一方面，由于新冠病毒的突发性和不断变化，公众无法在短时间内对其产生科学认知和应对，政府机构和权威专家发声表态更具专业性和公信力；另一方面，应深入开展日常的流行疫病、公共卫生等科普工作，提升公众理解科学知识、应用科学方法的能力。

2. 及时性

应急科普显著的特征之一是时效性，尤其是对于此前没有知识储备的突发或前沿事件，更会产生由未知导致的集聚性恐惧和盲从。因此在突发公共卫生事件发生后，应急科普主体需要尽可能快地在短时间内调动优质科普资源，及时传递相关应急知识和方法，最大限度发挥科普宣传效用，达到消除恐惧、引导公众科学应对的目的。

3. 可得性

朱效民认为“今天的科普要求改变传统的模式……科普工作能够马上跟进，更能让公众方便、快捷、有效地找到他们所需的知识，能够提供公众向相关权威人士咨询的渠道”③。应急科普的可得性包括科普内容的通俗化

---

① 杨家英、王明：《我国应急科普工作体系建设初探——基于新冠肺炎疫情应急科普实践的思考》，《科普研究》2020年第1期。

② 《中华人民共和国突发事件应对法》（中华人民共和国主席令第六十九号），2007年8月30日。

③ 朱效民：《中国需建立“应急科普模式”》，《庆阳科普》2011年第11期。

和科普渠道的多元化：一方面是将专业知识以公众易于接受和理解的语言进行科普，通过通俗化达到专业知识的社会化；另一方面是线下线上结合，并应用新技术提升科普内容传播的广度和深度，还可根据疫情防控的阶段性变化和不同受众群体进行精准传播。

二 北京应急科普工作现状

2020 年，突如其来的新冠肺炎疫情对我国经济社会发展和人民生活带来巨大影响，北京市科普工作联席会议在市委、市政府的坚强领导下，在科技部等中央单位的大力指导下，加强统筹协调、认真研究谋划、精心组织实施，切实发挥科技战“疫”支撑，广泛开展防疫科普宣传。

（一）提高政治站位，开展应急科普

面对突如其来的新冠肺炎疫情，北京市科普工作联席会议各成员单位紧急行动，迅速部署，发挥优势，动员党员干部，下沉到社区、隔离点等疫情防控一线，协助开展工作。各政府机关、企事业单位、学校、医院、街道和社区等通过线上线下宣讲、资料发放、下社区等方式宣传防疫知识；市司法局将疫情防控普法工作纳入 2020 年北京市普法依法治理工作要点及平安北京建设（七五普法）考核指标；市总工会投入专项资金用于一线人员的服务保障；市市场监督局开展疫情期间全市食品安全大检查；市卫健委对医疗机构开展多轮次、地毯式、全覆盖的指导服务、监督检查和考核。

（二）紧跟疫情变化，开展云上科普

根据疫情变化和防控要求，积极开展线上科普。市科委通过“全国科技创新中心”“科普北京”微信公众号以及“科技北京”微博等及时传播普及临床救治和药物、疫苗研发，检测技术创新等科技战“疫”最新进展和成果，共发布抗疫报道 1317 篇，阅读量 201.8 万次；此外，还联合专业机构制作《解密病毒》原理片和防护片两个系列共 7 部疫情防控科普视频片，

总传播量超过1500万，其中三维原理片《解密病毒：反击》传播量达800万；2020年北京科技周首次采用“云上”形式举办，展示了疫情防控科技成果、高精尖产业领域成果等内容；市卫健委制作系列科普视频137部，组织科普专家参与各类媒体宣传节目127人次；北京电视台《养生堂》栏目制作推出《新型冠状病毒防控指引十八讲》系列节目，多维度解读疫情防控工作热点焦点话题；市科协开展“战役30问”专项答题覆盖近200万人；市红十字会首次在高校开办线上科普直播讲座；市公园管理中心积极拓展“互联网+科普”模式，开展了一系列形式创新的线上主题科普活动。

（三）落实政策，开展“科技抗疫”行动

在疫情新形势下，聚焦科技支撑疫情防控工作。市科委组织参加科技支撑疫情防控和复工复产相关新闻发布活动10次，介绍北京市建立健全应急协同工作机制，诊断试剂、疫苗、药物研发和人工智能、新材料等新技术助力疫情防控成效；首都科技创新成果展——“人类与传染病的博弈”主题展入选中宣部对外推广局“外文版科普作品库”；石景山、大兴等区设立“防疫抗疫”专项，组织实施防疫抗疫类科技项目，推动新技术新产品应用疫情防控一线；市药监局加强防疫用医药物资供应和保障，加快防疫医疗器械和医院制剂审评备案；市人力社保局将“科技创新”专题纳入总体课程体系，开发了“抗击疫情，彰显中国制度与价值观的优越性”等课程。

（四）发挥科普力量，助力复工复产

市科委上线“12396农村防疫”网络系统，在应对新冠肺炎疫情的特殊时期，提供专门服务窗口，开展新媒体多渠道专家咨询指导应对农时技术需求，利用“农科小智”网络机器人提供7×24小时农业智能答疑，为保障关键时期农业有序生产提供了专业技术服务和支持；市应急管理局围绕应急管理、安全生产、防灾减灾等工作和疫情期间企业复工复产、安全生产专项督查等进行全媒体科普宣传报道；市妇联指导市巧娘协会汇集疫情期间北京巧娘抗疫故事，编制抗疫故事集，宣传普及手工技艺，传递正能

量；市科委举办了50期“京科惠农大讲堂”，为春耕生产提供科技支撑，覆盖听众10万多人。各区制定科技服务业企业复工复产防疫工作方案，帮助解决防疫复工、援企稳岗、供需对接等需求。市知识产权局出台《关于加强知识产权服务 助力打赢疫情防控阻击战的十条举措》等多项涉疫知识产权政策，开展知识产权科普宣传，推进知识产权政策宣贯，全面助力企业复工复产。

三　北京科普应急存在的问题

疫情发生后，北京市把疫情防控作为当前最重要、最紧迫的任务来抓，采取最坚决、最果断、最严格的措施，坚决阻断传播渠道，坚决遏制疫情扩散蔓延，确保人民群众生命安全和身体健康，确保首都安全。但也存在以下问题。

（一）应急科普管理体系尚不完善

应急科普是应急管理的重要组成部分。近年来，随着党和国家高度重视应急管理体系建设，2018年3月成立应急管理部，承担国家应急规划和突发事件应对指导等职能；北京市2020年印发了《加强首都公共卫生应急管理体系建设三年行动计划（2020—2022年）》，提出“市、区、街道（乡镇）、社区（村）四级公共卫生治理体系更加健全”，设立北京市突发事件应急委员会。总体上看，北京应急管理目前初步形成了党和政府统筹指导，各区政府为各类突发事件监测、预警和应对实施主体，各社会阶层和群体单元广泛参与的运行体系[①]。

但在应急科普工作层面，却未建立相应的管理机构和工作机制，以致缺乏权威的应急科普平台发挥引领舆情、及时辟谣和稳定民心的作用，使公众

① 北京模式丨王耀：《北京市突发事件应急指挥与处置管理办法》解读，国家突发事件预警信息发布网，2020年3月2日。

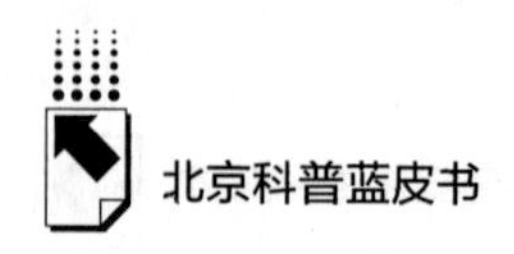

科学应对突发事件，如地震、台风、食品安全和公共卫生事件。此外，应急科普工作缺乏有效的协作机制，政府、科学共同体、各类媒介和公众等应急科普参与主体缺乏协同，尤其是政府、科学共同体和各类媒介经常出现越位或缺位的问题。比如科学家的缺位、错位，导致有些媒体充当了科普内容生产者的角色而发布了不科学的信息。政府组织职能的缺位也可能导致应急科普的碎片化和分散性，难以形成合力，甚至出现媒体与科普工作者说法不一的情况，引起更大的社会质疑和恐慌。

（二）应急科普法制体系尚不健全

新世纪以来，我国在应急管理方面颁布了一系列的法律法规，有效推进了应急管理的法制化进程，并形成了以《国家突发公共事件总体应急预案》和应急体制、机制、法制相结合的“一案三制”的应急管理体系建设基本框架。北京市印发了《加强首都公共卫生应急管理体系建设三年行动计划（2020～2022年）》《北京市突发事件应急指挥与处置管理办法》《北京市公共安全风险管理办法》。

在应急科普方面，2017年，科技部、中宣部联合制定的《“十三五”国家科普和创新文化建设规划》中就专门强调了应急科普能力建设问题，要求各级政府针对环境污染、重大灾害、气候变化、食品安全、传染病、重大公众安全等群众关注的社会热点问题和突发事件，及时解读，释疑解惑，做好舆论引导工作①。各地各部门对应急科普机制进行了有益的探索，《北京市“十三五”时期科学技术普及发展规划》也对应急科普建设提出了相应要求，但限定范围比较窄，主要强调了防灾减灾和应急科普手段，如“开展防灾减灾科学知识普及，着力推动防灾减灾知识技能进社区、进学校、进企业、进农村、进家庭”，“增强市民的防灾减灾意识、安全防范和紧急避险的能力”，“推动传统媒体与新媒体在内容、渠道、平台等方面的深度

① 科技部、中央宣传部：《“十三五”国家科普与创新文化建设规划》（国科发政〔2017〕136号）（2017年5月8日）。

融合，围绕公众关注的热点事件、突发事件等，实现多渠道全媒体传播”等要求。

（三）应急科普资源平台尚未成熟

目前，北京缺乏统一的应急科普资源平台。首先表现在内容资源上，缺乏系统的科普内容资源库，尤其是在线应急科普资源集成网站较少，目前多数科普内容资源都分散在各大网站上。一方面会因公众的检索能力受限，造成优质应急科普资源闲置或浪费；另一方面科普内容的准确性无法保证，影响应急科普权威性。

其次，表现在应急科普投入资源上，缺乏系统、专业的应急科普人才、资金、场馆、活动开展等资源库建设。2019 年，北京人均科普经费为 58. 59 元，每万人口拥有科普人员 30. 83 人，每万人拥有科普场馆建筑面积 603. 39 平方米。虽然各类应急科普场馆数量总体呈上升趋势，但仍难以满足庞大的公众需求。应急科普作为公共服务，主要由政府提供经费支持，且应急科普工作的投入见效缓慢，也不参与政府绩效评估考核，导致政府对应急科普工作的支持有限。此外，应急科普经费和激励保障机制的制约，导致从事应急管理的专职科普人员工作热情和积极性受挫。

（四）应急科普传播渠道需多样化

移动互联网等信息传播技术的普及，为科普工作开展提供了更快捷、更有效、更经济的方法。疫情期间，科普资源和信息通过各种新媒体快速及时地推送到公众手中，在应急科普中发挥了重要作用，但也出现了“一阵风”、推送缺乏精准性、内容参差不齐等问题。如何拓展应急科普线上传播渠道，提升全媒体科普宣传强度，在应急科普工作中充分应用网络化、智能化、数字化等信息技术，推动应急科普信息化建设，将是应急科普工作面临的重要课题。

在线下传播方式上，依托多种科普载体，应急科普形式日渐丰富和多样，北京举办的科普活动逐步增加。例如，2021 年全国科普日期间，应急管理部宣传教育中心与中国科协科普部联合开展“应急科普传播行动”安全宣传“五进”专题活动，通过知识讲解、互动问答、现场考核等方式，针对不同群体开展了“进企业”“进农村”“进社区”“进学校”“进家庭”系列科普宣传。但应急科普怎样深入基层，将应急科普知识和技能快速传递给公众，显得日益重要。因为科普越到位，公众越能受惠。

四 北京应急科普工作建议

《中华人民共和国国民经济和社会发展第十四个五年规划和2035年远景目标纲要》提出“突发公共事件应急处置能力显著增强”。《中国科学技术协会事业发展“十四五”规划（2021～2025年）》（科协发智字〔2021〕30号）提出“推进国家科普中心建设，建立应急科普专家委员会，协同构建国家级应急科普宣教平台，加强应急科普资源生产和传播”。北京应建立有效的应急科普机制，在组织、技术、机制等方面形成有效应对系统，并纳入全市应急管理体系中。

（一）完善应急科普顶层设计

一是构建应急科普管理体制，组建专业的应急科普工作委员会，各部门密切协作，形成主体责任明确、运转协调顺畅的应急科普组织体系，政府、媒体、专业人员有效协作做好政策解读、知识普及和舆情引导等工作。二是建立相应应急科普工作机制，遴选相关代表担任成员，明确各方责任，尤其是在应急状态下，负责社会热点、科学议题等的研判与会商，联络协调相关领域科普专家开展应急科普服务供给。如《全民科学素质行动规划纲要（2021—2035年）（国发〔2021〕9号）》中的基层科普能力提升工程中，提出“建立健全应急科普协调联动机制……基本建成平战结合应急科普体系”①。

① 《全民科学素质行动规划纲要（2021—2035年）》（国发〔2021〕9号）（2021年6月25日）。

（二）完善应急科普整体规划

一是在科普规划和应急规划中体现应急科普工作，如国务院印发的《“十四五”国家应急体系规划》（国发〔2021〕36号），提出应急科普宣教工程建设，实施应急科普精品工程①。二是在当前各级政府的应急管理预案中，补充应急科普工作内容，考虑将应急科普工作纳入政府应急管理能力考核范畴，并推动各区建立相应的应急科普预案及实施规则。三是如条件成熟，探索制定北京应急科普相关法律法规，开展应急科普纳入法制化建设，明确应急科普工作的管理机制和工作体系，从法制层面保障应急科普工作的有序开展。

（三）完善应急科普资源平台建设

一是建立统一的应急科普资源平台，储备和传播优质应急科普内容资源，并开展应急科普热点侦测和预警，及时向政府部门发出应急科普需求的预警，以便及时做出回应。二是政府主导和引导建设一大批面向公众开展科普教育的科普基地、安全体验馆等科普设施，形成量大面广、落地基层的科普设施资源，有效开展传染病防治、防灾减灾、应急避险等主题科普宣教活动，提升常态应急科普教育的大众普惠水平。

（四）完善应急科普传播体系

一是建立供需对接机制开展精准科普，充分利用“互联网+”，构建全媒体科普知识发布和传播的机制，建立以受众为中心的科普传播的链条，通过多点交互，生成网状的传播渠道和科普资源共享网络，也可整合现有科普网站和其他线上传播渠道，建设统一的科普传播平台。二是完善形式多样的线下科普传播链。北京可以利用海量的科技与科普专家资源，协同大学、高薪企业和科研院所，围绕事故急救、防灾减灾等应急科普需求，以多种形式

---

① 《“十四五”国家应急体系规划》（国发〔2021〕36号），（2022年2月14日）。

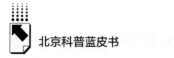

进企业、进农村、进社区、进学校、进家庭，向公众科普应急知识和技能，增加公众应急知识和能力储备。

参考文献

[1] 刘彦君、赵芳、董晓晴等：《北京市突发事件应急科普机制研究》，《科普研究》2014 年第 2 期。

[2] 杨家英、王明：《我国应急科普工作体系建设初探——基于新冠肺炎疫情应急科普实践的思考》，《科普研究》2020 年第 1 期。

[3] 张英：《提升基层能力，筑牢人民防线——应急科普机制亟待完善》，《生命与灾害》2020 年第 5 期。

[4] 刘倩：《浅析国内应急科普现状》，《现代职业安全》2020 年第 2 期。

[5] 杨家英、赵菡、郑念：《中国应急科普场地发展分析》，《中国高新科技》2020 年第 6 期。

[6] 陈亚兰：《新媒体环境下的应急科普问题及其对策》，《学会》2021 年第 2 期。

B.13

政务新媒体在科技传播中的效用及发展对策分析

夏落兰　刘 俊　周一杨*

摘　要： 政务新媒体是移动互联网时代党和政府联系群众、服务群众、凝聚群众的重要渠道，具有传播速度快、受众面广、互动性强的优势，是“指尖上的网上政府”。本文主要研究分析北京市科委、中关村管委会官方微信公众号“全国科技创新中心”的内容特点和规律，以及在科技传播中发挥的效用，从而为政务新媒体在竞争激烈的新媒体背景下更好满足社会公众需求、提高科技传播效果提出可行性建议。科技传播不仅是民间的议题，更是政府部门的“职责”之一。科技政务新媒体应该进一步强化统筹协调，丰富内容表现形式，加强内外沟通联络，加强内部全媒体人才队伍建设及外部合作力量的补充，充分发挥科技政务新媒体的宣传价值和服务属性，不断提升自身传播力、引导力、公信力和影响力，更好地履行服务功能。

关键词： 政务新媒体　科技传播　全国科技创新中心　媒体服务

* 夏落兰，硕士，北京科技创新促进中心科技融媒体部馆员，主要研究方向为科技传播及新媒体研究；刘俊，北京科技创新促进中心科技融媒体部编辑，主要研究方向为科技传播及新媒体研究；周一杨，北京科技创新促进中心科技融媒体部副研究馆员，主要研究方向为科学传播研究。

一　政务新媒体的发展情况

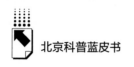

随着5G、大数据、算法等信息技术的迅速发展，即时通信和及时传播成为现实。这些技术在人民生活和新闻传播领域的实际运用和不断升级迭代，新媒体应运而生并不断蓬勃发展，出现了诸多丰富的形式。根据中国互联网络信息中心（CNNIC）第48次《中国互联网络发展状况统计报告》，截至2021年6月，我国网民规模达10.11亿，较2020年12月增长2175万，互联网普及率达71.6%。十亿用户接入互联网，形成了全球最为庞大且生机勃勃的数字社会。

不断升级的新媒体技术，同时赋能新媒体更多的服务功能，已经不再是简单的信息发布功能，满足的也不仅仅是以文字或图文或视频的传播形式，越来越多地展现出"融合"的特征，即文字、图片、视频、直播等多种形态，并可以叠加实时交互等功能。因此，在建设服务型政府的要求下，科技政务新媒体如何顺应全媒体时代的发展规律和要求，寻求自身发展突破口，建设成为既能传递政务信息又能服务社会公众的重要阵地和提高科技传播影响力的重要渠道，是从事科技宣传工作的相关人员需要关注和思考研究的重要议题。

（一）政务新媒体的概念

"移动互联网的不断发展，政务新媒体开始登上历史舞台，从而打破了过去信息不对称、官民地位不平等的状态，使传统社会治理模式必须迈向'从单向管理转向双向互动，从线下转向线上线下融合'之路。"[①] 政务新媒体的发展建立在移动互联网的基础之上，是在推进国家治理体系和治理能力现代化的进程中，创新基层治理，加强与民众的联系，像政府网站一样，新媒体成为一个重要的载体和沟通渠道。同时，不断升级的新媒体技术，赋能

---

① 赵盼盼：《政务微博发展十年：回眸与前瞻——一个文献综述的视角》，《现代情报》2019年第6期。

新媒体更多的服务功能。

关于政务新媒体的定义，有的学者认为是"党政机关在新媒体社会化传播对社会舆论影响日益深远的当下，直接互动社会并沟通社会舆论的政府公共社交传播媒介"①。也有研究者认为其是"政府机构、公共服务机构和具有真实公职身份认证的政府官员进行与其工作相关的政务活动、提供公共事务服务、与民交流和网络问政的新媒体平台"②。从这些学者的定义中不难看出，政务新媒体一个受到共同认可的属性，即其与民交流、为民众提供公共服务，是直接联系政府与民众的载体，加强双方互动的桥梁。

2018 年，国务院办公厅发布文件，指出政务新媒体是指"各级行政机关、承担行政职能的事业单位及其内设机构在微博、微信等第三方平台上开设的政务账号或应用，以及自行开发建设的移动客户端等"③。

（二）政务新媒体发展现状

政务新媒体的发展离不开社交新媒体的日益壮大。我国政务新媒体的诞生要从第一家政务微博的开通说起。2009 年 8 月，新浪微博正式开始运行。2011 年，全国 23 个省市约 200 位政府代表出席了当年的"政务微博年度高峰论坛"，在这个论坛上，人民网舆情监测室联合新浪微博发布了首份关于政务新媒体的发展报告《2011 年政务微博报告》。④"从 2009 年中国微博元年，2011 年中国政务微博元年到如今的政务新媒体百花齐放，多元平台齐头并进发展新阶段，中国政务新媒体的发展和运用成为工作新常态。"⑤

中国互联网络信息中心发布的第 40 次《中国互联网络发展状况统计报告》显示，截至 2017 年 12 月，我国在线政务服务用户规模达到 4.85

---

① 侯锷：《政务新媒体在舆论治理中的新思维》，《新闻与写作》2017 年第 3 期。

② 金婷：《浅析政务新媒体的发展现状、存在问题及对策建议》，《电子政务》2015 年第 8 期。

③ 《国务院办公厅关于推进政务新媒体健康有序发展的意见》，中国政府网，http://www.gov.cn/zhengce/content/2018-12/27/content_5352666.htm，2018 年 12 月 27 日。

④ 《中国"政务微博年度高峰论坛"举行 200 位政府代表出席》，中国政府网，http://www.gov.cn/jrzg/2011-12/13/content_2018515.htm，2011 年 12 月 13 日。

⑤ 徐和建：《政务新媒体急需六大互联互通》，《新闻与写作》2016 年第 3 期。

亿，占总体网民的62.9%。其中，政府微信公众号使用率为23.1%，政府网站、政府微博及政府手机端应用的使用率分别为18.6%、11.4%及9.0%。

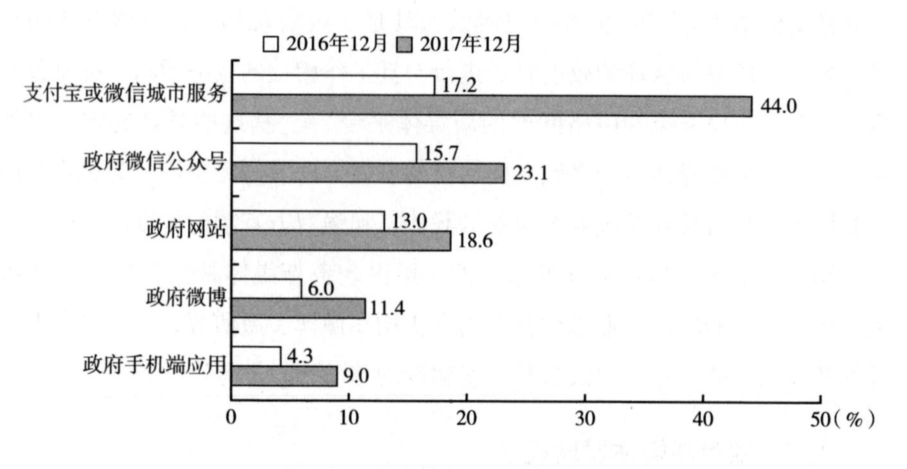

图1　各类政务服务用户使用率

资料来源：中国互联网络信息中心《第40次中国互联网络发展状况统计报告》

据权威媒体报道，截至2018年8月，中国开通认证的政务微博账号已达17万，政务微信公众号已超50万。①

政务新媒体发展的燎原之势极大地拓宽了政府信息传播渠道和便捷程度，但是，蜂拥而上的态势也造成了内容审核把关不严、发布信息工作性不强、内容无看点、僵尸号等问题，还加重了基层工作人员负担。2018年，国务院办公厅《2018年政务公开工作要点》强调，“充分发挥政务微博、微信、移动客户端灵活便捷的优势，做好信息发布、政策解读和办事服务工作，进一步增强公开实效，提升服务水平”②。同年，国务院办公厅印发《关于推进政务新媒体健康有序发展的意见》提出，“县级以上地方各级人

① 《让政务新媒体更有温度（网上中国）》，《人民日报（海外版）》，http://paper.people.com.cn/rmrbhwb/html/2019-03/22/content_1915216.htm，2019年3月22日。

② 《国务院办公厅关于印发2018年政务公开工作要点的通知》，中国政府网，http://www.gov.cn/zhengce/content/2018-04/24/content_5285420.htm，2018年4月24日。

民政府及国务院部门应当开设政务新媒体。一个单位原则上在同一个第三方平台只开设一个政务新媒体账号……对功能相近、用户关注度和利用率低的政务新媒体要清理整合”[①]。

在此背景下，各省区市开始了政务新媒体的整治和注销工作。2019年6月，宁夏回族自治区科技厅办公室发布公告，关停注销了“宁夏科技金融”“宁夏科特派”“宁夏外国专家局”“宁夏高新技术创业服务中心”等8个微信公众号和微博号。[②] 同年，长沙县停止更新和注销新媒体账号110余个，占全县政务新媒体账号的80%。[③]

由此可见，政务新媒体账号在经历热闹高调的“开号潮”之后，暴露出一些问题引起了政府部门的重视。要引导其健康有序发展，让政务新媒体真正回归到“服务”的本质属性，做好本部门本单位的信息发布和政务服务，弱化“新媒体”属性。

二 科技政务新媒体的发展情况

科技政务新媒体是科技系统开设的政务新媒体，承担着信息发布和服务群众的功能和使命。党的十九届五中全会提出把科技自立自强作为国家发展的战略支撑。科技创新领域的传播工作理应“在基础性、战略性工作上下功夫，在关键处、要害处下功夫，在工作质量和水平上下功夫，为服务党和国家事业全局作出更大贡献”[④]。在建设服务型政府的要求下，科技政务新媒体如何顺应全媒体时代的发展规律和要求，寻求自身发展突破口，建设成为既能传递政务信息又能服务社会公众的重要阵地和提高科技传播影响力的

---

① 《国务院办公厅关于推进政务新媒体健康有序发展的意见》，中国政府网，http://www.gov.cn/zhengce/content/2018-12/27/content_5352666.htm，2018年12月27日。

② 《关于关停注销政务新媒体的公告》，宁夏回族自治区科技厅，https://kjt.nx.gov.cn/kjdt/tzgg/201906/t20190629_13302.html，2019年6月29日。

③ 《长沙县整治“指尖上的形式主义”》，湖南省人民政府门户网站，http://www.hunan.gov.cn/hnyw/szdt/201905/t20190523_5340322.html，2019年5月23日。

④ 习近平：《论党的宣传思想工作》，中央文献出版社，2020。

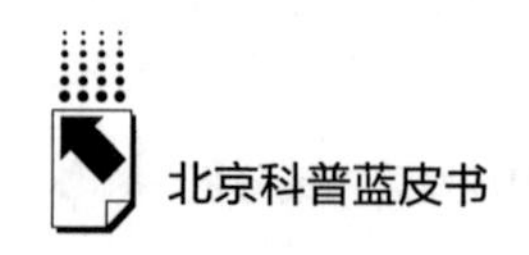

重要渠道，是从事科技宣传工作的相关人员需要关注和思考研究的重要议题。

当前，全国各级科技系统均开设了政务新媒体。在国家层面，有科技部开设的锐科技微信公众号、锐科技微博；在省区市层面，北京市科委开设了全国科技创新中心微信公众号、科技北京微博，上海市科委开设了上海科技微信、微博，内蒙古自治区开设了创新内蒙古微信公众号，江西省南昌市开设了南昌市科技局微信公众号等。

根据北京市政务服务管理局关于2021年第三季度全市政府网站与政府系统政务新媒体检查情况的通报相关报告，截至2021年9月，全市政府系统政务新媒体1631个，其中微博300个、微信938个、移动客户端43个、其他政务新媒体350个。[①] 其中，北京市科技系统，除了密云区，北京市科委、中关村管委会及其余十五区科技系统基本都以本级机关法人、事业单位或者企业的名义开设了政务微信公众号（见表1）。

本文主要研究分析北京市科委、中关村管委会官方微信公众号“全国科技创新中心”的内容特点和规律及其在科技传播中发挥的效用，从而为政务新媒体在竞争激烈的新媒体背景下，更好满足社会公众需求、提高科技传播效果提出可行性建议。

表1　北京市科技系统政务微信公众号

各区、委办局	微信公众号名称	注册时间	账号主体	机构类型
市科委、中关村管委会	全国科技创新中心	2015年4月22日	北京市科技传播中心	事业单位
中关村科技园区管理委员会	创新创业中关村	2015年7月1日	机关	
东城	中关村东城园	2021年4月30日	中关村科技园区东城园管理委员会	机关法人

① 《北京市政务服务管理局关于2021年第三季度全市政府网站与政府系统政务新媒体检查情况的通报》，北京市人民政府门户网站，http://www.beijing.gov.cn/zhengce/zhengcefagui/202111/t20211102_2526866.html，2011年10月27日。

续表

各区、委办局	微信公众号名称	注册时间	账号主体	机构类型
西城	中关村西城园	2015 年 9 月 8 日	中关村科技园区西城园管理委员会	机关法人
海淀	中关村科学城	2018 年 3 月 26 日	中关村科技园区海淀园管理委员会	机关法人
朝阳	聚焦朝阳园	2014 年 12 月 12 日	中关村科技园区朝阳园管理委员会	机关法人
丰台	丰台园创	2016 年 6 月 29 日	中关村科技园区丰台园管理委员会	机关法人
石景山	中关村石景山园	2019 年 10 月 25 日	中关村科技园区石景山园管理委员会	机关法人
昌平	北京未来科学城公司	2017 年 1 月 5 日	北京市未来科学城科技发展有限公司	企业
顺义	中关村顺义园	2015 年 7 月 29 日	中关村科技园区顺义园管理委员会（北京顺义科技创新产业功能区管理委员会）	机关法人
通州	中关村通州园	2019 年 1 月 17 日	中关村科技园区通州园管理委员会（北京市通州区人民政府园区管理委员会）	机关
门头沟	创新创业门头沟		北京石龙经济开发区管理委员会	事业单位
大兴	科技大兴	2019 年 3 月 25 日	北京市大兴区科学技术委员会	机关
密云	无	无	无	无
延庆	中关村延庆园	2017 年 3 月 25 日	北京市延庆区中关村科技园区延庆园服务中心（北京市延庆区投资促进服务中心）	事业单位
平谷	中关村科技园区平谷园管理委员会	2021 年 9 月 9 日	中关村科技园区平谷园管理委员会	机关法人
怀柔	怀柔科学城 HSC	2017 年 4 月 27 日	北京市长城伟业投资开发有限公司	企业
	怀柔科学城	2021 年 6 月 24 日	北京怀柔科学城管理委员会	机关
北京经开区	科技 etown	无显示	北京市经济技术开发区科技局	

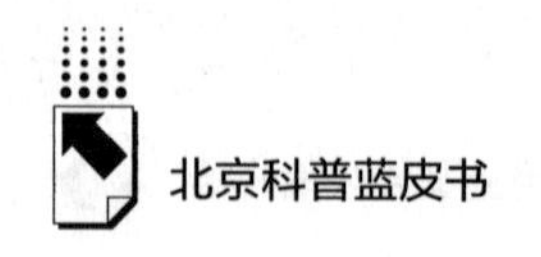

三　2020年度全国科技创新中心公众号传播案例分析

（一）基本情况

2014年习近平总书记视察北京时，提出北京四个战略定位，其中之一便是“全国科技创新中心”。据此，2015年北京市科委、中关村管委会（原北京市科委）主办开通了全国科技创新中心微信公众号，并由北京市科技传播中心负责具体运营。公众号致力于解读科技政策，服务科技创新，传播科学思想，弘扬创新精神，助力全国科技创新中心建设。本文将针对全国科技创新中心微信公众号展开2020年全年的传播研究，探析北京市科技政务新媒体对科技传播的效果。

2020年，“全国科技创新中心”微信公号共发布文章1200篇，全年日均发文达到了3.28篇，可以看出整体活跃度较高，文章点赞总数和在看总数分别为2902人次、5394人次，网友留言294条，头条文章的传播效果较为突出。内容布局上，覆盖话题立足科技，服务科技发展事业，解读政策，权威发布最新科技动向，及时通报行业重大科技奖项，展示我国科研实力，增添国家自豪民族自信。同时，2020年新冠肺炎疫情发生，习近平总书记提出“向科技要答案要方法”，全国科技创新中心微信公众号密切关注疫情动向，致力防疫控疫宣传，及时通报最新抗疫科研成果。

（二）内容特点

1. 内容以疫情防控、政策发布、荣誉奖励等硬核信息为主

2020年，“全国科技创新中心”共发布文章1200篇，发布的文章覆盖话题广泛，包括荣誉获奖、疫情防控、重要会议、招聘信息等，为用户提供全方位信息服务。其中，由于新冠肺炎疫情成为全球关注的重要议题，“全国科技创新中心”中有关疫情防控的信息占比最高，达到20%；同时虽然出现疫情，但我国整体控制较好，在全球疫情大暴发背景下，最快速度复工

复产，政府也在各个方面提出举措保证我国科技继续保持良好发展态势，因此在政策解读方面的文章同样占比较高，达到了17%。

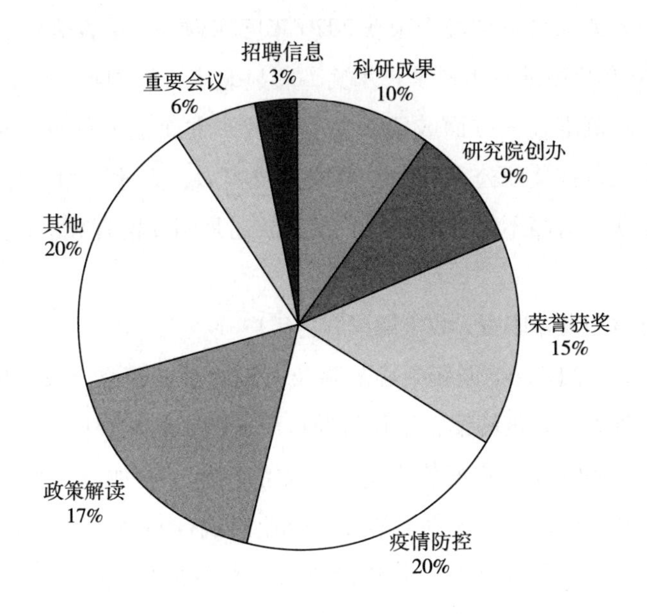

图2　“全国科技创新中心”内容分类

2. 话题紧跟重点热点，关注疫情防控科普

通过对“全国科技创新中心”微信公众号的热频词统计，“科普”“科技”“创新”等词语热度居高，主要来源于“科普时间”专栏，发布较多有关民众生活防疫指南、温馨提示、最新防疫政策举措、中央防疫抗疫指示等信息。帮助人们更好地在生活中全面学习相关的知识，以便做好个人防护和消除误解。同时“防控”“疫情防控”“复工”“公共卫生”“战疫”等词语权重较高，与2020年来势汹汹的疫情有直接关系。作为2020年最大的公共卫生事件，微信公众号对其保持高度关注，密切关注疫情动向，及时发布防疫信息，公告抗疫科研成果。如推出《致在京工作外国人员的一封信，关于疫情防控这么做》《京天成完成新型冠状病毒N蛋白多肽抗原研制，正在进行动物免疫实验》《重磅！北京市新冠疫苗研制取得重大突破》等文章，权威发布最新抗疫科研信息，相关信息牵动人心，传播热度均较高。

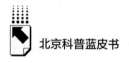

3. 荣誉奖项受关注，获奖人物备受敬仰

公众号及时发布最新最重大科技资讯，其中各个国际、国家科技奖项信息热度颇高，如《薛其坤院士荣获2020年度菲列兹·伦敦奖》《11人、154项成果获2019年度北京市科学技术奖，彰显北京科技创新风向标》等文章，提高资讯影响范围，一方面鼓励获奖者，另一方面也为科技界树立榜样标杆。此类重大科技奖项公示展现了国家科技实力、人才实力，传播效果好，薛其坤院士获奖新闻不管是阅读量、在看数还是网友留言数，均达到整个年度最高。

4. 履行常态发布职责，政策解读服务用户

本年度，“全国科技创新中心”除及时发布最新研究成果，做好对外宣传外，也及时进行政策解读，不仅帮助科研人员了解相关国家政策的内涵和要义，且利于各级针对政策落实制定具体的措施。例如《一图读懂丨关于持永久居留身份证外籍人才创办科技型企业的试行办法》《一图读懂丨市政府工作报告：全国科技创新中心建设有这些亮点》等文章，均是对相关政策进行及时解读，获得了大量关注。

（三）传播规律

1. 信息发布集中于下午和晚间，充分利用用户通勤规律

2020年，“全国科技创新中心”微信公众号早间、午间、下午、晚间发文量分别为44、112、522、522篇，占总发文量的比例分别为4%、9%、44%、44%。由此可见，公众号主要以下午、晚间为主要运营时段，在该时段信息密度最大。早间、午间、下午、晚间平均每篇文章阅读量分别为611、626、530、680人次，综合来看，尽管下午和晚间的发文量远远高于午间和早间发文量，但阅读人数并未有很大差距。不过，相对而言，早间文章的阅读量明显高于下午，晚间文章的阅读量明显高于午间。

2. 每月推文均高于70篇，8～9月达到最高峰

从月度推文来看，从2020年1月1日至2020年12月31日，“全国科技创新中心”月度推文量总体稳定，单月推文量均在70篇以上，没有出现

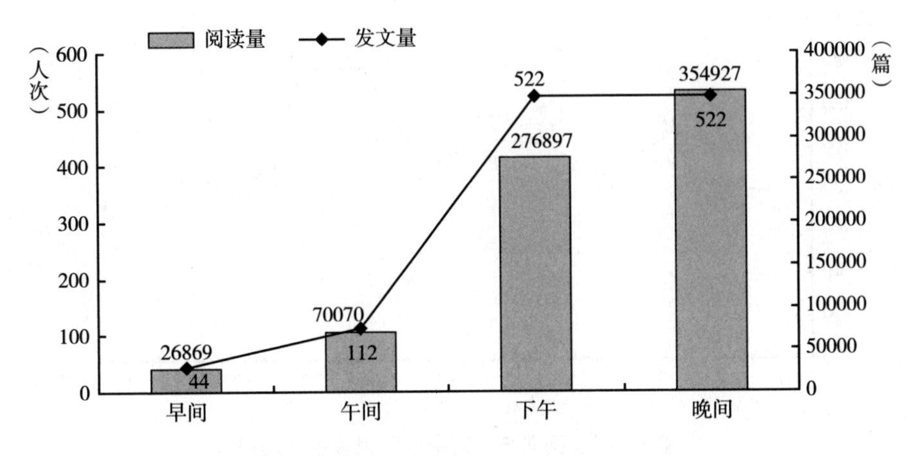

图 3　“全国科技创新中心”四大时段阅读量

推文极少的月份。其中，3 月份发文量有较大提升，主要是由于当时处于疫情暴发期，“全国科技创新中心”高度关注疫情防控事宜并及时跟进科技防疫的最新进展。在 4～7 月，全球疫情仍然处于蔓延趋势，发文量基本保持高位稳定状态，该时段防控进入缓疫阶段，主要是疫苗研制成果、复工复产等资讯带动当月发博量稳定波动。因为 2020 年全国科技活动周和 2020 年中关村论坛的原因，8～9 月发文量达到了 138，成为全年发文最高峰。10 月，由于疫情接近平缓，科技类会议活动也基本结束，推文量出现较大回落，成为 2020 年全年发文最少的月份，全月共有 73 篇推文。11～12 月开始逐渐回升，推文内容较为多样，主要包括科普知识、领导讲话、会议报道、科技前沿等。

3. 发文时长超过17个小时，16～20时推送较为密集

2020 年，“全国科技创新中心”发文时段保持了长达 17 个小时的活跃时段，除了深夜凌晨（1 时至 6 时）未发布文章，其他时段均有推文，且发文量整体呈现上升趋势。具体来看，上午时段运营发文较少，12 时以前各时段发文量均低于 50 条，其中 11 时是上午发布数最多的时段，共发布 47 篇推文。下午时段开始活跃，从 12 时至 16 时，发文量不断增加，并于 16 时达到第一个高峰，该时段发布推文 140 篇，傍晚 17 时发文量短暂减少，

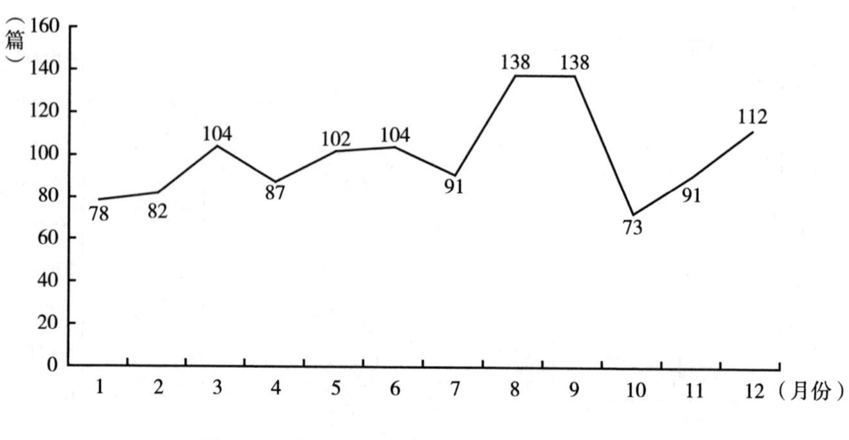

图4 “全国科技创新中心”月度推文趋势

18～20时保持高度活跃，成为全天信息投放最密集的时段。在形成累计发布时段，放大传播音量时，也易形成信息扎堆，致使信息抵达率下滑，造成运营浪费。另外，公众号在20～22时推文数呈现下降趋势的同时，于23时出现夜晚发文的高峰期，共发布推文114篇。这说明公众号较为合理地利用了当前人群睡眠较晚的规律，较多地收获了该时段的用户流量，后期公众号可优化发布策略，均衡各时段信息含量，尤其是利用用户上班通勤偏爱阅读的规律，增加早间的发文数量，优化发文布局，提升传播效率。

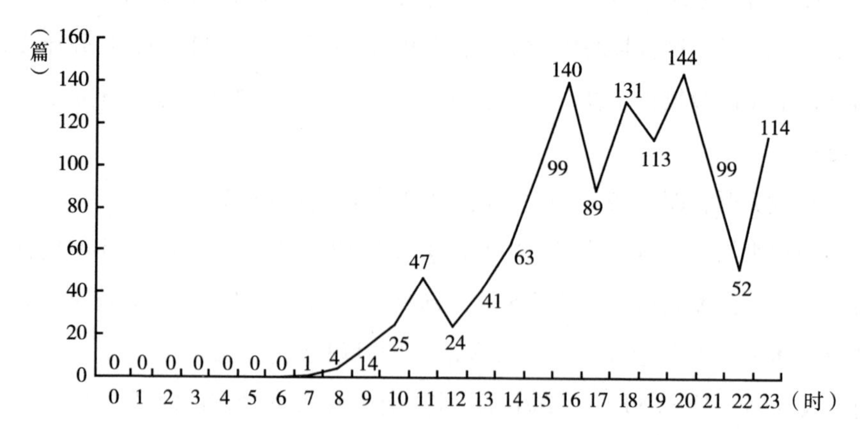

图5 “全国科技创新中心”时段推文趋势

（四）传播效果

1. 矩阵整体运维活性向好，头条文章影响力强劲

本年度，“全国科技创新中心”共发布1200篇文章，发布次数为396次，矩阵整体运维活性较好，基本实现每日更新。文章累计获728763次阅读量，其中头条阅读量为398119次，占总阅读量的54.63%，占比过半；文章点赞总数和在看总数分别为2902、5394，头条在看总数为2333次，占在看总数的43.25%，由此可见头条文章是带动传播效果提升的主干力量。

2. “硬核”信息备受关注，疫情防控收获热度

2020年，“全国科技创新中心”微信公众号阅读量前二十篇文章共获142811次阅读和675次在看。上榜热文覆盖主题均为硬核信息，主要包括科研成果、重要会议、科研荣誉奖项、疫情防控等。其中，“疫情”成为最受关注的主题，共有8篇文章与其有关。其中《致在京工作外国人员的一封信，关于疫情防控这么做》以10223的破万阅读量位于榜单第四，推文为北京市科学技术委员会关于做好在京工作外国人员疫情防控的温馨提示。同时《京天成完成新型冠状病毒N蛋白多肽抗原研制，正在进行动物免疫实验》《重磅！北京市新冠疫苗研制取得重大突破》等与疫苗研制进展有关的文章也纷纷上榜，

另外关于荣誉获奖、科研基金及科研机构成立的相关讯息也引起网友热议，其中《薛其坤院士荣获2020年度菲列兹·伦敦奖》一文受到网民高度关注，以23088次阅读量荣登热文榜首。其他关于荣誉获奖的推文还有《11人、154项成果获2019年度北京市科学技术奖，彰显北京科技创新风向标》《@你，2019年度北京市科学技术奖最全获奖名单来了!》等，分别位于榜单第9位和第12位。另外《科学探索三十载，同心同德谱未来——北京市自然科学基金成立30周年》《重磅！北京干细胞与再生医学研究院在京成立》《重磅！北京加强全国科技创新中心建设2020年“施工图”发布》等关于科研基金、科研机构的文章也都在榜单上。

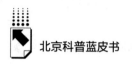

表 2 “全国科技创新中心”微信公众号文章 TOP20

单位：人次

序号	标题	阅读数	点赞数	在看数
1	薛其坤院士荣获2020年度菲列兹·伦敦奖	23088	0	181
2	科学探索三十载,同心同德谱未来——北京市自然科学基金成立30周年	13782	159	85
3	北京市科委发布“新场景方案”,聚焦十个重点任务	11530	0	58
4	致在京工作外国人员的一封信,关于疫情防控这么做	10223	0	30
5	重磅！北京干细胞与再生医学研究院在京成立	9883	73	50
6	科技人员注意！9月1日起,这12类违规行为将被处理	8411	7	9
7	重磅！北京加强全国科技创新中心建设2020年“施工图”发布	6846	0	30
8	京天成完成新型冠状病毒N蛋白多肽抗原研制,正在进行动物免疫实验	5555	0	36
9	11人、154项成果获2019年度北京市科学技术奖,彰显北京科技创新风向标	5508	19	22
10	重磅！北京科研人员职称改革！首次实行社会化和分类评价	5443	7	9
11	2020北京智源大会将召开,4天19场高端AI论坛邀你参加	5036	0	15
12	@你,2019年度北京市科学技术奖最全获奖名单来了！	4539	16	10
13	重磅！北京市新冠疫苗研制取得重大突破	4484	0	23
14	聚焦关键、坚决行动:为打赢疫情防控阻击战做出科技贡献	4333	0	22
15	北京市新型冠状病毒感染肺炎线上医生咨询平台正式开通	4217	0	24
16	@所有人,北京市政府发出通知,疫情防控这么做	4152	0	10
17	国家首个综合类技术创新中心在京揭牌	4020	22	13
18	市科委主任许强详解北京自贸试验区科技创新政策亮点	3954	20	18
19	北京企业科技成果助力火神山雷神山医院建设	3914	0	16
20	@您:北京支持科技企业战疫情稳发展政策汇编	3893	0	14

四　存在的问题与不足

面对新媒体能实现越来越多的功能，网民绝对数量的增加及智能手机的大规模普及，国家治理体系和能力现代化的要求，科技政务新媒体作为连接政府和群众的平台，也面临着越来越复杂和多样化的要求，科技政务新媒体的传播工作也因此面临一定的挑战。

（一）富媒体表达方式欠缺，可视化信息传达不足

当前全国科技创新中心微信公众号的信息传播形式，主要以文字为主，图片、动图、动画、视频、超链接等形式相对欠缺，表达单一，且图文排版形式色彩较为单薄，不利于信息更深抵达，弱化了用户阅读体验。丰富可视化信息表达，增加图解信息、短视频发布、动画解说等方式，可有效改善内容传达单一化的问题，同时还可提升推文品质，提高文章圈粉实力。后期可在内容制作上下功夫，灵活场景化推送，适度以图代文、以视频代文，贴近当下受众喜爱的可视化表达方式，从模仿到原创，优化公众号内容，打造爆款热文，促进公众号影响力提升。注重排版设计，才能更好激发用户的点击兴趣，提高信息的接受率和传达率。

（二）互动服务能力有待提升

科技政务新媒体不仅承担着传播科学知识、传递科技工作信息的任务，而且承担着为社会公众提供政务服务的责任。科技政务新媒体的评价标准不仅仅是信息的“准确性、权威性”，还有随着这条信息衍生而来的服务便捷度，如政策解读能否及时发布，项目申报能否及时申请，相关的咨询能否快速得到回应等。

2020 年，全国科技创新中心共收到网友留言 294 条。通过对留言的逐一分析，可以将其分为问题与咨询、评价、转载、建议、其他（主要为刷单、购买公众号等无效留言）5 类留言。其中，问题与咨询类留言

47 条，评价类留言 163 条，转载类留言 29 条，建议类留言 4 条，其他留言 48 条。

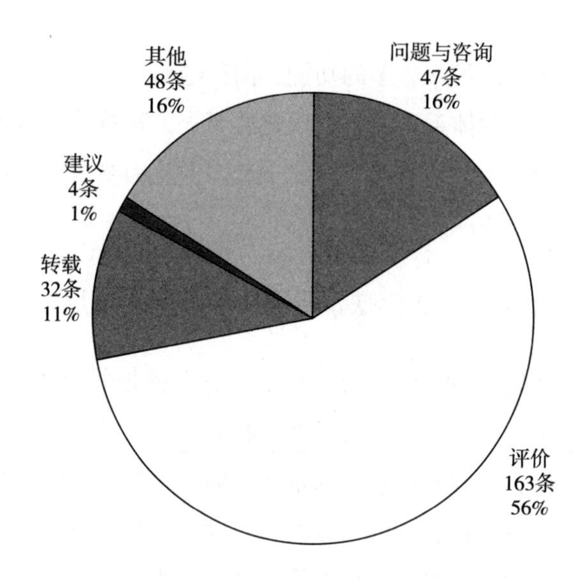

图 6　留言类型数量及占比

对转载类留言，全国科技创新中心微信公众号每条发布的信息会配上转载要求，按照要求授权即可转载，对于需要开设白名单或者单独授权的账号，基本做到了及时回复，能够做到有效互动。但是针对其他留言，公众号的互动及回复数并不高。可以看出，在与网友的互动反馈方面存在不足，互动服务能力需要提升。

目前大多数科技政务新媒体的工作仍然停留在以传播信息为主的状态。由于科技行业的行业门槛，就算是专职从事科技传播的工作人员，也不能精通各个领域方向的具体业务工作，这使政务新媒体从业人员在开展互动服务工作时面临一定的挑战——即使想回答，往往很难快速或者准确地回答网友的提问。目前有些政府网站已经建立了统一的政务网站问询平台，如北京市政府统一搭建的智能问答平台，网友的提问可以在这个平台根据各委办局的职能进行分发，并在线督办。但是对于科技政务新媒体而言，开展互动服务工作远没有这么便捷。由于新媒体天然的强互动性，用户能够比较容易地进行评论、咨询，科技政务新媒体的运维工作人员因此面临着艰难的局面：既希望有更多的用户看到、关注，又害怕用户提出的问题和评论难以回应。

五　对科技政务新媒体发展提出对策建议

新媒体作为信息传播的平台，其快速性、高效性、便捷性、互动性等特征，让科技政务新媒体成为科技宣传的主战场，成为为社会公众传播信息的关键性平台。在当前全媒体的发展特征和服务型政府建设的要求下，科技政务新媒体如何顺应全媒体规律，解决目前面临的问题，寻求自身发展突破口，建设成为既能传递政务信息又能服务社会公众的阵地和提高科技传播影响力的渠道，是从事科技宣传工作的相关人员需要关注和思考研究的重要议题。

（一）加强全媒体时代传播队伍建设

2019 年，中国就业培训技术指导中心在《关于拟发布新职业信息公示的通告》（中就培函〔2019〕67 号）中新增一项职业信息为全媒体运营师，要求“综合利用各种媒介技术和渠道，采用数据分析、创意策划等方式，从事对信息进行加工、匹配、分发、传播、反馈等工作的人员”①。由此可见，面对当前技术不断升级的新媒体大环境，媒体融合的加快，全媒体时代的要求，从事科技传播工作也意味着更高标准的要求，要具备专业的数据分析、创新图文、创意视频、可视化数据反馈、用户和粉丝的社群维护等多样性要求。科技宣传队伍不仅仅需要科学知识的提升、对科技工作的熟知，也要按照专业化分工，借助商业自媒体生产和维护全流程逻辑，掌握随着新技术不断升级而产生的新媒体技术，丰富内容的呈现形式。

---

① 《关于拟发布新职业信息公示的通告》（中就培函〔2019〕67 号），中国就业网，http：//chinajob. mohrss. gov. cn/h5/c/2019 - 12 - 30/145507. shtml，2019 年 12 月 30 日。

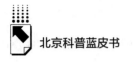

（二）把握用户碎片化阅读习惯，优化信息时段布局

针对现代用户碎片化阅读习惯，一方面，公众号可分散信息发布活跃时段，让各时段活跃的用户群体均有机会获取相关信息。根据2020年度全国科技创新中心微信公众号各个时间段的文章阅读量可以看出，午间（626）和晚间（680）文章的平均阅读量高于早间（611）和下午（530），特别是下午的推文数量，这一时间段与当代人通勤上班时间正好重合，是获取用户流量的极好时段；要优化下午、夜晚发文策略，在保持推文量较高的同时，精耕文章质量，更多设置互动话题，鼓励读者分享、点赞文章，提升在看反馈，提高整体信息输出力度，以满足用户多时段的阅读需求。另一方面，可优化各时段投放内容布局，如将通知、公告、可视化宣传等信息放置于早晚高峰时段发布，该时段用户轻阅读需求较强，趣味化、简要型信息更容易在此类时段传播；工作动态、工作报告解读等深度长文则可安排于午休及晚间投放，该时段用户可支配时间较为充裕，易进入深阅读状态，更有兴趣点击上述相关类型内容。同时，可通过观测分析各时段用户群体活跃程度来调整相关公众号在各时段的信息投放量，进一步提高信息传播质效。

（三）建立“内外结合”全媒体传播体系

科技管理部门在开展科技宣传工作时，同样也应充分运用内外部的新媒体力量，发挥“全员优势”，组建全媒体架构，建立全媒体矩阵，协同利用现有的内外部资源，达到科技传播与科技服务效果最优化。

统筹内部资源，建立科技系统新媒体矩阵。可以加强集中整合相关机构、单位的微信微博等新媒体渠道，融入或者牵头建立包括市、科技系统，甚至扩散至全市高等院校和科研院所的微博、微信，建立起统一的科技宣传战线，搭建科技圈的传播矩阵平台，整合力量形成北京科技创新的“大宣传”格局，促进科技宣传工作互联互通，不断增强北京市科技创新的传播力和影响力。

联合外部媒体，丰富科技传播力量。科技政务新媒体与新闻媒体机构天然存在一定的差距，新闻媒体主要是进行信息的传递。与隶属于科技部、环保部的科技日报、中国环境报等新闻媒体机构不同，市科技管理部门开设的政务新媒体账号，并不是传统意义上的媒体。因此，在现阶段的实际情况和全媒体时代的要求下，科技政务新媒体应基于自身发展特征的考虑。一方面在财政预算的要求范围内，尽可能地构建和丰富自身的传播体系渠道；另一方面，应该充分意识到自身的不足之处，借助有经验、有能力的外部专业媒体机构，补足补全欠缺的地方，打通“科技宣传舆论场”与权威“主流媒体舆论场”的互动，加强在科技政策发布及解读，重大科技活动举行，科技成果、科学知识普及等方面的合作，扩宽宣传科技工作的渠道，形成宽领域、深层次、全方位、立体化的科技宣传工作新局面，加强联动、互相支持、共同发声，达到同频共振的传播效果。

（四）建成协同互动服务工作机制

在全媒体时代，单一的传播模式已经不能满足社会发展的需要，互动共享、精准服务成为公众的进一步需求。截至 2020 年 12 月，我国互联网政务服务用户规模达到 8.43 亿，占网民整体的 85.3%。这对科技政务服务提出了更高的要求。科技政务新媒体不仅仅担负着某一条信息的发布，更多地需要承担与之同步产生的服务需求。而这项工作仅靠科技宣传工作人员很难完成，必须发挥相关业务部门的协同作用，形成长期有效的工作机制，因此要求形成系统内部高效协同的工作机制，将一些专业性强、业务性高的问题，及时记录并联系相关职能部门给予权威答复，形成“信息传递—业务流转—信息反馈”的畅通闭环，准确及时地完成与用户互动的流程，才能促使科技政务新媒体达到为社会公众服务的目的，发挥服务社会公众的作用。

六　结语

信息技术的快速发展正在逐渐缩短新媒体技术的更迭周期，科技传播工作的提升需要民间舆论场的力量，也离不开官方舆论场的加持。作为官方声音的发声渠道之一，科技政务新媒体必须发挥好信息发布和政务服务的功能。这要求有关管理部门和从业人员把握传播规律，丰富传播形式，加强内外沟通联络，加强全媒体人才队伍的建设及外部合作力量的补充，才能持续发挥科技政务新媒体的宣传价值和服务属性，建立政府和社会公众沟通交流的桥梁，提升影响力和传播力，更好地服务社会公众和科技创新主体，最大限度发挥政务新媒体对国际科技创新中心建设在舆论引导、服务群众、凝聚共识、扩大影响等方面的重要作用。

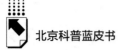

B.14

北京地区科幻产业发展现状、问题与对策

汤乐明　胡 睿　王郅媛*

摘　要： 《三体》《流浪地球》《戴森球计划》等本土科幻小说、影视、动画、游戏的突然崛起，在引起国人科幻热情的同时，也催发了科幻产业的快速形成和发展。北京作为全国文化和科技中心，引领科幻产业发展，加速产业转型升级义不容辞。本文在分析北京地区科幻产业发展优势的基础上，找出5个方面的不足和短板，并针对性地从产业政策、人才队伍建设、产业链促进、孵化平台建设、产业集聚、应用场景建设、产业资金投入等方面提出了意见和建议，供政府和企业决策参考。

关键词： 科幻产业　产业链　人才队伍　应用场景

一　引言

科幻产业是国家科技创新质量和水平的体现之一，北京要建设国际科技创新中心，发展科幻产业是应有之义。科幻产业是指以不违背现有的科学理论、依据可能的科学假设进行突破常规思维创作而形成的科幻文字或影像

---

* 汤乐明，博士，原北京科技创新促进中心文化科技与科普工作部（工业设计部）副研究员，现任门头沟区投资促进服务中心副主任，主要研究方向为科技政策与科普研究；胡睿，博士，北京城市学院副研究员，主要研究方向为城市管理与科技创新；王郅媛，硕士，北京科技创新促进中心文化科技与科普工作部（工业设计部）副研究员，主要研究方向为科技领域产业研究。

IP（知识产权）为核心内容的科学文化创意产业①。定义的内涵主要体现在科幻的发展离不开科学的发展、科幻的本质是文化产品、科幻发展的关键是IP的转化3个方面。科幻产业发展受各国、各地区文化影响并具有辐射的特点。科幻产业具有创意密集性、高附加值、高风险等特征，属于未来朝阳行业。

科幻产业面向未来，经济效益巨大。在美国，科幻创意已发展成为比肩航空航天产业的成熟产业，每年出版长篇科幻小说超过1000种。以其中一家出版社为例，一年首印和重印科幻作品超过400种②。著名科幻大片《阿凡达》创造的产值高达24亿美元，远超中国2009年本土电影年度总票房62亿元。当年3部好莱坞科幻大片包揽中国票房前三名，分别是《阿凡达》《2012》《变形金刚》，获得国内票房13.2亿元、4.7亿元和4.3亿元，显示出中国观众对科幻的追捧，也证明了中国具有极为庞大的科幻影视市场需求。中国科幻事业和科幻产业一直在高质量供给不足和市场需求强烈的背景下蹒跚摸索，但随着中国科技快速进步和文学大环境改善，科幻产业得到快速发展，2015、2016年，中国科幻作家刘慈欣和郝景芳分别凭借《三体》和《北京折叠》先后获得雨果奖；2019年《流浪地球》将中国原创科幻作品推到大众面前，如飓风扫过华夏大地，开启了中国科幻产业的"影视时代"，中国兴起了科幻热潮，也掀起了中国科幻产业发展的热潮，科幻产业驶入快车道③。

近年来，随着移动互联网时代红利逐渐消退，作为科幻产业的方向和愿景，元宇宙被视作下一轮科技创新的方向和集大成者。Epic Games获得10亿美元融资后立即布局Metaverse，全力打造游戏的元宇宙。Facebook收购的Oculus Quest持续激活VR市场活跃度，苹果同样大力投入AR/VR，国内大厂腾讯、阿里不甘落后，竞相收购VR头部企业。各大科技巨头竞相投入

---

① 刘珩、刘强、汪潇等：《武汉市科幻产业发展战略的思考与建议》，《科教导刊（中旬刊）》2019年第23期。

② 吴苡婷：《科幻产业的发展瓶颈问题剖析》，《科技传播》2014年第20期。

③ 吴岩：《中国科幻产业进入快车道》，《瞭望》2019年第2期。

元宇宙赛道的同时，部分国家也积极加入。2021 年 5 月，韩国科学技术和信息通信部成立“元宇宙联盟”，聚集了现代集团、SK 集团、LG 集团等 200 多家韩国头部企业集团和行业组织，打造国家层面的 VR/AR 平台。2021 年 10 月，Facebook 宣布计划未来五年内在欧盟创造一万个工作岗位，以推动建立一个被称为“元宇宙”的数字世界。10 月 28 日，在 Facebook Connect 年度招待会上，Facebook 宣布，公司将更名为“Mate”。国内 A 股元宇宙概念股轮番上涨，掀起一波又一波的科幻高潮，从概念和需求端驱动着全国科幻产业的快速增长。

北京发展科幻产业拥有极好的资源优势、政策优势、环境氛围，能聚集全国最优质的科幻产业发展要素，发展科幻产业对于促进产业转型，实现经济高质量发展具有重大意义。着眼于北京科幻产业的发展，北京应着力于将科幻产业打造成为体现北京科技创新硬实力与和谐宜居之都文化软实力、提升国家创新型发展与新时代文化影响力的重要载体，使北京成为在科幻领域具有世界影响力的中心城市。

二　北京科幻产业发展优势突出

文化中心和科创中心建设是北京战略定位的重要内容，科幻大会落户石景山首钢园，798 艺术区的火热，北京科技周、北京国际电影节、北京国际设计周等大型活动的持续举办，已逐步营造出良好的科幻氛围，为科幻产业发展奠定了较好的基础。

（一）北京已抢占科幻产业发展先机

近几年，北京立足自身优势，着力打造科幻产业，大力营造科幻氛围，成效显著。科幻会展方面，连续 2 年的中国科幻大会在石景山首钢园举办，集聚大量人气的同时，收获了一批高水平的科幻企业、科幻大师和产业资金。2021 年中国科幻大会上，科幻新技术新产品产业展围绕元宇宙中心，汇聚一大批科幻产业的成果，吸引大批专业人士和观众观展。北京国际电影节设立科幻电影周、北京科技周设立科幻分会场、北京国际设计周增加科幻创意环节，逐渐营造出浓厚的科幻氛围。科普式科幻方面，2010 年，中国科技馆开办了“科幻剧场”，打造了沉浸式科幻剧的雏形。2018 年开始，中国科技馆打造了“科学之夜”，将科幻元素系统用于科学展览。环球影城、欢乐谷，将众多科幻 IP 打包制作成科幻场景，让游客流连忘返。北京天文馆、北京自然博物馆等场馆已建成高水平的 4D 影院并连续推出系列科技节。前沿科技展示表演方面，北京通过各类具有国际影响力的大型展会，全面展示最新最前沿的航天、海洋科技、磁悬浮、3D 打印、智能穿戴、无人驾驶、新型电子消费品、垂直农业、新型药品、机械义肢等新技术新产品，成为最新技术的展示窗口。科幻风格的传统消费场所方面，北京着力打造满足人民群众日益增长的科幻需求的应用场景，科幻商场、科幻餐厅、科幻酒店、科幻 KTV 遍布北京的大街小巷，以北京大望路“SKP－S”商场为例，它以火星移民、人工智能和未来农场为主题，打造成一家科幻商场。北京已抢占科幻产业新赛道的先机，前景广阔。

（二）北京是科幻产业发展的资源、政策和人才高地

1. 北京是国内科幻的资源集中地。首先，北京已储备了一批科幻人才。北京聚集了一批高知名度的科幻作家，例如雨果奖得主刘慈欣和郝景芳都生活在北京。同时，北京还拥有全国唯一设置科幻博士课程的高校——北京师范大学。名人效应和学科设立带动北京产生了一批颇具影响力的高校科幻社团，为北京科幻创新发展培养了人才。其次，北京影视产业具有雄厚的基础，科幻影视产业在全国名列前茅。中国电影集团、光线影业、百度视频、字节跳动等影视和互联网视频公司不断上线科幻题材的影视作品。此外，北京聚集众多顶级媒体，包括电视媒体、网络媒体和平面媒体，能够快速传播科幻方面的内容和产品。

2. 北京着力打造科幻产业的政策高地。由国家电影局、中国科协制

定印发的《关于促进科幻电影发展的若干意见》[1]（以下简称《意见》），提出了对科幻电影创作、生产、发行、特效、人才等扶持的 10 条措施，被称为“科幻十条”，全力将科幻电影培育成为产业发展的新动能和重要增长极。同时，《意见》还明确，建立起由国家电影局、中国科协牵头，覆盖教育、科技等十多个部门参加的联系机制，促进科幻电影高质量发展。北京还建立了服务科幻电影发展的科学顾问库，将相关领域的专家院士和科技人才纳入科学顾问库，深度把关科幻电影中的科学知识点和细节。

除了科幻电影这一重点领域，北京也重视科幻产业链条的培育和发展。从政策体系、项目引导、平台建设等方面全方位发力，打造科幻产业的政策高地。从政策体系来看，2020 年中国科幻大会上，北京首个支持科幻产业发展的政策——《石景山区加快科幻产业发展暂行办法》[2]，即“石景山区科幻 16 条”发布，这在国内也是敢为人先的积极尝试。该办法从方向引领到财政支持，全方位系统地提出了科幻产业的扶持政策。在财政支撑方面，“科幻 16 条”设立专项资金 5000 万元。该资金的重点支持领域是科幻产业的关键技术、原创人才、场景建设。在方向引领方面，该办法列举了重点建设的八个方面，分别是关键技术研发与应用、科幻原创作品创作与转化、科幻企业集聚发展、科幻主题场景建设、科幻产业服务平台发展、科幻金融、重大科幻活动落地、科幻创意人才和团队。项目引导方面，北京市科委、中关村管委会 2021 年公开征集支撑科幻产业发展关键技术研发课题项目，并予以资金支持。在发布的课题征集通知中要求“课题研究内容来源于科幻”，基于已有技术基础向前探索，并且课题中所涉及的“技术能够直接用在科幻作品创作上”，这些项目涵盖科幻产业的方方面面，包括计算机成像技术、建模渲染、数字人引擎技术、虚拟拍摄引擎等，为科幻产业链的前端原始技术创新提供了引导和支撑。平台建设

① 国家电影局、中国科协：《关于促进科幻电影发展的若干意见》（国科发政字〔2007〕32 号）。

② 石景山区人民政府：《石景山区加快科幻产业发展暂行办法》（石政办发〔2020〕14 号）。

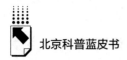

方面，北京市以中国科幻大会、北京科技周、北京国际电影节、北京国际设计周为契机，着力营造科幻氛围，搭建科幻人才、资源、投资、产品的交流和对接平台，促进科幻产业发展。

3. 北京已成为国内科幻产业的投资高地。一是北京市政府重视科幻产业发展。2021 年 9 月 30 日，中国科幻大会在首钢园举行。中国科幻大会规模大，层次高，主办方是中国科学技术协会和北京市人民政府。大会上，国内首支投向科幻产业的股权投资基金——北京科幻产业基金成立。该基金未来预期规模 10 亿元，将有效撬动科幻产业的投资，为北京科幻产业集聚区建设助力。二是北京科幻影视和出版市场活跃，不仅集中了一批科幻影视从业者和投资人，而且科幻出版资源丰富。三是北京拥有大批领军的科技企业和科研机构，AR、VR、AI、大数据等科技创新，以及生物、医疗、量子通信等科学成果，与科幻文化产业相互支撑，为北京发展科幻产业提供了肥沃的土壤。

（三）北京科幻产业全面领跑全国

《2020 中国科幻产业报告》[①] 公布的统计数据显示，2015 ~ 2019 年中国科幻产业产值呈现快速增长的态势。2019 年，中国科幻产业产值达 658.71 亿元，比 2018 年增长近 200 亿元。其中科幻游戏和动漫 430 亿元，占比约 65%；科幻影视 195.11 亿元，占比约 30%；科幻出版 20.1 亿元，占比约 3%；科幻周边 13.5 亿元，占比约 2%。北京科幻产业总产值 229 亿元，其中科幻游戏和动漫 120 亿元，约占全国的 28%；科幻影视 97 亿元，约占全国的 50%；科幻出版 8 亿元，约占全国的 40%；科幻周边 4 亿元，约占全国的 30%。

① 该报告由中国科普研究所中国科幻研究中心与南方科技大学科学与人类想象力研究中心联合发布。

表1 2019 年全国科幻产业情况

单位：亿元

地区类别	总产值	科幻游戏动漫		科幻影视		科幻出版		科幻周边	
		产值	占比	产值	占比	产值	占比	产值	占比
全国	658.71	430	65%	195.11	30%	20.1	3%	13.5	2%
北京	229	120		97		8		4	
占全国比例	36%	28%		50%		40%		30%	

资料来源：中国科普研究所、南方科技大学《中国科幻产业报告》，2020。

VR 企业水平方面，北京在国内发展呈现领先趋势，不仅从数量上领跑全国，同时发布多项重要成果，为未来北京科幻产业的发展提供有力支撑。尤其是中关村，汇聚了众多高新技术企业，它们也是科幻产业发展的主力军。百度、咪咕、京东方、爱奇艺、贝壳找房、虚拟动点、凌宇智控、当红齐天、东方瑞丰、达佳互联、千种幻影、金山云、耐德佳、易智时代等共 26 家北京企业进入 2021 年“中国 VR 50 强”，较 2020 年增长 5 家。

VR 产业成果方面，虚拟现实产业联盟 2021 年发布的 15 项中国虚拟现实产业重要成果中，北京企业占 10 项，包括中央广播电视总台的 5G VR 融合制播关键技术及《春节联欢晚会》等大型活动节目制作应用，北京理工大学、北京市混合现实与新型显示工程技术研究中心的多感官协同的长时沉浸虚拟现实关键技术及应用，虚拟现实技术与系统国家重点实验室、中国医学科学院北京协和医院、北京众绘虚拟现实技术研究院有限公司的医学数字人体和虚拟仿真手术平台，京东方科技集团股份有限公司的深度沉浸体验的近眼显示技术方案，北京电影学院、视伴科技（北京）有限公司的 2022 北京冬奥会场馆仿真系统（VSS）等。

（四）北京科幻产业已逐步形成集聚效应

在中国科协和北京市政府的大力支持下，中国科幻大会于 2020 年落户北京市石景山区首钢园。以科幻大会为载体和平台，首钢园启动建设国内首个科幻产业集聚区，打造科幻国际交流中心、科幻技术赋能中心、科幻消费体验中心、科幻公共服务平台（三中心、一平台），总占地面积 71.7 公顷。

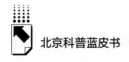

空间载体确定的一年里，北京市政府和石景山区政府相关部门主动作为，按照“打好基础起好步，竖起旗杆开好局”的思路，支持首钢设立专人专班专业化推进科幻产业集聚区建设。金安桥 1 号楼在 2021 年底建设落成“中关村科幻产业创新中心”，将引入一批高速成长的科幻企业，展示科幻创业产品，建设公共孵化器、公共技术平台。首钢基金出资会同市区两级资金设立国内首支科幻基金，首钢集团和腾讯公司积极推动设立科幻大奖。

在 2021 年中国科幻大会开幕式上，全国首个科幻产业联合体正式对外发布，首钢园科幻产业集聚区成立。该联合体由首钢集团牵头发起，联合业内顶尖的 40 家企业、高校、科研机构共同组建。首钢集团为理事长单位，中关村通力科服为秘书处单位。未来，首钢集团作为理事长单位，将与科幻产业联合体成员单位共同促进国际交流合作与人才培养，搭建科幻公共技术服务平台，促进产业模式推广和场景应用创新，推动产业研究和政策服务，同时为联合体企业和入驻园区企业提供优质平台服务，拓宽科幻“朋友圈”，助力中国科幻产业蓬勃成长。

三　北京科幻产业面临的问题和挑战

科幻产业是一个快速发展的产业，武汉、成都、上海、广州、深圳等地已经充分认识到科幻产业发展的重要性，并将发展科幻产业作为区域产业转型升级的新引擎，纷纷打造自身的科幻产业和科幻聚集地。北京作为文化科技中心，虽然在科幻产业发展方面具有得天独厚的资源禀赋，且已抢占先机，但还存在诸多不足和短板。

（一）科幻产业政策不够完善且未完全落地

一是科幻产业政策不够完善。国家层面出台了《关于促进科幻电影发展的若干意见》，北京市科学技术委员会、中关村科技园区管理委员会发文，公开征集支撑科幻产业发展关键技术研发储备课题，石景山区也出台了支持科幻产业发展的石景山区科幻 16 条。虽然从中央到科幻集聚区政策体系已初具雏形，但北京市以储备项目的形式出现，尚未形成专项，且无正式规划和文件，政策稳定性不好确定，政策体系还需完善。

二是产业政策尚未完全落地。虽然科幻产业发展方面的政策正在逐步形成，但科幻产业政策执行落地不太容易，具体资金投入远少于产业实际需求。2020 年开始出台的相关产业扶植和引导政策，对于科幻产业的创新发展起到了一定的刺激作用，但部分政策未能出台细则，没有得到有效执行和落地[①]。如房地产和税收支持政策未达到预期效果，相关从业人员和企业入驻产业园的预期也未达到，资金审批的流程长，手续繁琐，未能发挥其应有价值。

（二）科幻人才培养体系不够健全

科幻人才方面，北京在人才数量上已经具备了绝对的优势，但是正如前文所述，除了“科幻大 V”和北京师范大学的专业设置，大部分人还是基于兴趣驱动关注科幻，完善的科幻人才培养体系尚未成型[②]。北京师范大学本科教育没有科幻专业，科幻专业划归儿童文学学科，这与日本动漫产业也是以儿童为阅读对象走向世界比较类似[③]，但基于当前的产业发展速度，这样的人才培养体系显然是不够的。每个人都有自己心中的科幻梦，科幻产业应着眼于解决从儿童、青少年到老年的全年龄段需求。

对标发达国家，部分国家已经形成比较完整的体系化科幻人才培养体制。早在 1961 年，美国就开始在大学设立科幻小说课程，正式培养科幻小说专业人才。到 20 世纪 70 年代，美国开设科幻课程的大专院校达到 2000 多所，很多美国的中小学在教学计划中也增加了科幻小说课程[④]，

---

① 崔亚娟、陈玲、徐涛等：《北京科幻影视动画产业发展现状研究》，《齐齐哈尔大学学报（哲学社会科学版）》2021 年第 7 期。

② 李卓群：《当前中国科幻出版与文化的现状及问题研究》，“海峡两岸华文出版论坛”，2013。

③ 李秀菊、林利琴：《青少年科学素质的现状、问题与提升路径》，《科普研究》2021 年第 4 期。

④ 刘苏周、黄禄善：《20 世纪美国科幻小说研究在中国》，《重庆工商大学学报（社会科学版）》2014 年第 2 期。

美国科幻人才培养体系快速建立健全。英国甚至为科幻设立专门的博士点[①]，系统全面研究和培养科幻人才。日本、俄罗斯等国不甘落后，纷纷在高等教育体系中增加科幻课程，培养本土科幻人才。中国在科幻人才培养方面目前还处于起步阶段，科幻人才供给不足，科幻产业发展水平相对较低。

（三）科幻内容生产存在诸多短板

一是科幻小说写作人才目前仍较为匮乏。创作《基地》《机器人》系列科幻小说的阿西莫夫是化学博士，创作《三体》的刘慈欣是一名天文工作者，科幻作家不同于传统文学创作者，不仅仅需要有科幻的激情，还需要扎实深厚的科学知识积累。中国不缺科学家，也不缺作家，但是缺乏科普作家和科幻作家，这也决定了中国的很大一部分科幻作家只能是兼职作家，本职工作仍然是科学家、工程师、教师。受此影响，中国科幻原创小说数量少，水平参差不齐，长期以来年出版原创长篇科幻小说数量徘徊在 10 部左右，近些年随着科幻影视的国内热映和《三体》小说的崛起才有所上升，特别是随着中国航天事业的突破性进展，对月球、火星的不断探索点燃了国内民众对科幻的热情和渴望，也快速催生了一批科幻作家。

二是科幻写作门槛高，科幻编剧人才极度匮乏，导致科幻产业高质量发展存在诸多瓶颈。科幻影视需要将科幻文字转换为视觉化场景，这就需要美术设计人员，需要懂编剧的导演和制片，同时这类人才还要掌握科学知识、懂科幻。很多编剧人才缺乏科学素养，具备科学素养的科学家又不具有编剧的技能。毋庸置疑，最大的潜在科幻消费市场绝对在中国，但国产科幻电影的产出数量和产出质量一直堪忧，央视电影频道生产的电影数量很多，但科幻影片极少。

三是科幻产品制作的团队十分缺乏。科幻产业涉及科幻图书、科幻电

---

① 郑军：《第五类接触：世界科幻文学简史》，百花文艺出版社，2011。

影、科幻电视、科幻动画、科幻游戏、科幻玩具、科幻乐园、科幻景点等。高水平的科幻团队一定是从有影响力的科幻小说开始，比如《三体》，开发制作成漫画、游戏，然后拍摄成科幻电影、电视，得到市场正反馈后接着包装成科幻景点和乐园。在好莱坞，有很多顶尖的华裔人才精通游戏设计、电影拍摄和美术美工，部分还受到感召和市场吸引回国开设了影视文化娱乐公司，或者对接国内需求开展业务，国内的影视特效团队水平也在快速提升，但整体上这些人才资源没有得到有效整合，具有较高水平且有一定影响力的科幻影视、动画、游戏很少由本土团队制作。实际上，经过近10年的超速发展，中国动漫游戏产业的技术能力整体上已赶上国际一流水平，但因种种原因很少做本土原创的动画，而是承接全球市场的外包项目。《戴森球计划》登顶Steam全球热销榜，应能催生越来越多有口碑、有票房的本土科幻动画电影和游戏。

（四）知识产权保护意识不足，保护力度和手段不够

科幻产业知识产权保护不到位，一是意识不足，二是保护力度和手段不够。以获得“中国科幻电影的里程碑作品”赞誉的《流浪地球》为例，加持“刘慈欣”“国产科幻片”等光环和标签，大年初一上映后口碑炸裂，上映4天即斩获10亿元票房。不过对于制片方，他们却无暇庆祝票房屡创新高带来的成功，因为《流浪地球》的爆火在点燃观众的观影热情的同时，也被盗版者重点关注。国家知识产权局早在2019年2月2日就针对《流浪地球》发布版权保护预警，要求网络服务商、电商网站及应用程序商店加快处理侵权内容及链接。制片方早就制定知识产权保护预案，但仍无法阻挡盗版团伙的势头，卖家在二手平台公开叫卖盗版资源，声称1元即享完整版高清《流浪地球》。从《流浪地球》遭遇盗版的情况来看，加大对知识产权违法犯罪行为的打击力度，增加违法的成本和代价，是下一步保护科幻产业知识产权的重点。

（五）政府对科幻产业的引导还需加强

科幻产业已然成为拉动经济增长的新引擎，是一块有着巨额市场份额的

蛋糕。市场经济这只看不见的手决定了一批先知先觉的创新型企业会看到盈利预期，从而自然催生一个有着加速发展前景的新产业。但一直以来，我们的科幻产品生产者不注重培育科幻的品牌价值，意识不到培育一个具有感召力强的品牌的重要性，不能综合运用网络、游戏、动漫、影视、衍生品等方式和手段形成产业链，持续塑造科幻品牌以达到利益最大化。国内的游乐场所，包括欢乐谷、长隆、方特等，已具备不逊色于国外著名游乐品牌的硬件设施，且服务一流，但一直赶不上迪斯尼、环球影城等国际一流品牌，差距在哪？差的不是硬件，也不是软件，而是由持续的文化塑造、大量的正向宣传打造形成的品牌，没有品牌支撑的科幻公园和科幻影视乐园，其生命力无法持续。《三体》《流浪地球》能否持续火爆并带动产业链的形成和壮大，取决于能否得到“品牌效应”强有力的持续支撑。

政府作为市场看得见的一只手，过多干预科幻产业的市场化行为绝不可取，概念炒作、借文旅圈地牟利行为不应支持，但是科幻产业培育所需的各类要素的聚集整合、产业链的布局、科幻产业发展平台打造、科幻氛围营造等，需要进行系统性研究、鼓励、引导和支持。特别是在科幻氛围已然形成，社会对科幻消费如此高涨之时，应引导、鼓励、支持《三体》《流浪地球》等已形成品牌效应的科幻成果团队，坚定文化自信的决心和信念[①]，打造具有中国本土特色的科幻产业链。

四　北京科幻产业发展对策建议

北京发展科幻产业，应当以习近平新时代中国特色社会主义思想为根本遵循，立足“四个中心”的功能定位，加强顶层设计，完善产业政策，培育人才队伍，激活产业链条，建设孵化平台，推动产业集聚，鼓励科技创新，加速场景建设，设立专项资金，实现全周期管理，促进北京科幻产业发展，进一步繁荣兴盛首都文化、加快推进国际科技创新中心建设，使科幻产

---

① 王春法：《培育发展科幻产业提升民族创新能力》，《科协论坛》2013 年第 12 期。

业成为传承和升华中华优秀传统文化，营造和深化新时代创新文化氛围，探索和推动文化“走出去”，展现北京“四个中心”城市功能定位的重要载体，打造中国科幻产业示范区，引领全国科幻产业发展，在国际上唱响推动构建人类命运共同体的中国声音，契合、支撑国家“一带一路”发展战略。北京科幻产业的发展可以从以下几个方面入手。

（一）加强顶层设计，完善产业政策

一是制定符合北京定位的科幻产业发展规划。在 2023 年服务不少于 3 个科幻场景落地，首钢园区初步建成科幻产业集聚区，北京科幻主题论坛成为国内外科幻活动重要品牌，科幻产业成为重要的高附加值产业，北京成为国内科幻领域发展的引领城市。在 2035 年培养汇聚一批高水平科幻创作从业者，创作出一批有影响的科幻原创作品。推进环球影城周边、科幻产业示范区，将石景山区首钢园培育打造成为国内乃至世界的科幻产业示范场景和新地标。科幻产业成为推动文化产业发展、促进科技创新、助力对外文化贸易的重要支撑，北京成为亚洲科幻领域的标志城市。在 2050 年将科幻产业培育成为体现北京科技创新硬实力和文化发展软实力、提升国家科技创新和文化辐射影响力的重要载体，北京成为国际科幻领域具有世界影响力的中心城市。

二是完善科幻产业发展政策，从市级层面制定科幻产业发展的政策体系。联合市广电局、市科协、市科委、中关村管委会、市文旅局、市财政局、市发改委、市教委等相关部门，统筹各部门政策资源，从行业培育、人才队伍建设、科幻图书影视动漫游戏内容制作等方面制定面向全市的产业政策体系。

三是加强氛围营造，在各类重大活动中增加科幻元素，营造科幻氛围。特色品牌活动是营造科幻产业发展环境氛围的重要手段，支持在首钢园区等科幻产业集聚区开展科幻类主题活动。2022 年中国科幻大会纳入中关村论坛，高起点、高质量、国际化谋划举办北京科幻主题论坛，着力打造具有国际影响力的中国科幻大会，在中关村论坛增加科幻元素，形成贯穿全年的北京特色科幻产业发展氛围。

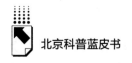

（二）培育人才队伍，激活产业链条

人才队伍是科幻产业发展的第一资源。研究制定人才引进支持政策，面向国内外引进培育一批科幻产业高端人才，建立科幻大师工作室。鼓励专业机构围绕科幻产业内容创作、科幻影视制作、科幻成果经纪等建设培训平台体系，培养专业人才。探索在有条件的高校设立科幻专业，培养科幻后备人才。鼓励学校开设青少年想象力教育培养课程，促进科幻社团和高校科幻联盟发展。鼓励科幻爱好者开展线上创作，培养聚集科幻迷和挖掘培养有潜力的科幻人才。探索将科幻创作成果纳入职称评审代表作。

原创内容与其相关的 IP 二次影视化开发是科幻产业发展的重要举措。其中，原创内容是科幻产业的源头。北京应当利用文化中心建设的契机，推动科幻出版、动漫、影视、游戏等全产业链发展，使得北京市科幻作品的品类、规模、质量在一定周期内得到显著提升。举办科幻创作创意大赛，发现优秀原创科幻作品及作者。鼓励出版新锐作家的科幻类小说和动漫图书。鼓励新锐导演拍摄科幻动漫、电影、电视剧和网络影视剧。鼓励游戏产业企业申请科幻游戏版号开发展现科学原理、首钢特色等北京文化内涵和正能量价值取向的精品科幻游戏。

基于优质原创科幻内容构建科幻产业链至关重要。鼓励社会各界积极投入科幻产业，打通科幻原创内容到科幻影视、动画游戏、玩具教具、科幻乐园和景点及衍生品的传导链条，让优质科幻内容的价值最大化。作为首都北京，应当支持拍摄制作弘扬社会主义核心价值观、具有较强技术创新性、体现电影工业发展趋势的高品质科幻电影，将科幻题材电影列入北京市重点影视创作规划。鼓励产业园区、集聚区、影视基地、工作室加大对科幻电影专业设施基础建设的研发和投入。利用好高新技术电影制作扶持，鼓励影院运用高新技术放映设备。鼓励金融、保险和投资机构提供科幻电影全过程服务。建设科幻电影创作、生产、发行、版权交易平台。用好科技与影视融合平台，对接国家电影局出台的科幻电影政策，制定配套落实措施。

此外，文创产品也是科幻产业链的重要拓展。北京可以致力于挖掘优质科幻（知识产权），提升 IP 转化质量，加强科幻 IP 的中国创意表达，开发融入创意元素和首都文化特色的科幻周边产品。加强科幻产业知识产权保护，搭建科幻周边产品展示和交易平台。在首钢园区周边打造科幻产业“十五分钟”工作圈，形成科幻产业发展的良好环境。

（三）建设孵化平台，推动产业集聚

集聚区是促进科幻产业发展的重要载体。聚焦首钢园区等重点区域建设科幻产业集聚区。支持科幻产业固定资产投资项目建设，加快科幻产业发展载体建设。加强具有孵化能力的科幻产业孵化器建设，建立大师工作室，搭建科幻公共服务和技术服务平台。打造沉浸式科幻 IP 主题体验项目，举办科幻类文化旅游活动。

孵化器是培育科幻产业发展的重要平台。按照全市产业布局总体规划，在重点产业承载区建设 2～3 个科幻产业孵化平台，提供专业咨询、知识产权、技术转移、投融资、市场推广等孵化服务，推动在孵科幻小微企业和科幻项目的成果转化。鼓励企业或产业园区建设科幻产业孵化器，为科幻产业小微企业和创业团队提供良好的公共办公环境。建立个人工作室、大师工作室，吸引科幻小说、动漫、游戏等领域知名创作者聚集，以内容创作带动产业聚集。

（四）鼓励科技创新，加速场景建设

科技创新是科幻产业发展的重要支撑。开展支撑科幻产业创新发展的关键技术研发，支持新一代信息技术、高端装备、人工智能等支撑科幻产业发展的科技创新领域技术研发项目。鼓励企业参与科幻主题产品与服务创新，支持信息消费示范项目活动和信息消费类开发者服务平台建设。组建科幻产业科学家顾问团队。

科幻应用场景建设是未来发展趋势。目前，全球科幻产业已经悄然进入 3.0 时代，最大特点就是出现“C 端”科幻产业。它们是消费终端，开设在消费者身边，是看得见、摸得着的科幻产业。例如科幻会展、科幻式科普产

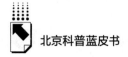

业、沉浸式科幻体验、科幻风格的传统消费场所、VR 秘境探险旅游、科幻内容的新兴人际互动娱乐行业、科学艺术会展等。

（五）设立专项资金，实现全周期管理

产业引导资金体系是扶持促进科幻产业发展的重要手段。统筹用好文化产业“投贷奖”“房租通”等现有政策和财政资金，充分发挥政府现有专项资金的导向作用，重点扶持科幻产业发展，引导社会资金对科幻产业的关注和投入，促进科幻产业快速可持续发展。

全生命周期的监测管理是评价科幻产业发展的“晴雨表”和“指挥棒”。对国内外及北京地区的科幻产业发展开展系统调研，建立系统的产业数据、创作者数据库等信息管理和信息技术支撑平台。分析科幻产业与文化、科技、旅游等产业融合的统计数据，研究建立科幻产业标准，形成科幻产业的统计体系。开展政策调研评估、统计指标监测、发展趋势分析等工作，为科幻产业发展提供决策依据。

参考文献

［1］刘珩、刘强、汪潇等：《武汉市科幻产业发展战略的思考与建议》，《科教导刊（中旬刊）》2019 年第 23 期。
［2］吴苡婷：《科幻产业的发展瓶颈问题剖析》，《科技传播》2014 年第 20 期。
［3］吴岩：《中国科幻产业进入快车道》，《瞭望》2019 年第 2 期。
［4］国家电影局、中国科协：《关于促进科幻电影发展的若干意见》（国科发政字〔2007〕32 号）。
［5］石景山区人民政府：《石景山区加快科幻产业发展暂行办法》（石政办发〔2020〕14 号）。
［6］崔亚娟、陈玲、徐涛等：《北京科幻影视动画产业发展现状研究》，《齐齐哈尔大学学报（哲学社会科学版）》2021 年第 7 期。
［7］李卓群：《当前中国科幻出版与文化的现状及问题研究》，“海峡两岸华文出版论坛”，2013。

[8] 李秀菊、林利琴：《青少年科学素质的现状、问题与提升路径》，《科普研究》2021 年第 4 期。
[9] 刘苏周、黄禄善：《20 世纪美国科幻小说研究在中国》，《重庆工商大学学报（社会科学版）》2014 年第 2 期。
[10] 郑军：《第五类接触：世界科幻文学简史》，百花文艺出版社，2011。
[11] 王春法：《培育发展科幻产业提升民族创新能力》，《科协论坛》2013 年第 12 期。

Abstract

General Secretary Xi Jinping pointed out: "Science and technology innovation and scientific popularization are the two wings of realizing innovation and development, and scientific popularization should be placed in an equally important position as scientific and technological innovation." The national science and technology innovation center construction plan of Beijing during the 14th Five Year Plan period proposes that "by 2025, Beijing International Science and technology innovation center will be basically formed", as one of the "two wings" of innovation and development, science science needs to work in the same direction.

As the region with the most abundant science resources in the country, Beijing has the responsibility to serve the national strategy and play a leading role in the construction of a global science and technology innovation center for the construction of an innovative country and the development of science popularization. To this end, the Beijing Science and Technology Innovation Promotion Center released the fifth "Blue Book of Beijing Science Popularization: Annual Report on Beijing Science Popularization Development (2021 – 2022)". This book focuses on the core goal of building a scientific and technological innovation center with global influence, focusing on the modernization of Beijing's popular science governance system and capabilities, scientific and technological support to win the battle against the COVID – 19, and high – quality development. Carry out research at different levels and through multiple channels to help improve the capacity building of science popularization in Beijing.

This book is divided into 5 parts: general report, science popularization effect, system and mechanism, wisdom dissemination and typical case. The general report is based on Beijing and national popular science statistics. It is estimated that in 2019, the science popularization indexes of Beijing is 5. 27. The top four are Chaoyang District, Haidian District, Xicheng District, and Dongcheng District. The contribution of urban functional expansion areas in 2019 has been greatly improved, from 43% in 2018 to 60% in 2019; finally, put forward the "14th Five - Year Plan" to promote the construction of a new pattern of science popularization in Beijing. The article on the effectiveness of science popularization summarizes popular science achievements such as the propagation path of science popularization work to the spirit of scientists under the vision of building an international science and technology innovation center, the construction of popular science venues in Beijing, and the allocation of high - end science and technology resources in Beijing. In the chapter of system and mechanism, it interprets the focus and significance of Beijing's science popularization development plan during the "14th Five - Year Plan" period, and conducts theoretical discussions and researches on the innovation of the management system and development situation of Beijing's science popularization bases, and the innovative path of Beijing's youth science popularization work. Wisdom Communication, which summarizes the dissemination of new media science popularization under the background of epidemic prevention and control and the way that new media promotes popular science knowledge. Dissemination of chaos and order management. In the typical case chapter, special research on the path of emergency science popularization work in Beijing, the effectiveness and development strategies of new government media in science and technology communication, and the development of science fiction industry in Beijing area.

With rich data, vivid cases, and in - depth analysis, this book provides data support and theoretical support for Beijing to better carry out science popularization work, and strives to provide useful reference for Beijing and national science popularization workers.

Keywords: Science Popularization Career; Scientific and Technological Innovation Center; Beijing

Contents

I General Report

Abstract: Focusing on the goal set for the construction of the national science and technology innovation center in 2021, that is, the major task of initially becoming a science and technology innovation center with global influence, this paper summarizes and sorts out the new progress of Beijing's science popularization capabilities. Based on the statistical data of Beijing's popular science, the Beijing popular science development index was calculated. In 2019, the sum of the popular science index of all districts in Beijing was 35. 6. The top four were Chaoyang District, Dongcheng District, Haidian District, and Xicheng District, which were 16. 45, 3. 00, 3. 4 and 6. 45 respectively. The contribution of urban functional expansion areas in 2019 has been greatly improved, from 43% in 2018 to 60% in 2019. The contribution of urban core areas has dropped from 46% in 2018 to 31% in 2019. Finally, the challenges and opportunities that need to be addressed in the development of science popularization during the "14th Five-Year Plan" period are expounded, and suggestions for high-quality development of science popularization in the next stage are given.

Keywords: Effectiveness of Popular Science; Comprehensive Evaluation of Popular Science; Index Calculation

Ⅱ Science Popularization Effectiveness Reports

Abstract: Building an international science and technology innovation center is a key strategic fulcrum for my country to build a strong science and technology country. Due to its abundant resource advantages such as high-quality higher education institutions, scientific research institutes and national high-tech enterprises, Beijing has formed one of the regions with the most profound scientific and technological foundation, the most intensive scientific and technological resources, and the most active technological innovation subjects in China. This also shows that Beijing has a solid foundation for developing innovative research and future industries. In addition to the hard powers such as scientific research ability and innovation ability, science popularization is also a necessary condition for Beijing to realize scientific and technological innovation, complete the transformation of scientific and technological innovation, and form a scientific society. The quality of science popularization work directly affects the development of international science and technology innovation centers, which requires scientists to change from the V1. V2. 0 model conversion. Scientific and technological innovation is not only the process and results of the struggle of all scientific workers, but also the systematic bursting and blooming of the ideological vitality of the whole society. Therefore, promoting the spirit of scientists is an important spiritual support for the continuous progress and continuous innovation of scientific and technological development. In the process of building the Beijing International Science and Technology Innovation Center, the Chinese Academy of Sciences has actively inherited and carried forward the spirit of scientists, externalized it into the work practice of scientific and technological development capabilities, explained the connotation and essence of the spirit of scientists in the new era with practical actions, and created and spread the spirit of scientists. The resounding business card has laid a solid foundation for the Beijing International Science and Technology Innovation Center.

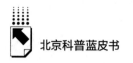

Keywords: International Science and Technology Innovation Center; Popular Science Work; Scientist Spirit

B.3 Construction of Science Popularization Venues in Beijing: System, Value and Approach *Ma Jinling*, *Zhang Yuan* / 072

Abstract: Since the founding of New China, under the leadership of the Communist Party of China, along with the economic and social development of the country and the Beijing region, the popular science venues in Beijing, as an important social space in the region, have presented their own unique characteristics of starting from scratch and measuring quantity. The history of the leap-forward development from standardization to base-based development. In the historical process of its construction and development, as a unique educational space, Beijing Science Popularization Stadium strives to create material space, educational space, and cultural space to present its multiple values as a three-dimensional social space. In this sense, in order to maintain its functional value as an important social space, it is necessary for the relevant responsible subjects to generate and maintain the awareness of space education, establish and improve the protection and use mechanism of popular science venues, and form a good social atmosphere for popularizing and understanding popular science, in order to ensure that the popular science venues in Beijing continue to exert their functional value and promote the scientific development of the regional popular science space.

Keywords: Beijing Area; Popular Science Venues Function; Social Space; Integrated Governance

Abstract: The popularization of high-end scientific and technological resources is the most cutting-edge resource for improving the scientific quality of the public. It has an exemplary and irreplaceable role in rapidly improving the scientific quality of the public, maintaining the function of the public social ecosystem, and leading the atmosphere of social innovation and development. Beijing area is rich in high-end science and technology resources. This paper analyzes the general situation of high-end science and technology resources in Beijing area of the Chinese Academy of Sciences and the configuration and problems of science popularization, and puts forward the future development path of high-end science and technology resources science popularization based on the situation faced in the new era.

Keywords: Beijing Area; Popularization of High-end Scientific and Technological Resources; Allocation of Scientific and Technological Resources

Ⅲ System and Mechanism Reports

B.5 Interpretation of the Key Points and Significance of Beijing's Science Popularization Development Plan During the "14th Five-Year Plan" Period

Teng Hongqin, Long Huadong, Wang Wei and Zu Hongdi / 105

Abstract: The "14th Five-Year Plan" period is a critical period for Beijing to implement the strategic positioning of the capital city, accelerate the construction of an international scientific and technological innovation center, take scientific and technological self-reliance as the strategic support for development, and build a new development pattern. Today's world is undergoing rapid changes unseen in a century, the international situation is becoming increasingly complex, and the environment and challenges are undergoing new changes. Scientific and technological innovation and popularization of science bear a major historical mission and responsibility. This article focuses on the relevant content of " Beijing's " 14th Five-Year Plan " Period of Science and Technology Popularization Development Plan", reviews the development of Beijing's science popularization during the "13th Five-Year Plan" period, analyzes the situation and challenges faced by Beijing's science popularization work, and expounds the "14th Five-Year Plan" period. The development goals, key projects and practical significance of Beijing's science popularization undertaking.

Keywords: 14th Five-Year Plan for Popular Science; Situation for Popular Science; International Science and Technology Innovation Center

Abstract: The popular science base is an important force for the development of science popularization in Beijing, and an effective carrier for promoting the scientific spirit, popularizing scientific knowledge, and disseminating scientific ideas and methods. The Beijing Municipal Science and Technology Commission, the Zhongguancun Administrative Committee and the Beijing Association for Science and Technology jointly issued and implemented the "Administrative Measures for Beijing Science Popularization Bases", which made new arrangements and put forward new requirements for the application conditions, management operations and support services of Beijing Science Popularization Bases. Beijing Science Popularization Base ushered in new development. This paper analyzes the historical evolution, management system and operation mode of Beijing science popularization bases based on the "Administrative Measures of Beijing Science Popularization Bases" and the cases of typical science popularization institutions, and puts forward countermeasures and suggestions for the construction and development of Beijing science popularization bases.

Keywords: Popular Science Base; Management Method; Management System

Abstract: Adolescents are an important audience for science popularization work. The scientific literacy level of adolescents is directly related to the quality of national innovative talent training and the level of scientific and technological innovation development. This paper comprehensively introduces the current situation of Beijing youth science and technology activities from the aspects of Beijing youth science and technology activities and science and technology venues. From the aspects of the subject, form, funding and evaluation of youth science popularization work, compare it with foreign youth science popularization work, and combine the excellent experience and successful cases of foreign youth science popularization work. Develop an innovative path for youth science popularization work suitable for Beijing, and put forward constructive suggestions for improving the innovation and internationality of Beijing youth science popularization work.

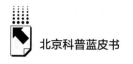

Keywords: Youth Science Popularization; Popular Science Activities; Double Reduction; Innovative Science Popularization

Ⅳ Wisdom Communication Reports

Abstract: Under the background of the normalization of the COVID-19 epidemic Prevention and Control, new media has become the main channel for the public to obtain information. It has become the top priority of current work to widely spread the esoteric and obscure health science knowledge through various forms of new media channels, so that the public can understand and master the knowledge of epidemic prevention. This article will combine the cases on new media platforms such as WeChat, Weibo, Douyin, and Station B to discuss the new changes and new requirements for popular science communication in the context of epidemic prevention and control, sort out the characteristics and problems of new media popular science communication, and propose new media popular science popularization. Spread the value orientation in the new situation.

Keywords: New Media; Dissemination of Popular Science Content; Channel Construction

B.9 Research on the Display and Dissemination of Digital Science in the Establishment of Beijing Grand Canal National Cultural Park

Zhang Chunfang / 154

Abstract: Digital science is an important part of the construction of Beijing Grand Canal National Cultural Park. The rich history and culture of the Grand Canal provides multi-dimensional content support for the development of digital science. However, from the perspective of practical practice, digital science still lacks the overall planning of digital science in the construction of Beijing Grand Canal National Cultural Park, the creative refinement of content, the two-way empowerment of content science and communication technology, and the authoritative and accurate content communication. issues of sex. Solving these problems needs to be promoted from multiple levels, which is mainly reflected in improving the top-level design and formulating special plans for digital science popularization; strengthening content research and refining ideas suitable for digital communication; promoting cross-border integration and building a docking platform for multi-party mutual learning; strengthening scientific research Guidance to build a multimedia digital dissemination matrix.

Keywords: Grand Canal; National Cultural Park; Digital Science; Communication

B.10 Research on the Path of Promoting Popular Science Knowledge Dissemination by New Media *Hou Yuwei*, *Li Mao* / 165

Abstract: To study the dissemination of popular science by new media, and

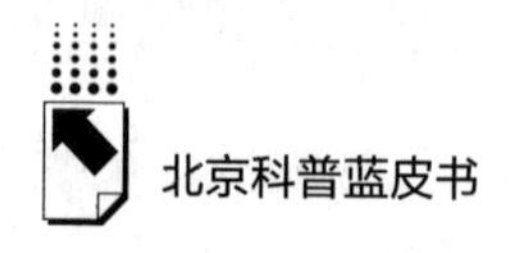

to explore the paths of new media to promote the dissemination of popular science knowledge, has important theoretical exploration and practical guiding significance for the high-quality development of popular science and the construction of a new pattern of large-scale popular science work. Based on the review of research in related fields, this paper systematically analyzes the connotation and characteristics of new media science popularization, and deeply analyzes the basic path of new media to promote the dissemination of popular science knowledge. Combined with the evolution of the new media technology platform in the new era and the changes in the pattern of popular science work, the paper points out the main path for the new media to promote the dissemination of popular science knowledge in the future, and puts forward corresponding countermeasures and suggestions.

Keywords: New Media; Science Popularization; Knowledge Dissemination

Abstract: Based on the development of Internet popular science content dissemination in Beijing, the report describes the current situation of Internet popular science content dissemination, and summarizes the characteristics of online popular science content dissemination based on the epidemic period and the post-epidemic era. Combined with the dissemination practice of Beijing's network popular science content, this paper summarizes the shortcomings of Beijing's current network popular science work. Starting from the governance idea of Beijing's network science popularization order, put forward relevant suggestions on the construction of network science popularization informatization, network science popularization talent team construction, science popularization industry construction, network science popularization dissemination genealogy, etc., in order to strengthen the construction of Beijing science and technology innovation center and create a new business card for science popularization in the capital .

Keywords: Internet Science Popularization; Science Communication; Science Popularization Informatization

V Typical Cases Reports

Abstract: The outbreak of COVID-19 at the beginning of 2020 is not only a people's war in the field of public health, but also a big test of the scientific quality of the whole people. As an important means to improve the public's scientific literacy, it is imperative to improve the emergency science popularization system. This paper summarizes the current situation and existing problems of emergency science popularization during the epidemic in Beijing, and proposes to improve the institutional mechanism, overall planning, resource platform construction and dissemination system of emergency popularization, so as to promote emergency popularization in disseminating scientific knowledge, eliminating the influence of rumors, and guiding public opinion. It plays an important role in stabilizing social order, etc. , and effectively serves epidemic prevention and control and economic and social development.

Keywords: Beijing; Emergency Science Popularization; Work Path

Abstract: The new media of government affairs is an important channel for the party and the government to contact the masses, serve the masses, and unite the masses in the mobile Internet era. This paper mainly studies and analyzes the content characteristics and rules of the official WeChat account of the Beijing Municipal Science and Technology Commission and the Zhongguancun Administrative Committee, "National Science and Technology Innovation Center", and its effect in science and technology communication, so as to provide a new media background for government new media to face the fierce competition. To better meet the needs of the public, and improve the effect of science and technology communication, put forward feasible suggestions. Science and technology dissemination is not only a civil issue, but also one of the "responsibilities" of government departments. The new media of science and technology government affairs should further strengthen overall planning and coordination, enrich the content and form of expression, strengthen internal and external communication, strengthen the construction of internal all-media talent team and the supplement of external cooperation forces, give full play to the publicity value and service attributes of new media of science and technology government affairs, and continuously improve Its own communication power, guiding power, credibility and influence can better perform service functions.

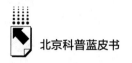

Keywords: Government Affairs New Media; Science and Technology Communication; National Science and Technology Innovation Center; Media Service

Abstract: The sudden rise of local sci-fi novels, films, animations and games such as "Three-Body Problem", "Wandering Earth", "Dyson Ball Project", etc. It has led to the rapid formation and development of the science fiction industry. As a national cultural and technological center, Beijing is bound to lead the development of the sci-fi industry and accelerate the transformation and upgrading of the industry. Based on the analysis of the development advantages of the sci-fi industry in Beijing, this paper finds out five deficiencies and shortcomings, and focuses on industrial policies, talent team construction, industrial chain promotion, incubation platform construction, industrial agglomeration, and application scenario construction, industrial capital investment and other aspects, put forward opinions and suggestions for government and enterprise decision-making reference.

Keywords: Science Fiction Industry; Industry Chain; Talent Team; Application Scenarios

皮 书

智库成果出版与传播平台

✧ 皮书定义 ✧

皮书是对中国与世界发展状况和热点问题进行年度监测，以专业的角度、专家的视野和实证研究方法，针对某一领域或区域现状与发展态势展开分析和预测，具备前沿性、原创性、实证性、连续性、时效性等特点的公开出版物，由一系列权威研究报告组成。

✧ 皮书作者 ✧

皮书系列报告作者以国内外一流研究机构、知名高校等重点智库的研究人员为主，多为相关领域一流专家学者，他们的观点代表了当下学界对中国与世界的现实和未来最高水平的解读与分析。截至 2021 年底，皮书研创机构逾千家，报告作者累计超过 10 万人。

✧ 皮书荣誉 ✧

皮书作为中国社会科学院基础理论研究与应用对策研究融合发展的代表性成果，不仅是哲学社会科学工作者服务中国特色社会主义现代化建设的重要成果，更是助力中国特色新型智库建设、构建中国特色哲学社会科学“三大体系”的重要平台。皮书系列先后被列入“十二五”“十三五”“ 十四五”时期国家重点出版物出版专项规划项目；2013~2022 年，重点皮书列入中国社会科学院国家哲学社会科学创新工程项目。

中国社会发展数据库（下设 12 个专题子库）

紧扣人口、政治、外交、法律、教育、医疗卫生、资源环境等 12 个社会发展领域的前沿和热点，全面整合专业著作、智库报告、学术资讯、调研数据等类型资源，帮助用户追踪中国社会发展动态、研究社会发展战略与政策、了解社会热点问题、分析社会发展趋势。

中国经济发展数据库（下设 12 专题子库）

内容涵盖宏观经济、产业经济、工业经济、农业经济、财政金融、房地产经济、城市经济、商业贸易等12个重点经济领域，为把握经济运行态势、洞察经济发展规律、研判经济发展趋势、进行经济调控决策提供参考和依据。

中国行业发展数据库（下设 17 个专题子库）

以中国国民经济行业分类为依据，覆盖金融业、旅游业、交通运输业、能源矿产业、制造业等 100 多个行业，跟踪分析国民经济相关行业市场运行状况和政策导向，汇集行业发展前沿资讯，为投资、从业及各种经济决策提供理论支撑和实践指导。

中国区域发展数据库（下设 4 个专题子库）

对中国特定区域内的经济、社会、文化等领域现状与发展情况进行深度分析和预测，涉及省级行政区、城市群、城市、农村等不同维度，研究层级至县及县以下行政区，为学者研究地方经济社会宏观态势、经验模式、发展案例提供支撑，为地方政府决策提供参考。

中国文化传媒数据库（下设 18 个专题子库）

内容覆盖文化产业、新闻传播、电影娱乐、文学艺术、群众文化、图书情报等 18 个重点研究领域，聚焦文化传媒领域发展前沿、热点话题、行业实践，服务用户的教学科研、文化投资、企业规划等需要。

世界经济与国际关系数据库（下设 6 个专题子库）

整合世界经济、国际政治、世界文化与科技、全球性问题、国际组织与国际法、区域研究 6 大领域研究成果，对世界经济形势、国际形势进行连续性深度分析，对年度热点问题进行专题解读，为研判全球发展趋势提供事实和数据支持。

法律声明